식품조리원리

정재홍 · 김종현 · 김현영 · 윤보람
임용숙 · 전경열 · 정수근 · 최향숙 공저

光文閣
www.kwangmoonkag.co.kr

Preface

오늘날 시대의 급속한 변천과 식품산업의 발달로 우리의 식생활은 보다 풍요로워지고 식문화 또한 다양해지고 있다. 조리에 대한 관심과 연구가 날로 높아져 전공하는 분들은 물론 일반인들까지 외식산업에 뛰어들고 있는 추세이다.

식품은 여러 가지 과정을 통하여 음식으로 만들어져 식탁에 오르게 된다. 조리 중 식품 내의 각종 성분들의 화학적·물리적·생물학적인 변화를 일으켜 음식의 최종적인 맛, 모양, 색, 질감, 온도 등을 형성하게 된다. 조리 과정 중에 일어나는 이들 변화의 원인과 결과를 이론적으로 규명하는 것은 보다 나은 조리기술의 발전을 위해 필수불가결한 분야이다.

이에 그동안 담당했던 강의 내용 중 식품의 특성과 조리과정 중의 변화 등을 중심으로 엮어 이 책을 내놓게 되었다.

식품영양학, 조리학 등 관련 학문을 배우는 여러분들에게나 일반인의 생활 참고서로 조금이나마 보탬이 되었으면 하는 마음 간절하다.

부족한 점은 이를 시작으로 계속 더 연구하면서 보완해 가려고 하니 선후배 여러분들의 기탄없는 충고와 애정 있는 지도, 편달을 부탁드린다.

끝으로 이 책이 나오기까지 애써주신 광문각출판사 박정태 회장님과 편집부 여러분께 깊은 감사를 드리며 무엇보다 좋으신 하나님께 감사드립니다.

2022년 2월

저자 일동

차례

차례

차례

제1장
조리과학의 개요

1. 조리의 의의
2. 조리의 목적
3. 조리와 요리의 개념
4. 조리원리 및 조리과학의 의의

Chapter 01

조리과학의 개요

1 조리의 의의

조리(cooking)는 식품(food material)을 음식물(food)로 만드는 것으로 식품에 어떠한 처리를 가하여, 먹기에 알맞은 상태로 만드는 과정을 말한다. 이때 식품이라 함은 한 가지 이상의 영양소를 함유하고 있으며 유해물질이 없는 것으로 의약품은 제외한다.

식품 재료로서는 농산물, 수산물, 축산물, 임산물 등의 천연물과 그 가공품들이 포함된다. 한편, 영양소는 거의 함유하고 있지 않으나 색깔, 냄새, 방향, 맛을 내어 식욕을 증진시키는 식품을 기호식품(favorite food)이라고 한다. 여기에는 알코올 음료, 청량음료, 커피, 코코아, 홍차 등의 카페인 음료와 조미료 등이 있다.

2 조리의 목적

1) 식품의 영양적 이용 효율을 높인다.

식품을 조리할 때 그 식품의 영양소를 최대한 보존할 뿐만 아니라 조리 과정 중 영양소의 유출이나 파괴 등의 손실을 최소화하는 방법을 연구해야 한다. 또한, 식품 재료의 불필요한 부분을 제거하거나 절단, 분쇄, 가열 등의 처리를 하여 조직을 연화시키거나 소화흡수도를 높이는 조리 방법을 고려해야 한다.

2) 기호성을 향상시킨다.

식품의 기호는 나라, 지역, 민족, 연령, 심리적, 생리적 조건에 따라 다르다. 조리 과정을 통하여 맛, 냄새, 온도, 촉감의 변화를 가져와 풍미와 외관을 좋게 하여 식욕을 증진시킨다. 또한, 색의 배합, 부재료 등을 이용하거나 장식함으로써 본래의 식품 자체보다 더 아름답게 만들어 기호를 높일 수 있다.

3) 안정성을 높인다.

식품을 씻고 썰고 담그고 가열하는 동안 부착되어 있던 먼지, 해충류, 병원성 세균, 식품의 쓴맛, 아린 맛, 불쾌한 맛, 독성분을 가지는 부분 등을 제거 또는 무독화시킨다. 즉 식품에 여러 가지 조리 조작을 하여 보다 위생적이며 안전한 식품을 만들 수 있다.

4) 저장성을 높인다.

식품을 건조, 냉장 및 냉동, 염장, 당장, 초절임, 가열함으로써 식품의 저장 및 운반을 보다 용이하게 해준다.

5) 식품에 다양성을 준다.

조리 방법을 달리함으로써 한 가지 식품으로 다양한 음식을 만들 수 있으며 이는 식품의 기호도 및 질적인 향상을 꾀할 수 있게 된다.

3 조리와 요리의 개념

조리(調理)는 식품에 어떠한 처리를 하여 먹기에 알맞은 음식물의 상태로 만드는 과정이라고 이해되고 있다. 그러면 요리(料理)는 무엇인가? 지금까지 명확한 구분 없이 조리와 요리를 혼동하여 쓰고 있지만, 영어로 표현하면 조리란 음식물이 되기까지의 과정을 의미하는 cooking으로, 요리란 그릇에 완성되어 담겨져 있는 dish의 의미로 쓰이고 있다.

중국에서의 조리의 원래 뜻은 우리가 지금 알고 있는 cooking의 의미는 전혀 없고 '몸을 치료하다', '몸을 보양하다', '양생하다'의 뜻으로 사용되어 왔다. 한편, 요리는 '가사를 잘 정리·정돈하다', '일을 잘 처리하다', '저울로 달다'라는 의미로 사용되어 왔다. 그러면 중국에서 cooking의 의미로는 어떤 단어를 사용하였을까? 그것은 바로 현재도 쓰고 있는 '팽조(烹調)', '할팽(割烹)' 등이다.

우리나라도 중국의 영향을 받아 조선시대까지 cooking의 의미로 '치선(治膳)', '정조(鼎俎)', '조치(調治)', '규곤(閨壼)'이라는 단어를 썼다. 이는 홍만선의 《산림경제》나 서유구의 《임원십육지》 등의 옛 조리서에서 찾아볼 수 있다.

그러므로 조리라 함은 동작과 동사적인 뜻이 있고, 요리라 함은 마무리된 음식을 뜻하는 명사적인 의미로 쓰인다.

4 조리원리 및 조리과학의 의의

조리학은 식사 계획에서 식품의 선택, 조리 방법 조작 및 식탁 구성 등 모든 과정을 대상으로 하는 학문이며 조리원리 혹은 조리과학은 좁은 의미의 조리라고 할 수 있다. 이러한 과정을 식품 측면에서 보면 식품의 조리성을 명확히 하여 조리 조작에 의한 식품의 변화와 여러 현상을 물리적, 화학적으로 규명하여 식품의 특성과 조리 중 변화를 확립하는 것이며 음식을 먹는 사람의 입장에서 보면 영양의 충족, 기호의 만족, 심신의 건강, 식생활 문화의 전승 등에 관련되는 사회과학적·인문과학적인 면에서 연구하는 것이라고 말할 수 있다.

이와 같이 조리과학은 다면성(多面性)을 갖는 학문이므로 하나의 기준에서 체계화하는 것이 어렵다. 그러므로 현재 우리가 알고 있는 조리의 기초 지식을 정리하여 조리를 과학적으로 검토하기 위한 기초 지식을 확인하고 재료의 선택, 배합법, 기술을 체득하여 이해하여야 한다. 그래서 종래의 조리 방법을 색깔, 향, 맛, 영양, 경제면(식품 재료·가치와 가격·노력·작업장·작업 방법 등)에서의 지식을 정리하여 문제점을 파악해서 조리법을 과학적으로 검토하고 개선하는 등의 노력이 필요하다.

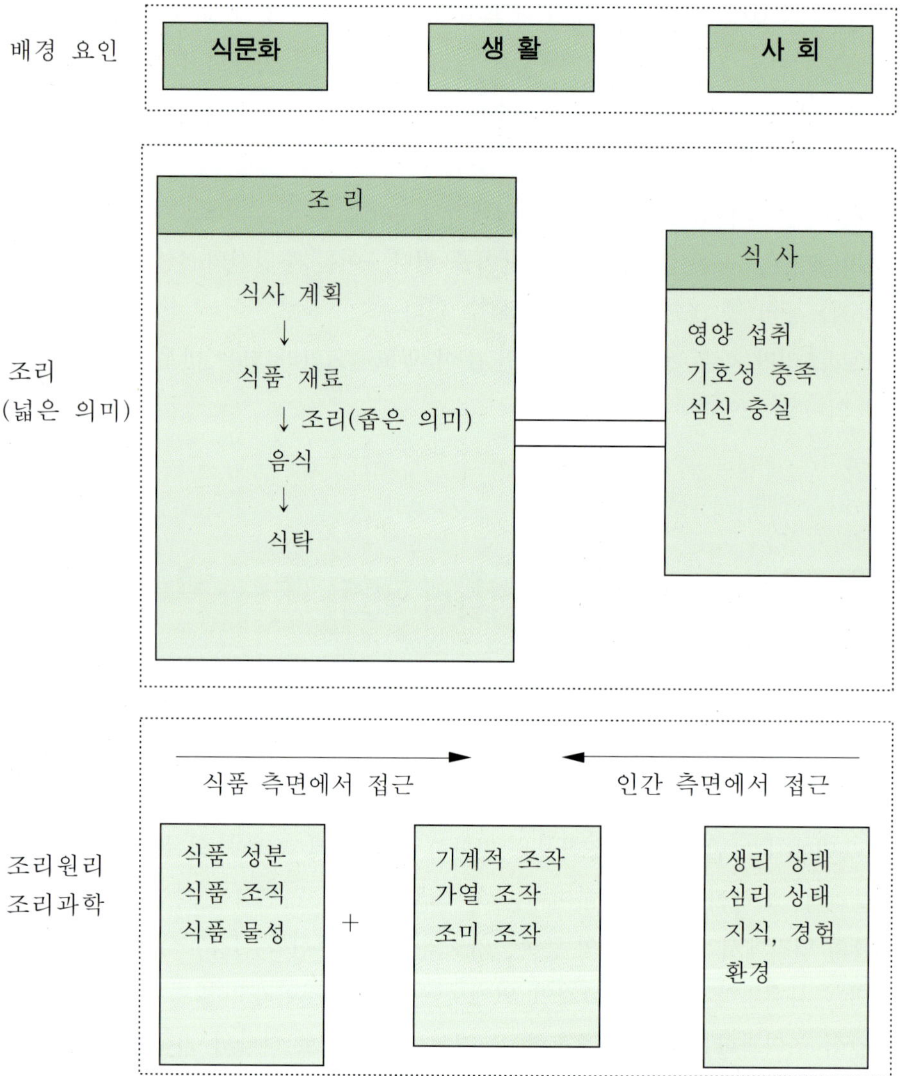

그림 1-1 조리 내용과 조리원리 및 조리과학

제2장
조리의 기초과학

1. 열
2. 조리 방법

Chapter 02

조리의 기초과학

1 열

열은 에너지의 다른 형태이며 어떤 물질에 열을 가할 때 분자운동이 활발해져서 온도가 상승한다.

1) 조리에서 열의 역할

식품에 열을 가하게 되면 식품을 구성하고 있는 여러 가지 성분은 물리적·화학적 변화를 일으키게 되는데 캐러멜화, 갈색화, 덱스트린화 등은 열에 의한 화학적 변화의 예이고 호화, 연화, 젤라틴화는 열에 의한 물리적 변화의 예이다.

열의 작용은 다음과 같은 장·단점이 있다.

(1) 장점

① 식품에 오염되어 있는 박테리아, 기생충 알 등을 소멸시킨다.

② 튀김, 구이, 삶기, 오븐에 굽기 등 다양한 조리법을 통해 식품에 풍미를 더하며 식탁에 변화를 준다.

③ 섬유소와 육류의 결합조직이 연화되어 식품의 질감을 증진시킨다.

④ 식품의 소화율 및 흡수율이 높아진다.

(2) 단점

① 식품 내의 영양 성분, 특히 비타민의 손실을 초래할 수 있다.

② 심한 가열은 식품의 질감을 너무 연하게 하거나 단단하게 한다.

③ 식품 자체의 색이 변하게 되어 식욕을 감소시킬 수 있다.

2) 열의 이동

조리에 이용되는 열원에는 나무, 숯, 석탄, 기름, 가스, 전기 등이 있으며 전도(conduction), 대류(convection), 복사(radiation) 등의 과정을 통해 전달된다.

(1) 전도(conduction)

물체가 열원에 직접 접촉되었을 때 열이 그 물체를 따라 이동하는 것을 전도라 한다. 전도에 의하여 열이 전달되는 정도를 열전도라고 하며 이는 물질에 따라 다르다. 열전도율이 큰 것은 열을 빨리 전달하는 대신에 보온성은 적다. 반대로 열전도율이 작은 것은 온도가 상승하기 어려운 대신 보온성이 좋다. 일반적으로 유리나 도자기류는 금속류보다 열전도율이 작다.

(2) 대류(convection)

대류에 의한 열의 전달은 공기나 액체를 통해서만 일어나는데 공기나 액체가 가열되어 더워지면 밀도가 낮아져 가벼워지므로 위로 올라가고 위의 찬 공기나 액체는 밀도가 높아져 무거워지므로 아래쪽으로 이동한다. 아래로 이동되어 내려온 찬 공기나 액체는 다시 가열되고, 그 결과 따뜻해진 공기나 액체는 위로 올라가게 된다. 이렇게 열이 전달되는 것을 대류라고 한다.

표 2-1 열전도율

물 질	열전도율	비교치
은	1.000	6.21
구리	0.918	5.70
알루미늄	0.480	2.98
철	0.161	1.00
유리	0.002	1/83
공기	0.000051	1/3200

(3) 복사(radiation)

오븐이나 그릴에서처럼 복사에 의한 열의 전달은 열의 급원에서 목적물까지 아무런 장애물 없이 직접 전달되므로 속도는 어느 경우보다 빠르고 불꽃이 직접 식품에 닿지 않으므로 탈 염려도 없다.

조리에 사용하는 기구도 열을 전달하는 데 크게 관여하므로 표면이 검고 거칠수록 희고 반들반들한 용기보다 열을 잘 흡수하여 조리 시간을 단축시킬 수 있다.

(4) 극초단파(microwave)에 의한 열의 전달

극초단파는 공기, 물, 진공 등을 쉽게 통과하므로 이를 이용한 조리는 열의 전달 매체가 필요하지 않고 어느 형태의 열원보다 신속히 전달되므로 조리 시간이 크게 단축된다.

2 조리 방법

1. 조리의 기본 처리

조리라는 것은 식품을 씻고, 자르고, 떫고 쓴맛을 우려내는 등의 준비와 익히고(삶기·끓이기·데치기), 찌고, 맛 내는 등 여러 과정을 거쳐 조리된 음식을 어울리는 그릇에 보기 좋게 담아 식탁에 차리기까지의 모든 과정을 말한다. 조리는 많은 경험을 통하여 기술을 습득할 필요가 있는 것이 많다.

음식은 여러 단계의 조리 조작을 통하여 만들어진다. 즉 조리에 필요한 적당한 준비와 가열을 통하여 맛을 내고, 안전하고 영양가가 있는 소화성이 좋은 음식을 만들 수 있다. 조리는 물리적인 처리와 화학적인 처리로 나눌 수 있으며, 가열은 위의 두 가지 처리 방법의 중간에 위치하고 있다.

여기에서는 주로 물리적인 처리 과정에 대하여 설명하고자 하는데 그중 중요한 단계로는 계량, 씻기, 담그기, 썰기, 마쇄와 분쇄, 혼합, 교반, 성형, 신장, 압착, 여과, 냉각, 냉장, 냉동, 해동, 담기 등이 있다.

1) 계량

조리를 능률적이고 합리적으로 하기 위해서는 적절한 계량이 필요하다. 즉 분량을 정확히 재어야 하고 조리 시간과 가열 온도를 정확히 하기 위해서는 계량기구를 올바르게 사용해야 하는데 조리에 사용되는 계량기기는 저울, 계량컵, 계량스푼, 타이머, 온도계 등으로 양, 부피, 온도, 시간의 측정을 한다.

◑ 온도 환산 방법

°F = 9/5℃ + 32

℃ = 5/9(°F − 32)

섭씨와 화씨의 온도 전환			
℃	°F	℃	°F
-18	0	113	235
0	32	121	250
22	72	132	270
35	95	149	300
37	99	160	320
40	104	163	325
49	120	170	338
60	140	177	350
71	160	185	365
85	185	190	375
100	212	204	400
104	219	219	425

표 2-2 조미식품의 중량(g)

식품명	작은술	큰술	컵	식품명	작은술	큰술	컵
물, 식초, 술	5	15	200	고추장	6	20	260
간장, 우유	6	17	230	된장	7	21	280
소금	5	15	200	꿀, 물엿, 조청	7	22	290
설탕	4	12	150	멸치, 새우 액젓	6	18	240
참기름	4	12	180	토마토 케첩	6	18	230
식물성 기름	4	12	180	마요네즈	5	14	170
통깨, 깨소금	3	8	110	우스타 소스	6	17	250
후춧가루	3	9	120	베이킹 파우더	2.5	8	80
다진 마늘·파·생강	3	9	120	탈지분유	2.5	8	80
고춧가루	2	6	80	카레가루	2	7	90
겨자, 계핏가루	2	6	80	빵가루	1	4	50

표 2-3 계량 단위 환산 기준

1oz=28.4g 1teaspoon=5ml 1tablespoon=15ml 1tablespoon=3teaspoon	1cup=200ml(한국, 일본) 1cup=240ml=16Tbs=48ts(영국, 미국) 1gallon= 4quart=16cup=3.8liter 1pint=470ml=약 2cup 1quart=2pint=940ml=약 4cup 1lb=453g, 2.2lb=1kg

표 2-4 약자 표기

ea = each(개) lt = liter(리터) ml = milliliter(밀리리터) ph = pinch (조금, 약간) cl = clove(조각, 쪽) oz = ounce(온스) tbs,Tbs = tablespoon(큰술갈) bn = bundle, bunch(다발, 묶음)	gr = gram(그램) kg = kilogram(킬로그램) pc = piece(조각) sl = slice Lb = pound(파운드) cp = cup(컵) ts = teaspoon(작은술갈)

식품은 부피보다 무게를 재는 것이 쉽고 정확하지만 물, 조미료 등은 편의상 부피로 계량하는 경우가 많다.

온도를 측정할 때 사용하는 온도계는 일반적으로 알코올이나 수은 온도계이다. 대체로 알코올 온도계는 70~80℃ 이하의 낮은 조리 온도 측정에, 100~200℃ 내외의 높은 온도에서는 수은 온도계를 사용하며, 조리 시간을 맞추기 위해서는 벨소리가 나는 타이머나 시계를 사용한다.

◑ 계량 방법

(1) 액체

물, 우유, 간장, 기름과 같은 액체는 투명한 파이렉스 유리제로 만들어진 계량컵이 사용하기 편하다. 용량을 잴 때는 눈금과 액체 표면의 아랫부분을 눈의 높이와 맞추어 읽는다.

(2) 밀가루

입자가 작은 재료이므로 저장하는 동안 눌려 굳어지므로 계량하기 전에 반드시 체에 1~2번 정도 쳐서 이용한다. 체에 친 밀가루는 계량 용기에 누르지 말고 수북하게 가만히 부어 담아 직선으로 평면을 깎아 계량한다.

(3) 설탕

백설탕을 측정할 때에는 계량 용기에 수북하게 담아 직선으로 평면을 깎아 계량하고 흑설탕은 설탕 입자 표면이 끈끈하여 서로 붙어 있으므로 거꾸로 쏟았을 때 계량 용구의 모양이 그대로 형성될 만큼 꼭꼭 눌러 담은 후 수평으로 깎아 계량한다. 덩어리가 지거나 단단해지기 쉬운 제과용 설탕은 가루로 부순 후 체에 쳐서 계량한다.

(4) 달걀

달걀을 컵이나 스푼으로 계량할 때는 달걀을 깨뜨려 흰자와 노른자가 잘 섞이도록 혼합하여 계량 용구로 계량한다.

표 2-5 대표적인 식품의 중량

식품명	계량	중량(g)	식품명	계량	중량(g)	식품명	계량	중량(g)
■ 곡류			콩가루(생것)	1컵	98	무	1개	1500
백미	1컵	180	콩가루(볶은 것)	1컵	85	감자	1개	240
현미	1컵	180	팥가루	1컵	125	고구마	1개	250
찹쌀	1컵	180	메줏가루	1컵	80	연근	1개	270
보리쌀	1컵	180	엿기름가루	1컵	115	토란	1개	45
압맥	1컵	110	잣가루	1컵	90	우엉	1개	400
밀	1컵	160	도토리가루	1컵	130	당근	1개	200
대두	1컵	160	칡녹말	1컵	140	양배추	1개	1600
녹두	1컵	170	거피팥고물	1컵	114	양상추	1개	400
팥	1컵	165	볶은 거피 팥고물	1컵	108	토마토	1개	200
강낭콩	1컵	160	■ 건과류			죽순(삶은 것)	1개	200
옥수수	1컵	155	구기자	1컵	70	숙주나물	1봉	300
차조	1컵	160	오미자	1컵	40	오이	1개	230
메조	1컵	165	모과(말린 것)	1컵	60	애호박	1개	300
기장쌀	1컵	160	잣	1컵	140	양파	1개	250
수수	1컵	180	행인(껍데기 깐것)	1컵	120	풋고추	1개	10
참깨	1컵	120	밤(껍데기 깐것)	1컵	160	가지	1개	100
들깨	1컵	110	곶감	1컵	45	쑥갓	1단	230
흑임자	1컵	110	대추	1컵	70	시금치	1단	250
■ 가루 제품			결명자	1컵	140	상추	1뿌리	200
밀가루(강력분)	1컵	105	호두(껍데기 깐것)	1컵	80	두릅	10개	120
밀가루(중력분)	1컵	105	은행(껍데기 깐것)	1컵	160	더덕	5개	120
밀가루(박력분)	1컵	100	건포도	1컵	120	표고버섯(날것)	5개	85
찰수수가루	1컵	90	■ 채소류			느타리버섯(날것)	5개	85
쌀가루	1컵	100	배추	1개	2000	양송이	1봉	200

식품명	계량	중량(g)	식품명	계량	중량(g)	식품명	계량	중량(g)
■ 채소류			고등어	1마리	600	귤	1개	100
마늘	1통	30	민어	1마리	2300	유자	1개	110
생강	1쪽	20	농어	1마리	2000	참외	1개	600
굵은 파	1뿌리	40	조기	1마리	400	복숭아	1개	140
실파	1뿌리	20	도미	1마리	1000	자두	1개	40
붉은 고추	1개	20	넙치	1마리	1100	포도	1송이	200
양파(중)	1개	250	준치	1마리	700	수박	1통	2000
미나리	1단	180	갈치	1마리	450	레몬	1개	150
달래	1단	80	정어리	1마리	150	딸기앵두	1개	20
도라지	5뿌리	100	동태	1마리	500	앵두	1컵	150
고사리	1컵	200	전갱이	1마리	300	모과	1개	500
고비	1컵	300	대하	1마리	100	키위	1개	100
청둥호박	1개	3000	중하	1마리	30	■ 기 타		
콩나물	1봉	300	마른 멸치	1컵	50	달걀	1개	55
■ 육류, 어패류			홍합살	1컵	200	메추리알	1개	15
소고기 (다진 것)	1컵	200	새우살	1컵	120	두부	1모	300
돼지고기 (다진 것)	1컵	200	조개살	1컵	200	김	5장	5
닭고기 (다진 것)	1컵	200	굴	1컵	200	생크림	1컵	220
꿩	1마리	1000	마른 오징어	1마리	100	연유	1통	250
닭	1마리	1200	북어	1마리	150	분유	1큰술	14
오징어	1마리	500	암치	1장	700	미역 (불린 것)	1컵	150
낙지	1마리	140	뱅어포	1장	20	우유	1컵	200
갑오징어	1마리	500	■ 과일류			플레인 요쿠르트	1컵	200
해삼	1마리	100	사과	1개	300	슬라이스 치즈	1장	20
멍게	1마리	200	배	1개	450	다시마 (20cm)	1장	20
꽃게	1마리	300	감	1개	200			

(5) 지방

버터, 마가린, 쇼트닝, 라드 등의 고형 지방은 냉장 온도보다 실온에 두어 부드러워졌을 때 계량 용구에 꼭꼭 눌러 담은 후 위를 편편하게 깎아 계량한다.

(6) 곡류

쌀이나 콩 등 곡류는 계량 용구에 가득히 담아 살짝 흔들어 윗면을 수평이 되게 직선으로 깎아 계량한다.

(7) 기타

된장, 고추장 또는 다진 고기 등은 계량 용구에 꼭꼭 눌러 담아 빈 곳이 없도록 채워서 윗면을 수평이 되도록 깎아 계량한다.

2) 씻기

식품을 씻는 과정은 조리의 첫 단계로 식품에 붙어 있는 먼지나 오물, 기생충, 농약 등의 유해물과 나쁜 맛을 내는 불미 성분을 제거하여 위생적으로 안전하게 하는 데 그 목적이 있다.

씻는 방법은 물을 교체하여 몇 번씩 씻든가 또는 흐르는 물에 문지르거나 흔들어 씻으면 가장 효과적이다. 때에 따라서는 소금이나 세제를 사용하여 물로 충분히 헹구어 주어야 한다. 채소나 과일류는 표면이 울퉁불퉁하므로 0.2% 농도의 세제 용액에 담그면 표면장력이 약해지고 유화력과 분산력이 작용하여 깨끗이 씻을 수 있다. 그러나 세제는 될 수 있는 한 허용량을 사용하여 단시간에 씻어서 식품에 잔류되지 않도록 한다.

표 2-6 시판 사과에 잔류하는 구리(Cu)의 제거율(%)

시판 사과	수돗물	0.2% 세제액
손으로 문질러 씻은 것	44.7	82.0
5분간 물에 흔들어 씻은 것	21.7	49.0

주의할 점은 식품은 세포에 상처가 나면 씻을 때 영양소의 손실이 크므로 가능하면 씻은 후에 껍질을 벗기든지 자르도록 하며 씻는 동안에 상처가 나지 않도록 하고 가능하면 단시간

에 깨끗이 씻는다. 씻는 동안 당분 같은 수용성의 것은 일부가 용출되며 탄닌 등도 상당량 용출된다. 또한, 수용성의 단백질, 비타민 B군, 비타민 C와 무기질도 다량 손실된다.

표 2-7 식품의 종류에 따라 깨끗이 씻는 방법

식품의 종류	방 법
쌀, 두류 등의 곡류	표면에 붙어 있는 더러운 것을 씻기 위해서는 물속에서 고루 씻는다. 여러 번 물을 갈아 재빨리 깨끗이 씻는다.
수조육류	백숙이나 로스트용 닭, 비늘을 제거한 생선 등은 우선 표면을 씻고 내장을 뺀 후 다시 물로 씻어 물기를 뺀다. 토막 낸 닭이나 생선은 될 수 있는 한 재빨리 씻는다.
과실류	손이나 스펀지로 씻는다. 경우에 따라서는 식염수나 세제액에 담가 문질러 씻은 후 흐르는 물로 헹구어 물기를 뺀다.
해조류	모래가 나오지 않을 때까지 물을 갈아서 씻는다. 싱싱한 종류는 식염수로 씻는다.
낙지, 문어	소금을 묻혀서 서로 비벼대어 씻어 미끈미끈한 점액을 없애고 물로 씻는다.
조개류	껍데기가 있는 것은 수세미로 잘 씻는다. 조갯살은 소쿠리에 넣고 소금을 넣어서 씻으며 흐르는 물로 씻어 물기를 뺀다.
새우, 게	큰 것은 수세미로 껍데기를 잘 씻고, 식초 또는 식염수에 살짝 씻는다.

3) 담그기

식품을 씻은 다음에 식품에 따라서는 물이나 간장, 술, 식초, 기름, 조미액 등에 담갔다가 조리하는 경우가 있다.

담그기의 주된 목적은 다음과 같다.

(1) 수분을 주어 흡수, 팽윤, 연화시킨다.

곡물이나 두류 및 말린 버섯, 채소류 등의 건조식품은 물에 담가 수분을 충분히 흡수시킨다. 이에 따라 식품은 팽윤하여 열의 전도가 용이하게 되고 조리된 것도 맛이 좋아진다. 그러나 장시간 담가두면 영양 성분이 용출되어 손실될 수도 있다.

일반적으로 흡수량은 담근 시간이 길수록 많다. 곡류나 두류는 약 10 ~15%의 수분을 함유하고 있으므로 조리 전에 충분히 수분을 흡수시키지 않으면 전분의 α화와 단백질의 열변성이 완전하게 일어나지 않는다. 쌀의 흡수율은 품종과 수온, 햅쌀, 묵은쌀 등에 따라 다르나 대체로 중량의 20~25% 정도의 수분을 흡수한다.

담그는 시간은 쌀의 품종과 양, 취사기구의 종류, 취사 방법, 수온에 따라 다르지만 대개 여름철(수온 26℃)에는 30분, 겨울철(수온 6℃)에는 90분 정도면 흡수가 완료된다.

대두는 처음 급속히 흡수하여 6시간 정도면 흡수율이 80~100%이나 팥은 같은 시간에도 흡수율이 10%도 되지 않으며 흡수 시간이 길다. 따라서 팥은 물에 담그지 말고 삶기 시작하여 수분을 흡수함에 따라 물을 추가하면 된다. 또 팥은 사포닌을 0.27% 정도 함유하므로 끓으면 그 물을 버리고 다른 물을 부어 끓이면 사포닌의 쓴맛을 제거할 수 있다.

동물성 건조식품인 어패류는 알칼리성 용액에 담그면 빨리 연화하고 식물성 건조식품인 무말랭이, 미역, 말린 버섯 등은 단시간 물에 담그어도 연화된다. 특히 말린 버섯 중 표고버섯은 흡수 연화하는 동안 효소작용에 의해 특유의 맛 성분인 구아닐산이나 향기 성분이 생성되는데 담근 물도 버리지 말고 이용하는 것이 좋다.

말린 박고지는 가볍게 소금으로 비벼서 따뜻한 물에 담그면 연화가 빠르고 한천, 젤라틴 등은 가열하기 전에 냉수에 담가서 팽윤시킨 후 조리에 이용한다.

표 2-8 건조식품의 흡수

식품	수온(℃)	시간(분)	흡수 후의 무게(배)
정백미	20	20	1.2
대두	20	16시간	2.3
마른 표고버섯	60~80	20	5
목이버섯	60~80	20	10
마른 미역	20	10	6
한천	20	10	10
해삼	80	3일	12
젤라틴(분말)	20	15	10
말린 고사리(취)	60~80	20	9

(2) 불미 성분, 불필요한 성분을 제거한다.

식품 중 나쁜 맛이나 냄새를 내는 물질, 유독 성분 등을 가지고 있는 식품들은 대부분 수용성인 것이 많으므로 씻기, 담그기의 과정 동안에 용출되고 또 가열함으로써 간단히 제거될 수 있다. 특히 담그는 물을 알칼리성으로 하면 팽화하여 더욱 쉽게 용출된다.

시금치, 머위, 고사리, 쑥, 죽순 등의 식품 중에는 제각기 떫은맛, 아린 맛, 쓴맛 등이 있어 음식에 좋지 않은 맛이나 냄새, 색깔 등을 줄 수 있다.

일반적으로 맛없는 성분은 무기염류, 배당체, 탄닌, 유기염류, 사포닌, 알칼로이드 등으로 물, 나무 잿물(2~3%), 쌀겨 액(10~30%), 쌀뜨물, 증조수(0.3%), 식초액(3~5%) 등에 담그면 어느 정도 제거된다. 염장식품의 염분은 1~1.5% 정도의 식염수에 담가 용출시킨다.

표 2-9 물에 담그기에 의한 영양소의 손실(%)

식품	단백질	지방	무기질
소금에 절인 생선(5시간)	10	-	-
육류	3~13	0.6~37	20~67
생선(토막)	37	-	-

(3) 변색을 방지한다.

우엉, 연근, 사과, 배, 감자류 등은 폴리페놀 화합물을 포함하고 있어서 껍질을 벗겨 공기 중에 방치하면 산화효소인 폴리페놀옥시다제(polyphenol oxidase)에 의해 산화되어 갈색으로 변한다. 이때 물이나 1%의 식염수, 식초 물에 담그면 효소를 불활성화시키고 공기와 차단되므로 변색을 방지할 수 있다.

감자류는 껍질을 벗기면 티로신(tyrosine)이라는 단백질 성분이 효소 티로시나제(tyrosinase)에 의해 산화되어 갈색의 멜라닌(melanin)을 생성하여 변색이 되는데 티로시나제는 수용성이기 때문에 즉시 물에 담그면 변색을 방지할 수 있다. 죽순, 우엉 등은 쌀뜨물에 담가 두었다가 쓰는 경우가 있는데 이것은 쌀뜨물의 전분 콜로이드 입자가 이들의 표면을 둘러싸서 공기 중의 산소와 물속에 남아 있는 산소 등으로 산화되는 것을 방지한다.

쌀뜨물에는 쌀겨의 효소가 녹아 있어서 전분 분해효소와 단백질 분해효소 등이 작용하여 단단한 조직을 연화시키는 효과가 있다.

표 2-10 담그기에 의한 떫고 쓴맛 제거와 변색 방지

용 액	식 품	비 고
물	양파, 우엉, 감자	• 자극 물질 제거, 공기와의 접촉 방지로 갈색 변화 물질의 산화를 억제
	생선뼈, 닭뼈	• 핏물 제거
1% 식염수	사과, 배	• 폴리페놀옥시다제 활성 저지, 공기의 차단
3~5% 식초 물	사과, 산마, 연근	• 폴리페놀옥시다제 활성 저지, 공기의 차단 • 플라본계 색소의 황색 변화 방지
10% 식초 물	생강	• 안토시안 색소의 발색
0.3% 구운 명반 물	밤, 고구마, 토란	• 플라본계 색소가 결합하여 황색으로 발색, 세포벽의 펙틴질과 결합하여 조직을 흐트러지지 않게 함
2~3% 잿물	건고사리, 고비	• pH 10 정도로 떫은맛이나 쓴맛 성분을 우려냄 • 0.3% 중조물로 대용 가능
우유 또는 술	간, 생선	• 핏물이나 간의 냄새, 생선 비린내 제거

(4) 물리적 성질을 향상시킨다.

채소를 생기 있는 상태로 보존하려면 물에 담가 활기 있는 상태로 만든다. 예를 들어 시들은 채소나 채로 썬 무, 오이, 양배추 등을 물에 담갔다가 건져서 물기를 빼면 싱싱하고 아삭아삭해져서 물리적인 성질이 향상된다.

이것은 채소의 세포가 살아 있는 동안은 세포벽이나 세포막으로 물의 출입이 자유로워 수분이 세포 내로 이행되므로 세포의 용적이 증가되고, 팽창압이 높아지기 때문이다.

(5) 필요한 성분을 침투시켜 맛을 좋게 해준다.

가열 전에 적당한 조미 액이나 간장, 술, 식초, 기름 등에 담가 두는 경우가 있다. 특히 수조육류, 어패류 등은 가열에 의해서 단백질이 열변성을 일으켜 굳어지기 때문에 미리 필요한 성분을 침투시켜서 육류나 생선의 냄새 등을 제거하고 더욱이 향미 채소나 향신료의 첨가에 의해서 좋은 맛을 낼 수 있다.

(6) 방부성과 보존성을 높인다.

당장법, 산저장법, 염장법 등과 같이 설탕, 식초, 간장 또는 소금물에 담가서 방부성과 보존성을 높인다.

4) 썰기

조리의 목적에 맞게 식품을 써는 것은 조리 과정 중 가열과 더불어 매우 중요한 과정으로 썰기의 목적은

① 비가식 부분을 제거하고 가식 부분의 이용 효율을 높인다.
② 먹기 좋은 모양이나 크기로 만들고 외관을 아름답게 한다.
③ 재료의 표면적이 커져 가열 시 열의 전달이 쉽고, 조미 성분의 침투를 좋게 한다.

만들려고 하는 음식의 종류에 따라 써는 방법이 다르다. 써는 방법으로는 채썰기, 깍둑썰기, 둥글게 썰기, 다지기, 마구 썰기 등이 있으며 맛이 잘 배어 들고 빨리 익게 하려면 재료의 표면적을 크게 해주며, 식품 중의 성분을 용출시키지 않고 재료가 무르지 않은 것은 표면적을 작게 하여야 한다.

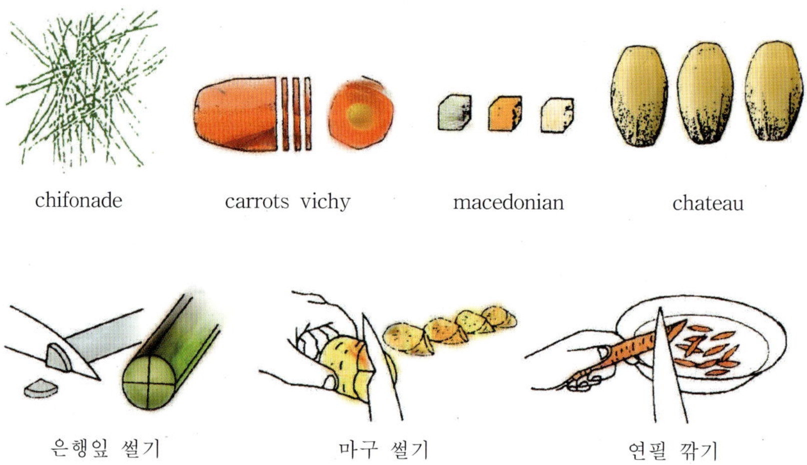

그림 2-1 써는 방법과 모양(1)

썰 때는 재료의 특성을 잘 파악하여 써는 방법을 택하는데 섬유가 있는 식품은 섬유의 방향과 평행하게 썰면 질긴감을 주게 되나 경우에 따라서는 씹히는 감을 좋게 해주는 경우도 있다.

(1) 채썰기의 종류

cheveux(쉬브) : 머리카락처럼 가늘게 썰기
chiffonade(쉬포나드) : 가는 실처럼 가늘게 썰기
allumette(알뤼메뜨) : 성냥개비 굵기로 채썰기
julienne(줄리엔느) : 5cm 정도의 길이로 채썰기
batonnet(바또네), stick : 작은 막대기형으로 길게 썰기
russe(뤼스) : 채소를 각 5mm, 2mm로 썬 것이며 이렇게 썰어서 만든 샐러드를 salad russe라고 한다.

(2) 깍둑썰기의 종류

brunoise(브뤼느와즈) : 0.3cm의 주사위형으로 썰기
macédonian(마세두안) : 과일 종류를 1~1.5cm의 주사위형으로 썰기
printaniere(브랑따니에) : 5mm, 1cm 정도의 사각으로 썰기
cube(큐브) : 1.5cm의 주사위형으로 썰기
dice(다이스) : 0.6~1cm 정도의 주사위형으로 썰기
concassé(콩까세) : 가로세로 1.5cm의 정사각형으로 얇게 썰기

(3) 둥글게 썰기의 종류

noisette(누아젯뜨) : 지름 3cm 정도의 둥글게 썰기
emincer(에멩세) : 얇게 타원형으로 썰기
olivette(올리베뜨) : 참새알처럼 둥글게 썰기, 도구를 이용해 채소를 파내는 것
châteaux(샤또) : 달걀 모양으로 가운데가 굵고 양 끝을 가늘게 썰기
rondelle(론델) : 고리 모양으로 중앙 부분에 구멍이 나게 썰기
vichy(비시) : 당근, 호박 등을 0.3mm 두께로 둥글게 썰기

(4) 다지기

hacher(아세) : chop(찹)의 의미로 곱게 다지기

(5) 기타

ruban(루방) : 리본처럼 길게 썰기

tranche(트랑쉬) : 고기 등을 식빵 썬 것처럼 1쪽, 1편으로 썰기

paysanne(빼이쟌느) : 1×1×0.1~0.2cm 크기의 얇은 정사각형이나 정마름모형으로 썰기, 주로 수프의 곁들임(garnish) 채소로 이용함.

그림 2-2 써는 방법과 모양(2)

5) 마쇄와 분쇄

썰기보다는 더 곱고 가늘게 해주는 것으로 블렌더나 분쇄기를 사용한다. 마쇄는 비교적 수분이 많은 식품을 갈아서 조직을 파괴시키는 방법이고 분쇄는 수분 함량이 적은 건조물을 작은 입자로 부스러뜨리는 것이다.

① 소화, 흡수가 더 좋다.
② 풍미가 증진된다.
③ 물리적인 성질이 개선된다.
④ 식품의 조직이 파괴되므로 특히 채소나 과일은 비타민 C 산화효소인 아스코르비나제(ascorbinase)가 조직의 파괴로 활성화되어 비타민 C를 파괴한다.
⑤ 폴리페놀계 물질들은 활성화된 산화효소의 작용에 의하여 갈색화가 촉진되어 품질이 저하된다.

6) 혼합, 교반, 성형, 신장

조리 시 식품을 혼합하고 교반하는 것은 두 종류 이상의 식품 재료가 균일하게 섞이도록 하는 방법으로 주로 씻을 때, 갈아 으깰 때, 다진 고기요리, 무침, 제과·제빵류 제조 시, 그리고 가열 시에 행하게 되며 다른 조리 조작이 잘 이루어지도록 보조하는 방법이다.

혼합과 교반의 목적

① 균일화(재료, 온도, 맛 등의 분포)
② 물리성의 변화 및 개선(용해, 콜로이드 상태의 형성, 냉각, 거품, 유화, 글루텐 형성, 점탄성의 변화, 점착력 증가)
③ 성분의 교환 촉진(맛, 색, 향기, 조미료의 침투 촉진, 영양소의 이행)에 있다. 동시에 공기 중의 산소나 잡균이 섞여 들어간다든지, 세포 내에 존재하는 각종 분해효소의 작용으로 식품의 성분이나 성질을 변화시킬 수 있는 단점이 있다.

성형은 음식의 외양을 적당한 모양으로 만들기 위하여 행하는 조작으로 만두, 송편 등을 만들 때처럼 손으로 하거나 과자나 젤리를 만들 때처럼 성형기구를 이용할 수도 있다.

성형의 목적

① 먹기가 편리하고
② 입속의 촉감을 좋게 하며
③ 외관을 아름답게 해준다.

신장(늘이기)은 주로 밀가루 반죽을 밀거나 또는 국수를 뽑을 때 또는 제빵 과정 중에 조직의 균질화를 목적으로 행한다. 만두 껍질이나 국수, 파이 껍질 등을 만들 때 이 방법을 많이 쓴다.

표 2-11 마쇄, 분쇄, 혼합, 교반, 여과

조리 조작	예	비 고
마쇄	사과, 무	• 비타민 C의 산화나 갈변화가 촉진됨 • 식초, 레몬즙 등을 첨가하면 갈변화를 늦춤
분쇄	통후추, 커피콩	• 분쇄의 밀도가 추출 성분에 영향 • 분쇄 후 향기 성분 휘발함
혼합·교반	스펀지케이크 고기완자 겨자집 밀가루 반죽	• 밀도가 다른 형태를 혼합하여 하나의 형태로 만듦 • 고기의 조직을 잘 주물러 부재료와 조미료가 고루 섞이도록 혼합함 • 겨자가루에 물을 넣어 혼합하면 미로시나제의 작용이 촉진됨(물의 온도 40℃ 정도) • 가루의 종류, 물의 양, 온도, 혼합하는 횟수, 잠재우는 시간, 밀가루의 효소 등과 반죽의 끈기와 탄력성의 관계
교반	달걀의 거품 생크림의 휘핑 전분의 호화	• 공기의 포함, 설탕 등의 첨가로 안정 • 과도한 교반은 생크림의 휘핑 모양이 바뀜 • 전분의 점도를 증가시키고 열전도를 촉진시킴
여과	매시드 포테이토 팥가루 국물 내기	• 온도가 높을 때 걸러야 함 • 껍질과 팥 전분의 분리 • 우려낸 찌꺼기 분리

7) 압착, 여과

수분이 많은 식품에서 물기를 빼거나 액체와 고체를 분리하기 위하여 행하는 방법으로, 그 목적은 고형물과 액체를 분리하고 조직을 파괴시켜 균일한 상태가 되게 하고 모양을 변화시키거나 성형하기 위해서이다. 마쇄, 혼합, 교반 등과 동시 또는 연속적으로 행해지며 과즙, 팥소, 두부의 수분 빼기, 매시드 포테이토 등을 만드는 경우가 그 예이다.

8) 냉각, 냉장

냉각, 냉장은 조리 과정에서 보다 완성된 음식을 보관할 때에 많이 행한다. 식품 재료나 조리된 제품을 냉수나 얼음물에 씻거나 담가 차게 식히거나 또는 냉장고에서 차게 식히는 것으로 소량의 조리에서는 크게 문제가 되지 않지만 다량 조리를 할 때에는 냉각이 빨리 이루어지지 않으면 조리된 제품의 품질이 저하되므로 냉각은 필수적인 단계이다. 냉장고에서 냉각을 시키더라도 상온이나 흐르는 물에서 어느 정도 식힌 다음에 냉장고에 넣어야 한다.

냉각, 냉장의 목적은

① 음식의 온도를 내려 차가운 감촉을 얻으며 맛을 좋게 한다.
예) 냉채, 수정과, 식혜, 화채류, 샐러드, 생선회 등

② 미생물의 번식이나 효소 및 성분 간의 상호반응을 억제시킨다.
예) 푸른 채소의 녹색을 유지하기 위하여 데친 후 즉시 냉수에 담가 유기산을 희석시키며 또한 달걀을 오래 삶으면 난백의 황화수소와 난황의 철이 결합하여 황화제일철(FeS)을 생성하게 되어 녹변 현상이 일어나는데 이때 빨리 찬물에 담가야 녹변 현상을 막을 수 있다.

③ 물성을 변화시킨다.
예) 버터를 찬 곳에서 냉각시키거나 젤리, 족편 등을 냉각시켜 성형시킬 수 있다.

이 방법은 식품에서 열을 방출시키는 것이므로 될 수 있는 한 열이 빠져나가기에 쉬운 조건을 만들어주어야 한다. 즉 주위의 물체는 열전도율이 좋고 식품과의 온도 차이가 클수록 냉각 효과가 좋으므로 실온의 공기보다는 물에 넣는 것이 더 효과적이다. 이것은 물이 공기보다 열전도율이 높고 또한 수온이 실온보다 낮기 때문이다.

또한, 저온에서 식품을 보존하는 냉장고는 세균의 번식을 억제하고 식품의 여러 가지 변화를 막으려면 2~4℃ 정도의 온도를 유지하여야 한다. 대체로 5℃ 이하에서는 세균의 증식을 방지할 수 있으나 온도 상승에 따라 증식율이 높아지므로 냉장고의 내부 온도가 상승하지 않도록 고온의 식품은 냉장고에 바로 넣어서는 안 된다.

9) 동결, 해동

근래에 와서 냉동기술이 발전되고 보존됨에 따라 비교적 새롭게 도입된 조리기술로서 동결은 보존법 중의 하나이며 해동은 냉동식품의 빙결정을 융해시켜 원상태로 복구시키는 것을 말한다.

식품 중의 물은 -1℃ 부근에서 얼기 시작하여 -5℃ 부근에서 대부분 동결되는데, 될 수 있는 한 조직 파괴를 적게 하기 위하여 급속동결을 하여 식품 중의 물이 많은 수의 작은 빙결정을 형성하도록 하여야 조직의 손상이 적으며 원상복구가 가능하다. 서서히 빙결시키면 결정이 성장하여 조직의 손상이 커지고 해동 후 유출량이 많아지며 원상으로 복구되기 어려워 식품의 질이 떨어진다. 따라서 미세한 빙결정을 이루려면 -40℃ 이하에서 급속동결을 시킨다. 최근에는 -194℃의 액체질소를 이용한 급속동결법도 사용하고 있다.

일반 가정에서는 반조리식품이나 조리된 식품을 동결시켜 사용에 편리하게 이용하고 있고 특히 대규모의 음식점에서도 냉동된 식품 재료와 조리된 식품의 이용도가 점차 높아져 가고 있다.

따라서 냉동식품의 해동은 중요한 조리 과정으로 완만 해동과 급속 해동이 있으며 재료에 따라 각각 달리 적용된다. 수조어육류 등은 완만히 해동하는 것이 좋다. 0℃에 가까운 실내에서 천천히 해동하면 식품의 표면과 중심부의 온도 차가 없고 자연의 수화 상태로 되기 쉽다. 보통 따뜻한 실내에서 해동시키거나 또는 급할 때 뜨거운 물에 넣는데 이때는 모두 맛을 저하시키므로 좋은 방법이 아니다.

조리 또는 반조리된 식품이나 데친 채소 등은 거의 동결된 상태 그대로 직접 가열 조리하여 해동과 조리가 동시에 일어나는 급속 해동이 이용된다. 일반적인 해동 방법으로는 다음과 같다.

(1) 완만 해동

① 공기 해동

㉠ 실온 해동(자연 해동) : 저온 해동보다 빠르나 식품의 표면과 내부의 온도 차가 커서 육질의 맛을 저하시킨다.

㉡ 저온 해동(냉장고 내 해동) : 2~4℃ 정도에서 시간을 두고 서서히 해동하는 방법으로 실온 해동보다 육질의 복원성이 높다.

② 수중 해동

㉠ 물에 담그기 : 물은 공기보다 열전도가 좋으므로 공기 중에서 보다 해동이 빠르다(10℃ 정도의 물 또는 소금물).

㉡ 흐르는 물에 해동 : 물에 담그는 것보다 흐르는 물에서 물을 흘리면서 해동시키면 비교적 단시간에 해동되는데, 작은 생선은 20~30분, 큰 생선은 1시간 정도 걸리며, 반해동의 상태로 해동시켜 칼로 썰면 적당한 저항을 받는데 이때가 가장 적당하다.

(2) 급속 해동

동결된 것을 그대로 가열하여 해동과 조리가 동시에 일어난다. 빵가루를 묻힌 가공식품이나 채소류는 해동시키지 말고 바로 조리하는 것이 좋다.

◐ **전기 해동** : 전자레인지의 전자파(microwave)를 이용하여 해동하는데 해동 시간이 아주 빠르다. 냉동 채소, 떡, 빵, 얇은 부피의 식품 등에 적합하다.

(1) 완만 해동법

어류, 육류에 적장하고 천천히 시간을 두어 해동하는 가장 보편적인 방법

① 냉장고(5℃ 부근)

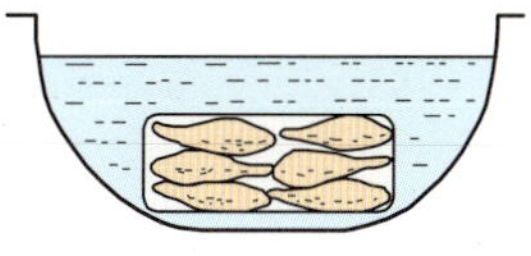

② 포장된 채로 물속에 넣는다

③ 실온에 얼음을 부수어 얹어 놓음

그림 2-3 해동의 종류와 방법

(2) 단시간 해동법

비교적 단시간에 해동하는 방법

*** 어패류의 경우**

① 흐르는 물에 둔다.

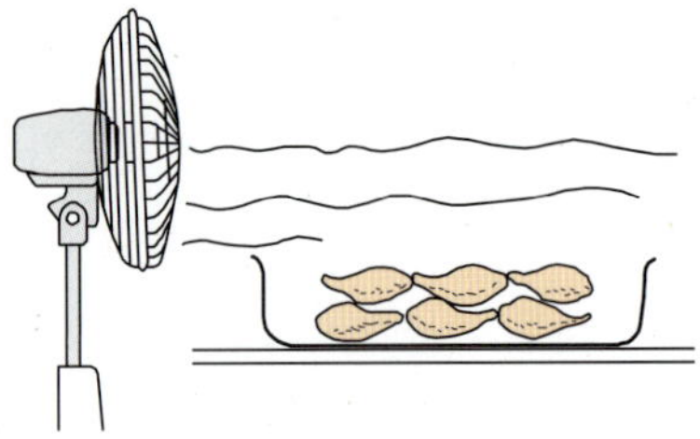

② 포장지에서 꺼내 바람을 쐰다.

*** 채소류의 경우**

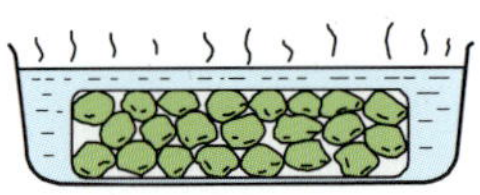

① 탕에 넣는다.

② 뜨거운 물을 뿌린다.

그림 2-4 해동의 종류와 방법

(3) 조리와 해동 병행법

프렌치프라이드
포테이토,
프라이, 밥

① 오븐, 전자레인지 가열

만두, 감자
옥수수

② 찜기에서 가열

혼합 채소

③ 프라이팬 가열

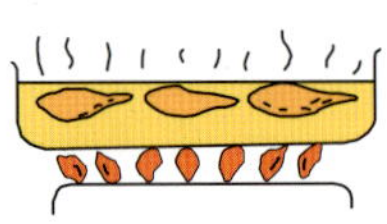

프라이류
크로켓
프렌치 프라이드
포테이토

④ 튀김(기름에 가열)

그림 2-5 해동의 종류와 방법

10) 담기

담기는 조리 과정의 마무리 단계이다.

조리는 영양의 섭취뿐만 아니라 아름답고 즐거운 분위기를 만들어내어 식욕을 촉진하는 것도 중요하다. 따라서 음식을 그릇에 담을 때는 각각의 음식에 적합한 그릇을 선택하고 음식의 온도, 모양, 색, 담는 양, 특징 등을 살릴 수 있도록 하고, 개성 있는 감각으로 담아 그릇과의 조화를 고려한다.

음식의 온도는 체온과 ±30℃의 차이가 있으면 맛이 좋은 음식으로 여겨지므로 따뜻한 음식은 따뜻하게, 찬 음식은 차게 하고 음식을 담는 그릇도 따뜻하게 하거나 차게 하여 두었다가 담는다.

2. 조리의 본 처리

조리 방법은 식품의 종류에 따라 다양하지만 일반적으로는 생식 조리법과 가열 조리법으로 크게 나누며 가열 조리법은 다시 습식 가열법과 건식 가열법 및 극초단파 가열법으로 나누고 있다.

1) 생식 조리

식품 그대로의 감촉과 맛을 느끼기 위한 조리 방법으로 식품의 조직과 섬유가 부드러워야 하고 불미 성분이 없어야 한다. 동물성 식품으로는 주로 신선한 육류·어류·패류 등을, 식물성 식품으로는 채소나 과일 등을 이용한다.

생식 조리의 특색은

① 성분의 손실이 적다.
특히 수용성·열분해성 비타민, 무기질 등의 이용률이 높다.
② 식품 본래의 색이나 향의 손실이 적으므로 식품 자체의 풍미를 그대로 살릴 수 있다.
③ 조리가 간단하고 시간이 절약된다.
④ 위생적으로 취급하지 않으면 농약이나 병원균의 오염으로 피해를 입을 수도 있다.

소고기에는 민촌충, 민물고기에는 간디스토마, 민물 가재에는 폐디스토마, 고등어·전갱이·갈치·청어·오징어 등에는 아니사키스(anisakis) 충이 있고, 채소나 과일도 껍질째 그대로 먹는 경우가 있으므로 생식을 할 때 그 신선도와 취급법에 각별히 주의해야 한다.

어육에 소금이나 간장을 사용하면 탈수되어 살이 단단해지고 비린내도 제거된다. 고추냉이, 생강, 식초, 레몬즙 등도 비린내를 제거하며 식초나 레몬즙에 의해서는 생선살이 변성되어 표면이 응고되어 살이 더 단단해진다.

무침을 할 때에는 신맛과 매운맛을 내는 조미료를 사용하여 식욕을 증진시키며 열을 가하는 일이 비교적 적어 열에 약한 비타민류의 손실을 최소화할 수 있다.

2) 가열 조리

가열 조리는 조리 방법 중에서 가장 중요한 단계 중의 하나로서 가열 그 자체는 물리적인 조작이나 가열 시 일어나는 식품의 성분 변화는 화학적인 것이다.

가열의 목적은

① 위생적으로 안전한 음식물 제조(살균, 살충 등)
② 영양 효율 증진
③ 소화흡수성의 향상
④ 조미료의 식품 속으로 침투 촉진
⑤ 풍미 향상
⑥ 물리적인 변화

가열하는 동안 식품의 성분은 복잡한 변화가 일어나 전혀 다른 맛, 외관, 입속 촉감을 주게 되며 단백질의 변성, 지질의 용해, 전분의 팽윤과 호화 등이 일어나고 향기와 색이 변화되며 식품들의 물성도 변하고 조미료가 첨가되면서 풍미가 증진된다. 그러나 가열하는 동안 수용성 비타민 등이 파괴되고 무기질의 양이 감소되어 영양가가 저하되기도 한다.

가열 조리는 습식 가열, 건식 가열, 전자레인지 가열로 구분된다.

◐ 습식 가열

식품 재료 외에 물을 열 매체로 가열되는 방법으로 삶기, 끓이기, 찌기, 밥 짓기 등이 이에 속한다.

표 2-12 가열 조리 방법의 분류

<table>
<tr><td rowspan="2">습식 가열</td><td>삶기
끓이기
밥 짓기</td><td>열매체로 액체 상태의 물을 사용</td></tr>
<tr><td>찌기</td><td>열매체로 기체 상태의 수증기를 사용</td></tr>
<tr><td rowspan="2">건식 가열</td><td>구이
볶음</td><td>열매체로 물을 사용하지 않음</td></tr>
<tr><td>튀김</td><td>열매체로 액체 상태인 기름 사용</td></tr>
<tr><td colspan="2">전자레인지 가열</td><td>열매체는 없음. 식품 속의 수분이 발열체가 됨</td></tr>
</table>

(1) 삶기 및 데치기(blanching)

식품을 물속에서 가열, 연화시키는 방법으로 보통 조미는 하지 않는다. 소금을 넣고 삶는 경우도 있지만 이것이 조미의 목적은 아니다. 보통 식품을 가열한 후 물은 버리고 이용하지 않는 경우가 많은데 이때 수용성 성분이나 영양소가 다량 용출될 수 있으므로 주의해야 하며, 물의 양, 화력, 시간 등을 알맞게 조절하여 낭비가 없도록 한다.

삶기의 목적은

① 조직의 연화로 맛난 성분 증가(엽채류, 근채류, 과채류, 두류, 면류 등)
② 단백질 응고(육류, 어패류, 난류)
③ 색을 고정시키거나 아름답게 함(녹색 채소, 갑각류, 연근, 우엉)
④ 불미 성분 제거(죽순, 토란, 고사리)
⑤ 지방 제거(육류, 어류)
⑥ 전분의 호화(면류, 감자류)
⑦ 소독, 살균(모든 식품)

목적에 따라서 찬물에서부터 식품을 넣거나 또는 끓을 때 넣는다. 푸른 채소를 데칠 때나 국수를 삶을 때는 끓는 물에서부터, 식품 중의 나쁜 맛을 제거할 때나 감자 또는 달걀을 삶을 때는 찬물에서부터 넣고 가열한다. 또 데치는 물의 양도 목적에 따라 다르다. 즉 스파게티 면이나 국수를 삶을 때는 충분한 양의 물을, 감자나 당근처럼 수분 함량이 많은 식품은 잠길 정도의 물을 사용하는 것이 좋다.

또한, 삶는 목적을 달성하기 위하여 삶는 물에 첨가제를 넣기도 한다. 식염은 녹색 채소의 색을 아름답게 하며 면류에서는 전분의 α화를 촉진하고, 수조육류·어패류·난류 등의 단백질 응고에 사용되며, 식초는 플라보노이드계 색소의 백색 고정화, 펙틴 물질의 불용성 강화 등에 이용된다. 중조는 채소의 연화와 불미 성분의 추출, 콩단백의 연화를 촉진하고, 쌀겨나 쌀뜨물은 무, 죽순의 불미 성분 제거와 백색화에 사용된다. 또 밀가루, 식염, 식초를 함께 사용하여 컬리플라워를 희고 연하게 삶을 수 있고, 고구마나 밤 등의 모양이 부서지지 않고 색을 뚜렷하게 하기 위해 명반을 사용하기도 한다.

삶는 방법은 다음과 같다.

① 채소류

채소가 잠길 정도의 끓는 물을 준비한 후 채소를 넣고 뚜껑을 열고 가열한다. 삶는 물이 충분해야 온도 변화를 최소한으로 할 수 있고, 삶는 시간을 단축할 수 있으며, 채소 중에 함유된 휘발성 유기산이 가열로 인하여 휘발하여야 삶는 물이 산성이 되는 것을 방지할 수 있다.

녹색 채소의 색을 아름답게 유지하려면 0.3% 중조수(물 1.8ℓ, 중조 2 TS) 또는 1~2%의 식염수를 이용한다. 알칼리 용액에서 조리하면 비타민의 파괴량이 크므로 중조를 사용하는 것은 좋은 방법은 못되지만 0.3% 정도면 그다지 손실량이 크지 않다.

구리로 만들어진 냄비에 삶으면 선명한 녹색이 되지만 비타민 C의 파괴가 크기 때문에 사용을 피해야 하며 뚜껑을 열고 삶기만 해도 색깔이 곱다.

데치기(blanching)는 끓고 있는 물에 재료를 넣어 순간적으로 익혀내어 색을 보존하기도 하며 좋은 질감을 유지시킨다.

표 2-13 삶는(데치는) 물의 양과 비타민 C의 잔존율(%)

끓이는 물의 양	끓이는 시간(분)	끓이는 물의 종류		비 고
		물	1% 식염수	
5배	2 5	31.1 30.9	40.1 33.1	• 물만으로 보다는 식염수에 삶는 편이 비타민 C의 잔존율이 높다. • 끓이는 시간이 짧고 끓이는 물의 양이 적은 편이 잔존율이 높다.
10배	2 5	24.8 20.9	30.9 21.4	

② 면류

다량의 끓는 물에서 삶는다. 삶는 물의 양은 국수는 면 중량의 5~7배, 스파게티 면은 7~10배 정도를 준비한다. 1~2%의 식염을 첨가하고 삶는 물이 끓어 오르면 냉수를 3~4번 정도 넣어 준다. 충분히 삶아지면 건져서 냉수에 씻어 주어야 표면의 전분이 씻겨 나가서 서로 달라붙지 않게 되고 입속의 촉감도 좋아진다. 한편, 스파게티 면이나 마카로니는 삶는 물에 소량의 기름을 넣고 삶아낸 후 물로 헹구지 않고 소쿠리에 건져서 기름이나 버터를 발라준다.

③ 감자류

껍질을 벗기거나 썰어서 삶는 것보다 껍질째 그대로 삶으면 영양분의 손실이 적고 지미 성분의 손실도 없어서 맛이 좋다. 삶는 물의 양은 감자가 충분히 잠길 정도로 붓고 소량의 소금을 넣고 삶는다.

토란은 삶는 물에 소량의 소금, 식초 또는 명반을 넣고 삶으면 토란의 색이 희게 되고 표면의 조직이 약간 단단해진다. 그러나 첨가량이 너무 많으면 맛이 떨어지므로 주의해야 한다.

④ 기타

무는 쌀뜨물에 삶으면 맛이 좋다. 쌀뜨물은 쌀겨의 효소가 녹아 있어서 전분 분해효소, 단백질 분해효소 등이 작용하여 맛도 좋아지고 단단한 재료는 연하게 된다. 또한, 쌀뜨물의 전분 콜로이드 입자가 이들 재료의 표면을 둘러싸서 끓일 때 공기 중의 산소 등에 의해 산화되는 것을 막아 흰색을 유지할 수 있다.

죽순, 우엉도 쌀뜨물에 삶거나 쌀뜨물 대신 밀가루를 조금 넣어서 삶아도 좋다. 연근은 껍질을 벗겨 5~10%의 식초 물에 담갔다가 삶고 게와 새우는 2% 식염을 넣고 삶는다.

(2) 끓이기(boiling)

삶기와 같이 물속에서 식품을 가열하는 조리 방법으로 물 또는 조미료를 첨가한 국물의 대류작용에 의하여 익힘과 조리를 동시에 할 수 있는 특징이 있다. 가열 온도가 건식 가열보다 낮으므로 식품의 중심부까지 서서히 가열할 수 있어 조직이 단단하고 질긴 식품도 연하게 된다. 그러나 식품 중의 수용성 성분이 국물에 용출되므로 국물까지 이용하여야 영양소의 손실이 적다.

표 2-14 삶기에 의한 비타민 C의 파괴

식품명 (100g)	삶기 전 비타민 C(mg)	삶은 후 비타민 C(mg)	파괴율 (%)
감 자	12	0.6	45
고구마	29	22	27
배 추	40	2	95
양배추	75	16	79
시금치	30	17	44
순 무	100	16	84

① 끓이기의 조리 방법

국, 찌개 등과 같은 국물이 많은 것과 조림과 같이 국물이 적은 것으로 나눌 수 있으며 식품 재료가 충분히 잠길 정도로 다량의 국물을 붓는 조리는 균일하게 할 수 있으나 가열 시간이 많이 걸리며 연료도 많이 필요하다. 또한, 조림과 같이 국물이 적은 경우에는 고루 조미되기 어려우므로 국물을 끼얹어 주거나 식품을 뒤집어 주어야 한다. 뚜껑을 닫지 않고 끓이면 수분이 증발하여 기화열을 잃어 연료의 손실을 가져오므로 특별한 경우 외에는 뚜껑을 닫고 끓인다. 또한, 물에 담가 익히기(poaching)는 거품이 일지 않는 정도의 70~80℃의 뜨거운 액체에서 수란 등의 섬세한 음식을 서서히 조리할 경우에 이용된다.

② 화력의 조절

단시간 센 불로 빨리 익히는 것, 장시간 걸려서 약한 불로 천천히 끓이는 것(simmering) 등 식품 재료에 따라 화력을 조절한다. 대체로 처음에는 화력을 세게 하여 끓이다가 끓기 시작하면 화력을 서서히 낮춘다. 화력은 아무리 세게 해도 100℃ 이상으로 되지 않으므로 계속 세게 하면 연료의 낭비, 수분 증발이 심하며, 국물의 점도가 높은 경우는 자주 저어 주든지 이중냄비를 사용하여 눋는 것을 방지한다.

③ 끓이기와 조미

끓일 때 소금, 설탕, 화학조미료 등을 사용한다. 그러나 끓이는 동안 조미료를 넣는 적절한 시간 또는 순서에 맞게 조미하는 것은 음식의 맛에 결정적인 영향을 미친다.

소금은 온도에 따라 그 용해도의 변화가 거의 없으므로 처음부터 넣어도 무방하다. 된장은 불쾌한 향미 성분의 흡착성이 있으며, 간장은 짠맛뿐 아니라 맛난 맛과 특유의 향이 있는데 장시간 가열하면 상실되므로 처음부터 전부 넣지 말고 끓고 난 다음 2~3회로 나누어 넣도록 한다.

설탕은 다량 사용할 경우에는 2~3회에 나누어 넣는 것이 좋다. 설탕은 물에 대한 친화력이 크므로 고농도인 설탕 용액에 담그면 조직에서 수분이 침출되어 딱딱해지기 때문이다. 식초는 휘발하기 쉬우므로 장시간 가열 시에는 불에서 내리기 직전에 넣는 것이 좋다.

조미의 순서는 설탕, 소금, 식초의 순으로 한다. 그 이유는 분자량이 적은 소금은 분자량이 큰 설탕보다 빨리 식품 속으로 침투되어 식품의 조직을 경화시켜 설탕의 침입을 막기 때문이다. 그러므로 분자량이 큰 설탕을 처음에 넣어서 충분히 설탕 맛이 침투된 다음 소금이나 간장을 넣는다. 화학조미료는 장시간 가열하면 효과가 없으므로 불에서 내리기 직전에 넣는다.

(3) 찜(steaming)

100℃의 수증기 속에서 물의 기화열을 이용하여 가열하는 조리법으로 수증기가 물로 변할 때에 방출되는 잠열(539㎉/g)을 이용하여 식품을 가열한다.

찌는 조리법은 가열된 수증기가 재료 사이사이로 전해져 올라가므로 식품을 움직일 필요가 없다. 그러므로 식품의 모양이 그대로 유지되며 수용성 성분이 거의 용출되지 않고 식품이 지니고 있는 풍미도 그대로 남는다. 그러나 가열 중 조미가 어려우므로 가열 전·후에 조미를 해야 하며 끓이는 것보다 ⅓~½의 시간이 더 오래 걸리고, 연료도 더 많이 든다.

찔 때에는 찜통의 물이 저온일 때부터 식품을 넣고 가열하면 식품 표면에 수증기의 응축이 일어나 식품이 수분을 흡수하여 물기가 많아진다. 그러므로 식품을 넣기 전에 충분히 수증기를 발생시켜 공기를 방출한 뒤 식품을 넣고 가열한다. 이때 수증기는 식품과의 온도 차이로 응축되면서 이때 생성된 잠열이 식품에 전달되는 것이며 식품의 온도가 낮을수록 열의 전달량이 커서 가열 초기에 온도가 급히 상승한다.

찜통 속에 수증기가 충만할 때는 100℃이고 그 속에 있는 식품도 같은 온도가 되므로 결과적으로 식품은 100℃에서 가열하게 된다. 그러나 증기량을 조절하면 100℃ 이하의 온도에서도 가열이 가능하다.

식품에 따라 가열 후의 중량이 다르며 수증기가 차가운 식품에 닿으면 열을 식품에 주고 수증기는 액화되어 표면에 부착하는데 식품에 따라서는 이 수분을 흡수하기도 한다. 그러나 식품의 온도가 수증기와 같아지면 더 이상 증기가 액화되지 않으므로 중량은 오히려 감소하기도 한다.

찬밥을 찌면 중량이 7% 정도 증가하며 새로 지은 밥보다 맛이 못한 것은 수분 흡수로 밥의 조직이 나빠졌기 때문이다. 그러나 고구마, 감자와 같은 식품은 표면에 부착한 물방울을 흡수하지 않으므로 중량은 거의 변하지 않으며, 육류나 어류는 열에 의해 수축되므로 육즙이 유출되어 중량이 감소된다.

(4) 압력솥 가열

압력솥은 솥 내부의 증기를 모아 내부 압력을 높여 물의 끓는점을 상승시키는 원리를 이용한 조리기구로 1.5~2.0kg/cm^2의 기압하에서 115~120℃의 고온으로 가열할 수 있다.

끓이기, 찌기와 같은 가열법이지만 가열 온도가 높으므로 가열 시간이 단축되며, 가스나 전기 등의 열원 소모량이 감소되므로 연료비가 경제적이다. 그러나 압력솥은 뚜껑이 고정, 밀폐되어 있으므로 가열 도중에 식품의 상태를 관찰할 수가 없어 조절이 곤란하며, 가열 시간의 조절도 어려운 편이다. 같은 식품이라도 품종에 따라서 가열 시간이 다르므로 적당한 가열 시간을 설정하기가 어려운 점 등 단점이 따른다.

압력솥에서 조리하는 경우 다른 조리법으로 만든 것과는 다른 결과를 보이는 경우가 있다. 예를 들면 밥을 지을 경우 쌀 표면의 전분 입자가 과도하게 호화하여 점성이 크게 증가하며, 찹쌀은 점성이 너무 과다해져서 맛이 떨어질 수도 있다. 대두를 삶을 때는 가열 시간이 단축되므로 콩 중의 당이 용출되지 않아 맛이 진하며 또 수용성인 펙틴질도 용출되지 않으므로 점성이 더 좋아진다. 그 외에 질긴 고기, 통감자, 고구마 등도 단시간 가열로 연하게 익혀진다.

◐ 건식 가열

열의 매체로서 뜨거운 냄비, 철판 등이나 기름을 사용하고 또는 직접적으로 열원의 복사열을 이용하여 가열하는 방법으로 구이, 볶음, 튀김, 전 등이 이에 속한다. 물을 사용할 때는 100℃ 이상의 온도를 이용할 수 없는 데 비하여 건식 가열에서는 100℃ 이상의 온도를 이용할 수 있다. 또한, 습식 가열에 비하면 식품 표면과 내부와의 온도 차이가 크고 열매체와 닿은 부분이 탈수되어 풍미가 좋아지며 입속의 감촉이 변한다.

(1) 구이

인류가 불을 발견한 때와 동시에 시작된 가장 오래된 조리법으로 조리 온도가 다른 조리법에 비해 가장 높은 150~250℃의 고온에서 가열하는 방법이다. 삶기나 찌는 것과 달리 식품 표면에서 수분이 증발하여 탈수가 일어나고 맛 성분이 농축되어 탄 냄새가 가해져 독특한 풍미를 내게 된다. 그러나 열원의 온도가 대단히 높아서 식품 표면의 온도는 크게 상승하나 식품 자체의 열전도율은 낮기 때문에 표면과 내부의 온도 차이가 크므로 표면은 타고 내부는 가열이 충분치 않은 상태가 될 수 있으므로 주의하여야 한다.

굽는 정도는 수조육류, 어패류 등과 같이 수분을 75~85% 정도 함유하고 있는 식품 등은 강한 불로 단시간 가열하여 단백질을 응고시켜 내부의 육즙, 유출이 적게 하고 팬케이크나 고구마와 같이 전분이 많은 식품들은 비교적 약한 불에서 굽는다. 구이 방법에는 열원에서 직접 구워주는 직접 구이와 철판 프라이팬 등의 금속판 위에 놓고 굽는 간접 구이, 오븐을 사용하여 굽는 오븐 구이가 있다.

① 직접 구이(broiling, grilling)

석쇠나 꼬챙이에 꿰어서 직접 불 위에서 굽는 방법이다. 열원의 복사열을 직접 받아서 가열하는 방법으로 센 불에서 멀리 떨어져 굽는 것이 효과적이다.

열원으로는 탄화가 잘되고 화력이 강한 숯불이 복사열이 강하고 복사 면이 넓어서 가장 효과적이며, 가스 불은 불꽃 자체의 온도는(1500℃) 높으나 식품 전면을 고르게 가열하지 못하고 부분적으로만 가열한다. 그러므로 불꽃 위에 석쇠 등의 금속망을 놓아 가열 면적을 넓히고 고온의 가스 불을 복사열로 전화하여 이용하는 것이 효과적이다.

② 간접 구이(baking)

열원 위에 냄비와 철판, 프라이팬 등을 놓고 그 위에 식품을 놓아 가열하는 방법이다. 금속판에 전달된 전도열에 의해 주로 구워지며 어떤 연료로도 가능하다. 철판이나 프라이팬에 기름을 발라 주어 식품이 달라붙지 않게 하며 금속판의 온도는 열원의 온도까지 올라가므로 열원에 접촉된 식품의 아랫부분은 온도가 높은 반면에 윗부분은 열을 받지 못하여 온도가 낮으므로 식품의 위, 아래를 뒤집어주어 가열 면을 바꾸어 준다.

때에 따라서는 뚜껑을 덮어 굽기도 하며 잘 익지 않는 식품은 도중에 물을 가하고 뚜껑을 덮으면 가열된 증기에 의해 익으면서 구워지게 된다.

③ 오븐 구이(roasting)

오븐 내에 식품을 넣고 가열하는 방법으로 가열된 내부 공기의 대류와 오븐 벽의 복사 및 철판에 의한 전도에 의해서 식품이 가열된다. 식품을 오븐 속에 넣어서 구우면 식품의 상하 각 면에서 가열하는 것과 같기 때문에 식품을 뒤집거나 위치를 바꿀 필요가 없어 모양이 그대로 유지되면서 중심부까지 열이 잘 통한다.

오븐 속의 공기 온도는 100℃ 이상이나 공기는 열전도율이 낮으므로 물에서 가열하는 때보다 가열 시간이 더 오래 걸린다. 알루미늄 호일로 싸서 구울 때는 식품에서 방출되는 수증기가 안에 머물러서 찌는 작용을 겸하면서 구워진다. 또한, 오븐 내부도 밀폐되어 있으므로 물의 증발이나 향기 성분의 휘발도 다른 구이보다 적으며 쪄서 구운 상태로 익게 된다.

직접 구이, 간접 구이, 오븐 구이를 할 때 식품 중의 변화는 비타민 B_1이 가장 파괴되기 쉬우며 당질의 캐러멜화가 일어나고 식품 중의 단백질 응고로 수분이 침출된다. 또한, 소화가 좋아지며 살균 효과를 얻을 수 있다.

▶ 훈연 : 연어, 청어, 고등어, 가자미, 도미, 돼지고기, 닭고기, 오리고기 등에 사용된다. 활엽수잎 건조한 것이나 톱밥, 겨, 소나무, 옥수숫대 등을 뭉근히 태워서 그 위에서 굽는 방법으로 연기에 함유되어 있는 휘발성 성분이 식품에 스며들게 하여 살균도 되고 독특한 풍미를 내게 한다.

훈연에는 냉훈과 온훈이 있는데 냉훈은 25℃ 정도의 온도로 먼 불에서 1~3주간 걸려서 충분히 훈연하는 것이고, 온훈은 60℃ 전후에서 4시간 정도 훈연하는 것이다. 냉훈은 장기간 보존할 수 있으나 풍미가 떨어지고 온훈은 풍미는 좋으나 장기간 보존할 수 없다.

(2) 볶음(sauteing, stir frying)

냄비나 프라이팬, 철판 등에 소량의 기름을 두르고 고온으로 가열한 다음 식품을 넣고 볶는 것으로 구이와 튀김의 중간 조리법이라고 할 수 있다. 볶는 과정 동안 식품의 수분이 증발되어 식품 성분은 농축되고 기름의 풍미가 가미되어 한층 맛이 좋게 된다. 이때 기름은 열의 전달 매체로 작용할 뿐만 아니라 식품이 눌어붙는 것을 방지한다.

고온으로 단시간 가열하기 때문에 식품의 색이 그대로 유지되고 비타민과 수용성 성분의 손실도 적다. 볶는 과정 중에 조미할 수는 있지만 식품 표면이 기름막으로 둘러싸이게 되어 조미 성분의 침투가 느리게 되므로 볶기 전에 조미를 약간 한 다음 볶는 것이 좋다.

볶는 냄비는 열용량이 크고 두꺼운 것으로 볶을 식품의 양은 냄비 용량의 반 정도로 식품을 넣는 것이 적당하다. 볶을 때에는 냄비와 기름을 뜨겁게 한 후 재료를 넣는 것이 좋은데 냄비의 밑면에 접하고 있는 식품의 표면은 온도가 높기 때문에 고루 섞고 뒤집어 주어야 수분 증발이 용이하다. 기름 사용량은 재료에 따라 다르나 대체로 5~10% 정도가 적당하고 볶을 때는 식품을 한꺼번에 다 넣고 자주 섞어주는 것이 볶음을 잘하는 요령이다.

(3) 튀김(deep fat frying)

기름을 열의 매개체로 하여 가열하는 것으로, 고온으로 가열된 식용유지의 대류작용으로 기름의 온도가 상승되고 이때의 기름 온도가 식품에 전도되어 열을 전달하는 조리법이다.

기름의 온도는 150~200℃ 정도로 물보다 월등히 높아 가열되는 속도가 빠르며 가열 중 식품의 수분은 증발하고 대신 기름이 식품에 흡수되어 물과 기름의 교환작용이 일어난다. 또 기름의 비열은 물보다 작아서(기름 0.47, 물 1) 온도가 빨리 상승하는 대신 열을 제거하면 빨리 식는다. 기름과 식품 간의 열의 이동은 전도에 의하며 이동 열량은 식품 재료의 표면적에 비례한다.

튀김 시 한꺼번에 다량의 튀김 재료를 넣으면 기름의 온도가 크게 떨어져서 튀김 결과가 좋지 못하며 식품 중에 수분 함량이 많으면 증발 시 기화열로 열을 빼앗겨 온도가 크게 떨어지므로 화력을 세게 조절해야 한다.

식품의 크기나 익히는 정도에 따라서 기름의 튀김 온도가 다르다. 고구마나 생선, 닭고기처럼 중심까지 충분히 익히려면 150~170℃의 비교적 낮은 온도에서 먼저 익힌 후 온도를 높여 주는 것이 색과 질감이 좋아진다. 또한, 크로켓과 같이 표면의 색과 풍미를 좋은 갈색으로 하는 경우에는 190~200℃ 정도의 고온에서 튀겨야 하며, 저온에서 튀긴 식품도 두 번째 튀길 때는 기름 온도를 170~180℃ 정도로 하는 것이 적당하다.

튀김(deep frying)은 기름 온도가 높기 때문에 식품이 빨리 익고, 가열 시간이 짧기 때문에 식품 중의 비타민 등 영양소의 파괴가 적으며 유지를 흡착하여 풍미와 영양가가 높아지는 것이 특징이다.

튀김에는 재료에 아무것도 씌우지 않고 그대로 튀길 때와 튀김옷을 입혀 튀길 때가 있다. 튀김옷은 밀가루, 녹말, 빵가루 등이 사용되며 여기에 달걀, 우유 등을 혼합하기도 한다. 밀가루는 글루텐이 적은 박력분이 좋은데 글루텐이 많으면 탈수가 잘되지 않고 튀김 시 물과 기름의 교환이 적으며, 기름의 흡수가 잘되지 않아 바삭바삭하게 튀겨지지 않기 때문이다.

튀김옷에 달걀을 넣어주면 달걀이 열 응고되면서 튀김옷 표면이 잘 건조된 상태로 되어 씹을 때의 감촉이 바삭바삭하여 좋게 느껴진다. 또 중조를 0.2% 정도 가해주면 튀김옷에서 탄산가스가 발생하여 분산되고 수분 증발도 쉬워져 바삭바삭하게 튀겨지며, 흡습이 느껴지므로 만든 후 즉시 먹지 않을 경우에는 중조를 넣어주는 것이 좋다. 그러나 비타민 B와 C 등 영양소의 손실을 가져온다.

(4) 전(pan frying)

프라이팬에 소량의 기름을 두르고 채소류, 어패류, 육류 등을 지져내는 방법으로 간접 구이에 가까운 조리법이다. 식품의 위쪽은 열전달이 더디므로 가열되기 쉽게 얇게 썰어 주는 것이 좋으며, 식품 재료에 밀가루, 달걀을 묻혀 지져내는 전과 밀가루 푼 것에 채소, 조개류, 육류, 어류 등을 섞어 버무린 다음 기름에 부쳐내는 전 등이 있다.

전은 부칠 때 기름 양이 많으면 튀김에 가까운 상태가 되므로 기름을 소량 두르고 지져내야 하고, 부친 다음 반드시 채반에 펴놓아 열을 식힌 다음 접시에 담아야 눅눅해지거나 전의 옷이 분리되지 않는다.

(5) 전자레인지 가열

가열 원리는 전도, 대류, 복사에 의한 것과는 달리 고주파 유전 가열이며 일명 전자레인지 가열 또는 극초단파 가열이라고도 하며 주로 생식품의 가열 조리, 조리식품의 재가열, 냉동식품의 해동과 조리에 사용된다. 원리는 전자레인지의 마그네트론에서 발생하는 극초단파(microwave)가 식품에 흡수되면 식품 중의 쌍극성 물 분자들이 급속히 진동하여 발열하게 된다. 따라서 열원이 따로 있는 것이 아니라 식품 자체로부터 발열되어 외부로 열이 전달되는 것이다.

전자레인지용 가열에 사용되는 마이크로파의 주파수는 2450 MHz/sec로 이것은 물 분자가 1초에 24억 5000만 회 진동하는 것을 의미한다.

식품의 수분 함량에 따라 발열이 크게 좌우되며 전자레인지 내의 식품은 표면에서 내부로 익혀지는 것이 아니라 여러 방향에서 동시에 익혀진다. 식품 내부에서 발열하여 열효율이 크고 가열 시간이 짧다. 그러나 식품량의 증가에 비례하여 시간이 길어진다.

수분은 극초단파를 흡수하나 종이, 유리, 도자기, 나무, 플라스틱 등은 투과하며 금속은 반사한다. 그러므로 전자레인지용 용기로는 종이, 유리, 도자기, 나무, 플라스틱 등과 같은 비금속성 재질로 된 것이 좋으며 법랑제 그릇 등 금속류나 알루미늄 호일은 적합하지 않다. 주의할 것은 도자기 등에 금속으로 된 선 또는 무늬가 있으면 전자레인지 내에서 스파크가 일어난다.

전자레인지 가열의 특징은

① 가열 시간이 다른 가열 방법에 비하여 대단히 짧다.

② 식품의 천연의 색, 방향, 풍미가 유지되며 타버리지 않는 이점이 있는 반면 갈색화가 잘 일어나지 않고 단단해지는 경향이 있다.

③ 식품이 고체이든 유동체이든지 그릇에 담은 그대로 조리가 가능하다.

④ 식품의 중량이 많이 감소된다. 이는 대부분 수분 증발에 의한 것으로 뚜껑을 사용하면 다소 방지된다.

⑤ 음식은 데워져도 그릇은 뜨거워지지 않는다. 그러나 조리 시간이 길어지면 데워진 음식의 열이 전도되어 그릇이 뜨거워지기도 한다.

표 2-15 가열 조리법의 비교

조리법	열의 매개체	열의 전달 방법	가열 온도 (℃)	온도 조절	조리 방법	비 고
삶기 끓이기	물	대류 전도	95~100 (0.9~1 atms)	쉬움	가열 중 (가열 후)	• 삶은 물 이용 안 함 • 끓인 국물에 용출된 가용성 성분 이용
찌기	수증기	대류 전도	100 달걀 액의 응고 (80~90)	약간 쉬움	가열 전 (가열 후)	• 끓인 것에 비해 가용성 성분의 용출이 적음 • 형태가 유지됨 • 찌는 시간은 수증기가 찜통 밖으로 나온 후부터 잰다. (수증기 1g, 기화열 539cal)
압력솥 가열	물 수증기	대류 전도	115~120 (1.7~2 atms)	약간 어려움	가열 전	• 가열 시간 단축 • 조직의 연화가 빠름
구이	금속 공기	전도 복사	200~300 (열원 500~800) 온도 조절이 가능한 경우(160~220)	어려움 (온도조절기 부착된 조리기구는 약간 쉽다.)	가열 전 (가열 후)	• 가용성 성분의 용출은 삶기보다 적다. • 수분과 지방의 감소 크다. (장시간 가열 시) • 가열 온도와 식품 내부의 온도 차가 크다. • 풍미 증가 • 직접 구이와 간접 구이
볶음	금속 기름	전도	100~300	어려움	가열 전 (가열 중)	• 센 불에서 단시간 조리 • 식품의 크기를 동일하게 • 기름 이용
튀김	기름	대류 전도	150~200 (기름으로 예비가열)	약간 어려움	가열 전 (가열 후)	• 가용성 성분의 용출 적음. • 가열 온도와 식품 내부의 온도 차이가 큼
전자 레인지 가열	2450 MHz/sec의 마이크로파에 의한 식품의 구성 분자 내에 마찰열		식품에 수분이 충분할 경우 100	어려움	가열 전 (가열 후)	• 조리 시간이 짧음 • 재가열, 냉동식품 해동 • 유전율이 큰 물질은 발열량이 큼(공기 1, 종이 2~3, 플라스틱이나 유리 10 이하, 물 80)

* 물질의 온도 전도율은 물이나 공기는 작고, 금속은 크다. 열의 매개체로서는 물은 주로 대류에 의하여 열을 전하지만 온도는 보통의 압력 이하에서는 물의 끓는점이 100℃ 이상은 안 되므로 온도 조절이 용이하다. 기름은 물보다 비열(물 1g을 1℃ 올리는 열량)이 작으며 화력 조절은 어렵다. 금속은 온도 상승이 빠르고, 가압 가열이나 마이크로웨이브 가열에서는 가열 시간이 단축된다.

3 물과 물성의 기초

1) 조리에서의 물의 역할

(1) 식품 재료나 조리기구에 붙어 있는 비위생적인 오염물질 세척

(2) 열의 전도체

물은 비열이 커서 조리 시 온도가 너무 빨리 올라가는 것을 방지하기 위해서나 냉각시키기 위해서 사용된다. 예를 들어 어떤 식품을 담은 냄비를 가스레인지 위에 놓고 가열하면 불에 닿은 냄비 바닥 부분의 식품은 다른 부분이 익기도 전에 타게 되지만, 냄비에 물을 붓고 식품을 가열하면 열원의 열이 냄비를 통하여 물로 전달되고 열을 받은 물은 대류를 일으켜 냄비 안의 물의 온도가 골고루 높아지면서 식품도 고르게 열을 전달받아 익게 된다. 또한, 가열한 음식을 냉각시킬 때도 공기 중에서 자연 냉각하기보다는 흐르는 물에 냉각시키면 더 빨리 냉각된다.

(3) 식품 성분의 물성 변화

특히 곡류 식품에서의 전분의 호화, 섬유소의 연화, 동물성 식품에서 콜라겐의 젤라틴화, 검질의 교질화 등을 위해서는 반드시 물이 있어야 한다.

(4) 조리 시 조미료를 균일한 농도로 확산시켜 빠른 속도로 침투시킴

2) 조리와 관련된 특성

(1) 확산

어떤 물질이 다른 물질 속에 섞여 들어가는 것을 확산이라고 하는데, 이러한 현상은 농도차가 나는 같은 종류의 액체나 기체에서 또는 기체와 기체, 기체와 고체, 액체와 고체 사이에서 일어난다. 예를 들어 투과성 막을 중심으로 하여 한쪽에는 진용액, 다른 한쪽에는 순수한 물이 있다면 그 막을 통하여 진용액에 있는 용질이 물 쪽으로 이동하여 물의 농도를 진용액의 농도와 같게 하려는 경향이 있으므로 시간이 경과함에 따라 진용액의 농도는 낮아지고 물의 농도는 높아져 어느 시간에 달하면 양쪽의 농도가 같아진다.

이러한 확산 현상은 김치를 담그기 위해 배추를 소금으로 절일 때 처음 단계에서 일어난다. 배추 조직의 세포벽은 주성분이 섬유소이므로 그 조직이 성기어 배추에 소금을 뿌리면

소금이 세포벽을 뚫고 세포간질과 세포의 원형질막 사이까지 침투해 들어가서 배추는 짜지고, 외부의 소금 농도를 희석시키기 위하여 세포에서 물이 빠져나가면서 배추가 절여진다.

체소나 과실을 물에 넣고 가열하면 이와 반대의 현상이 일어난다. 즉 채소나 과실의 세포간질과 세포벽, 원형질막 사이에서 진용액을 형성하고 있는 물질들(무기질, 당, 수용성 비타민 등)이 세포벽을 통과하여 조리수로 용출된다. 따라서 조리수의 양이 많을수록, 그리고 가열 시간이 길수록 식물 조직에서 용질의 손실량은 많아진다. 그러나 이대 식물 조직 내에 존재하는 물질 중 진용액을 형성하지 않는 단백질, 전분, 섬유소 등은 조직 내에 그대로 머물러 있다.

(2) 삼투

막이 반투막일 경우 물은 통과시키나 용질은 통과시키지 않으므로 투과성 막일 때와는 달리 물이 막을 통과하여 막 양측의 액체의 농도를 같게 한다. 이러한 현상을 삼투라고 한다. 이 현상은 배추를 적일 때 소금이 세포간질과 세포벽까지 침투해 들어간 다음 단계로 일어난다. 즉 세포의 원형질막을 중심으로 하여 그 내부는 소금 농도가 낮고 외부는 높으므로 내부와 외부의 소금 농도를 같게 하기 위하여 내부의 물이 원형질막을 통과하여 외부로 나온다. 계속 물이 빠져나오면 결국 원형질 분리가 일어난다.

(3) 용해도

용해도란 용액에 녹을 수 있는 용질의 농도를 말하는 것으로, 일반적으로 용액 100g 중에 녹을 수 있는 용질의 양으로 표시한다. 조리할 때 흔히 사용되는 설탕, 소금, 물엿(과당) 등의 조미료는 물에 상당히 잘 녹는 편인데, 설탕은 과당보다는 용해도가 낮으나 온도가 올라가면 더 잘 녹는다. 그러나 온도가 올라가도 소금의 용해도는 별로 높아지지 않는다. 설탕을 높은 온도의 물에 녹여 포화 상태의 설탕 용약으로 만든 후 식혀서 과포화 용액이 되게 하면 여러 종류의 캔디를 만들 수 있다.

(4) 점성

유체는 외부에서 힘이 가해지면 흐르는데, 이때 유체 내부에는 흐름에 대한 저항이 생긴다. 이러한 흐름에 대한 저항을 점성이라고 한다. 흐름에 대한 저항성이 작은 물은 점성이 낮고, 흐름에 대한 저항성이 큰 꿀, 물엿은 점성이 높다. 점성은 분산상의 농도에 따라 달라지는데, 농도가 높을수록 점성은 증가한다. 예를 들어 크림은 지방 입자의 개수나 농도가 증가하면 더욱 걸쭉해진다.

일반적으로 온도가 낮아지면 점성은 높아진다. 화이트소스(white sauce)나 젤라틴, 한천 같은 젤은 높은 온도에서는 점성이 낮으나 식히면 높아지므로 조리 시 각재료의 사용량에 주의해야 한다. 죽, 수프와 같은 점성이 높은 음식을 가열할 때는 잘 저어서 열의 이동이 잘 될 수 있게 해 준다.

(5) 표면장력

액체는 표면을 가능한 한 작게 하려는 경향이 있으며, 외부의 작용이 무시될 수 있을 때는 거의 구형을 이룬다. 이러한 현상은 액체 분자 간의 인력에 기인하는 것으로서 액체 표면에 따른 일종의 장력인데, 이것을 표면 장력이라고 한다. 예로서 비눗방울이나 왁스 위에 떨어뜨린 물방울이 동그랗게 되는 것을 들 수 있다.

표면장력은 온도가 올라가면 표면에 있는 분자의 열운동으로 감소한다. 표면장력은 특히 조리에서 이용하는 거품과 관계가 깊다. 설탕은 표면장력을 증가시키고 지방산, 지방, 알코올, 단백질 등은 감소시킨다.

(6) 거품

거품을 이용한 음식으로는 맥주, 아이스크림, 머랭(meringues) 등이 있다. 거품은 기체가 얇은 액체의 막에 둘러싸여 있는 매우 불안정한 상태로서 음식의 조직감과 부피를 좋게 해 주므로 먹을 때 입안에서의 느낌에 영향을 준다.

일반적으로 표면장력이 큰 액체는 거품이 생기기 어렵지만 일단 생기면 잘 없어지지 않고, 표면장력이 작은 것은 거품이 생기기 쉬우며 또한 쉽게 없어진다. 보통 액체의 표면장력은 온도가 올라갈수록 낮아지므로 거품이 오래 지속되지 않는다.

예를 들어 차가운 맥주의 거품은 오래가지만, 따뜻해진 맥주는 거품이 생겼다가 금방 없어진다. 거품이 조리에서 유익하게 이용되기도 하지만, 우유를 끓이거나 발효식품, 두부, 물엿 등을 만들 때 거품이 생기는 것은 바람직하지 않은 경우이므로 여러 가지 소포제를 이용하여 거품의 표면장력을 감소시킨다.

3) 식품 중의 물의 상태

식품의 주된 구성 성분은 물이다. 물은 식품 내에서 단순한 물로 존재하는 것이 아니라 식품을 구성하는 탄수화물, 단백질 등과 결합하여 그 일부를 형성한다. 이런 상태의 물을 '결합수(bound water)'라고 한다. 또한, 식품 중의 물의 일부는 식품 성분 중의 염류, 당류, 수용성 단백질, 비타민 등과 같은 가용성 물질을 녹여 용액 상태로 만들거나 또는 전분이나 지질과 같은 불용성 물질을 분산시켜 교질(colloid) 상태로 만든다. 이러한 수분을 '유리수' 또는 '자연수(free water)'라고 한다.

결합수는 식품 성분에 결합되어 있는 물로 수화수(水和水)라고도 하며, 식품의 구성 성분인 탄수화물이나 단백질 분자들에 강하게 흡착되어 있거나 수소결합에 의해 밀접하게 결합하고 있는 형태의 물로서 보통의 방법으로는 쉽게 분리시킬 수 없는 물이다. 유리수는 자유로이 운동할 수 있는 물로, 식품을 건조시키면 쉽게 제거되고 0℃ 이하로 온도가 급속하게 내려갈수록 유리수가 계속해서 얼음으로 되므로 결합수 중 일부는 유리수로 되어 평형을 유지하려고 한다.

식품에 들어 있는 물의 일부는 결합수와 유리수의 경계에 있기 때문에 식품중의 결합수의 함량은 측정 방법에 따라 다르다. 특히 극성기에 결합되어 있는 물 중의 결합수의 함량은 측정방법에 따라 다르다. 특히 극성기에 결합되어 있는 물의 첫 번째 층은 상당히 단단하게 결합되어 있으나 그다음 층은 조금 덜 단단하게 결합되어 있으며, 첫 번째 층은 상당히 단단하게 결합되어 있으나 그다음 층은 조금 덜 단단하게 결합되어 있으며, 그 위로 올라갈수록 더 결합력이 약해져서 어느 층에 이르면 결합수인지 유리수인지 구별할 수 없는 상태이다.

(1) 유리수

유리수는 식품 성분 중의 염류, 당류, 수용성 단백질, 수용성 비타민 등과 같은 가용성 물질들을 녹여 용액 상태로 만들거나, 또는 전분, 지질과 같은 불용성 물질들을 물에 분산시켜 교질 상태를 이루는 물이다. 유리수는 다음과 같이 보통의 물이 지니는 일반적인 성질을 나타낸다.

① 용매로서 작용한다.
② 분자량에 비해 비등점과 융점이 높고 증발열이 크다.
③ 비열이 크다.
④ 4℃에서 비중이 가장 크다.
⑤ 표면장력이 크다.
⑥ 점성이 크다.

(2) 결합수

결합수는 유리수와는 달리 유동성이 없으며 식품 중의 구성 성분인 탄수화물이나 단백질 등과 결합되어 존재하므로 일반적인 물과는 다른 다음과 같은 특성을 지닌다.

① 용매로서 작용하지 않는다.
② 대기 중에서 100℃ 이상으로 가열하여도 제거되지 않는다.
③ 0℃ 이하에서는 물론 그보다 더 낮은 오도에서도 잘 얼지 않는다.
④ 보통의 물보다 밀도가 크다.
⑤ 식품 조직을 압착해도 제거되지 않는다.
⑥ 효소의 활성이나 곰팡이와 같은 미생물의 생육에 이용되지 못한다.

4) 조리 과정에서의 물의 작용

(1) 열의 전도체

식품을 조리하는 데 있어서 물의 역할 중 하나는 가열기구로부터 식품으로 열을 전달하는 것이다. 만약 어떤 식품을 담은 냄비나 프라이팬을 전기난로나 가스레인지에 올려놓으면 냄비가 불에 닿은 부분의 식품은 다른 부분이 익기도 전에 타게 될 것이다. 그러나 냄비에 물을 붓고 불에 올려놓으면 가열기의 에너지가 냄비를 통하여 물로 전달되고 열을 받은 물은 대류를 일으켜 냄비 안의 온도가 골고루 흩어지게 된다. 따라서 물과 함께 식품을 가열하면 식품이 열을 고르게 전달받으면서 익게 된다.

(2) 분산매

물은 식품 내에 함유되어 있는 가용성 성분의 용매로서 그 역할이 매우 크다. 식품에 함유되어 있는 물질들은 그 분상상의 크기에 따라 진용액, 교질용액, 유화액 또는 부유 상태를 형성한다.

① 진용액(true solution)

물은 소금, 설탕, 수용성 비타민, 무기질 같은 분자량이 비교적 적은 물질들을 용해시킨다. 이러한 용약을 진용액이라고 하는데, 이것은 이온성(ionic) 용액과 분자성(molecular) 용액으로 나눌 수 있다. 소금(NaCl)과 같은 결정체인 물질에서는 나트륨 원자의 외각에 있는 1개의 전자가 염소 원자에서 부족된 1개의 전자를 보충시켜 준다. 따라서 나트륨 이온은 전자의 수가 양자의 수보다 1개가 부족하므로 양전하를 띠게 된다. 염소 이온은 전자의 수가 양자의 수보다 1개 더 많으므로 음전하를 띠게 된다.

소금의 결정체 내에서는 두 종류의, 반대의 전하를 가진 이온들이 정전기적인 힘에 의하여 결합되어 있다. 극성인 물 분자는 상반된 전하를 가지고 있는 나트륨 이온과 염소 이온들의 상호 인력을 감소시키는 경향이 있다. 따라서 물 분자에 의해 수화되어 결정체로부터 하나씩 떨어져 나가게 된다. 이러한 형상을 '용해'라고 한다. 물을 가열하면 열에 의하여 물 분자가 활발하게 움직여서 상호 간에 끄는 인력이 감소되고 나아가서는 설탕 결정체 내에서도 설탕 분자끼리 서로 끄는 힘도 감소되어, 결국 물 분자가 설탕 분자를 수화시키는 힘은 증가된다. 따라서 설탕의 경우와 같이 수소결합의 상호 변화가 개입되는 물질의 용해도는 물의 온도가 높아짐에 따라 증가한다.

② 교질용액(콜로이드 용액, colloidal dispersion)

식품에 함유되어 있는 여러 가지 성분 중에서 진용액을 형성하지는 않으나 물에 산포될 수 있는 것이 있다. 이러한 상태의 용액을 '교질용액'이라고 한다. 교질용액은 분산되어 있는 물질의 크기가 진용액을 형성하는 것보다 크다. 일반적으로 단백질은 교질용액을 형성하는데, 그 예로서 젤라틴 용액이나 우유를 들 수 있다. 족탕이나 생선 조린 국물에는 콜라겐이 용해되어 젤라틴의 형태로 존재하는데, 뜨거울 때는 젤라틴이 교질용액, 즉 졸(sol)을 형성한다.

교질용약은 형성하는 입자의 크기가 비교적 크기 때문에 불안정해서 외부의 조건에 따라 쉽게 그 안전성을 잃고 침전하는 경향이 있다. 우유나 두유는 산이나 무기염 등의 첨가로 인해 침전 현상을 일으키는데, 이러한 원리를 이용하여 우유에서 치즈를 제조하고 두유에서 두부를 제조한다.

③ 유화액(emulsion)

식품에서 물과 관련된 다른 형태의 분산으로서 유화액이 있다. 유화액에는 수중유적형(oil in water)과 유중수적형(water in oil)이 있으나 식품에서는 수중유적형이 흔한 편이다. 마요네즈, 크림, 균질유 등에는 지방이 유화 형태로 산포되어 있다.

④ 현탁액(suspension)

부유 상태로 분산되어 있는 물질은 물에 용해되지 않을 뿐더러 교질 상태로도 분산되어 있지 않다. 가장 대표적인 예로는 냉수에 전분을 풀어 놓은 것을 들 수 있다.

5) 수분활성

(1) 수분활성의 정의

식품 중의 물의 작용은 식품에서의 물의 존재 상태에 따라 다르므로, 수분의 절대량을 나타내는 전체 수분함량보다도 식품 중에서 물의 활성, 즉 수분활성이 중요하며, 대기 중의 상대습도까지 고려한 수분 함량으로 표시하는 것이 타당하다. 식품 중의 수분함량은 변패 가능성과 깊은 관계가 있는데, 실제로 미생물의 활동에 영향을 주는 식품의 수분함량은 전체 수분함량이 아니라 미생물이 이용할 수 있는 유리수 함량이다 .

수분활성(water activity, Aw)이란 식품 중에 함유된 수분의 증기압과, 같은 온도에서의 순수한 물의 증기압의 비이다.

위에서 보듯이 수분활성의 크기를 결정하는 인자는 식품 중에 함유된 수분의 증기압이다. 일반적으로는 증기압은 라울의 법칙에 의하여 식품 중의 물에 녹아 있는 용질의 분자수에 따라 결정된다.

즉 식품 중에 함유되어 있는 수분에 가용성 물질이 많이 녹아 있을수록 수분활성은 낮아진다.

(2) 식품의 수분활성

식품 중의 물의 수증기압은 순수한 물의 수증기압보다 낮기 때문에 식품의 수분활성은 1.0보다 작다. 육류, 어패류, 과일 및 채소류에는 소금이나 설탕이 적게 들어 있어 순수한 물과 거의 비슷한 수증기압을 나타내므로 이들 식품의 수분활성은 0.95~0.99로 1.0보다 조금 낮다. 그러나 치즈, 햄, 건조 과일 등은 수증기압이 낮기 때문에 이들 식품의 수분활성은 0.80~0.90이며, 곡류와 같이 수분이 적은 건조 식품은 수분활성이 0.06~0.64이다.

(3) 수분활성과 식품의 안전성

수분활성은 식품의 변질이나 안전성에 영향을 미친다. 건조, 냉동, 염장 및 당장의 방법으로 식품의 수분활성을 낮추어 저장성을 높일 수 있다.

① 미생물의 성장과 번식

수분활성과 미생물의 성장, 번식은 밀접한 관계가 있다. 수분활성이 클수록 미생물에 이용되기 쉽다. 일반적으로 세균은 Aw 0.85 이하에서는 생장할 수 없고, 효모는 Aw 0.80 이하에서 생장할 수 없다. 곰팡이는 건조한 환경에서도 잘 자라는 것을 흔히 볼 수 있는데, 곰팡이의 생육이 가능한 수분활성의 한계는 Aw0.6 정도이다. 이런 미생물들의 생장 가능 한계는 일반적인 수치일 뿐, 이 한계를 벗어난 예들은 상당하다.

표 2-16. 미생물이 성장에 필요한 수분활성

미생물의 종류	수분활성(Aw)
보통 세균	0.90~0.94
보통 효모	0.88
보통 곰팡이	0.80
내건성 곰팡이	0.65
내삼투압 곰팡이	0.60

② 효소작용

식품 중의 효소작용도 수분활성에 의해 영향을 받는다. 대부분의 효소들은 Aw 0.3 이하에서는 기질이나 반응 생성물의 이동이 불가능하고 효소 단백질들의 수화 부족으로 인해 그 입체적 형태가 변하기 때문에 효소활성을 잃게 되므로 효소들이 촉매하는 반응들이 억제 또는 정지된다.

③ 비효소적 갈변 반응

수분활성이 낮은 단분자층 형성 수분 영역에서는 비효소적 갈변 반응은 일어나지 못하고 Aw 0.6~0.7에서 가장 활발한 갈변 반응이 일어난다.

④ 유지의 산화 반응

수분활성이 0일 때 유지의 산화가 가장 잘 일어나고 수분활성이 증가함에 따라 산화속도가 감소된다. 왜냐하면 식품 표면에 존재하는 물 분자가 과산화물(hydroperoxide)과 수소결합에 의해 복합체를 형성함으로써 과산화물의 분해를 억제시키며, 또한 식품 중의 물 분자가 식품 중에 들어 있는 산화 촉진제 역할을 하는 Cu, Fe 등의 금속물질을 수화시켜 금속의 산화 촉매작용을 억제 또는 제거하기 때문이다. 그러나 식품의 수분활성이 더 높아지면 유지의 산화 속도는 증가된다.

6) 졸과 젤

(1) 졸과 젤의 정의

교질용액 중에서 액체 내에 고정 입자가 분산되어 있는 것을 '졸(sol)'이라 하며, 이것은 진용액과는 다르다.

졸이 일정한 형태를 띠면 '젤(gel)'이라고 한다. 예를 들어 젤라틴 같은 단백질이 뜨거운 물에 분산되어 있을 때는 졸이지만, 식히면 투명하고 거의 반고체인 젤이 된다. 졸이 젤로 되는 또 다른 예를 들면, 녹두가루나 도토리가루를 약 8% 함유하고 있는 풀(paste)은 졸인데, 시간이 경과하면 굳어서 젤이 된다.

분산상의 농도, 온도, 수소이온 농도, 전해질 함량 등이 변할 때 졸이 젤로 변한다. 졸이 젤로 변했을 때는 분산매와 분산상 간의 관계가 바뀐다. 보는 바와 같이 비연속적이었던 분산상이 계속적으로 연결되고 이곳저곳이 결합됨으로써 망상 구조를 이룬다. 그리하여 분산상은 일종의 연속적인 상태가 되고, 반대로 연속적인 상태였던 수분(분산매)은 망상 구조 사이에 갇히게 된다. 이 경우 분산상은 대개 친수성이므로 수분을 다량 흡착하고 있는데 이러한 젤은 잘라도 수분이 흘러나오지 않는다.

(2) 젤의 종류

어떤 종류의 젤은 저어 주거나 가열하면 젤 구조가 깨져서 졸로 되돌아간다(가역적 젤). 족편 또는 조린 생선의 국물이 가열에 의하여 액화되는 것이 바로 그런 예이다. 그러나 커스터드나 묵과 같은 젤은 가열에 의해서도 졸로 되돌아갈 수 없는 비가역적 젤이다.

(3) 이액 현상

젤 중에서는 시간이 경과하면 망상 구조를 형성하고 있는 분산상의 흡수성이 약화되어 액체의 일부가 분리되는 경우가 있다. 이러한 현상을 이액 현상(syneresis)이라고 한다. 젤라틴 젤, 한천 젤, 과실 젤리 등은 만든 후 시간이 경과하면 이러한 현상을 일으킨다. 이때 분리되어 나온 액체는 순수한 수분이 아니라 미량의 분산상을 함유하고 있다.

(4) 흡수(감수) 현상

이와는 반대로 젤라틴 젤, 글루텐 젤 등은 물에 담그면 물을 많이 흡수하여 상당히 팽창한다. 이러한 성질을 '흡수' 또는 '감수(imbibition)'라고 한다.

3) 응결

또한, 졸의 일부만이 침전으로 변하여 모든 분산매를 흡착시켜 가지고 있지 못하면 침전물과 액체가 분명히 분리된다. 이때 침전물은 버물버물한 형태를 이루는데, 이러한 현상을 '응결(flocculation)'이라고 하여 젤화와 구별한다. 예를 들어 우유를 가열할 때 냄비 밑에 가라앉는 침전물은 우유 중의 락트알부민이 응결된 것인데 비해 우유를 적당히 산성화시켜 카세인 졸이 유장을 모두 흡착시키면서 덩어리가 되었을 때는 진정한 젤이 된다.

제3장
곡류 및 전분

1. 곡류의 구조
2. 곡류의 구성 성분
3. 곡류의 종류
4. 곡류의 조리
5. 전분의 구조
6. 전분의 성질

Chapter 03

곡류 및 전분

곡류(穀類, Cereals)는 식물학적 분류법으로 보아 화본과에 속하는데 식용으로 이용하는 곡류에는 쌀, 보리, 밀, 조, 수수, 귀리, 호밀 등이 있다. 메밀은 화본과는 아니고, 여뀌과에 속하는데 보통 곡류로 취급한다.

곡류는 전분함량이 높기 때문에 열량 급원인 식량으로 이용되며, 전분 공업 원료로도 이용되고 있다. 우리나라를 포함한 동양에서는 곡류 중 쌀을 중심으로 하여 입자 그대로의 형태로 조리하고, 서양에서는 밀을 중심으로 하여 가루의 형태로 만들어 빵을 만들어 먹는다.

1 곡류의 구조

대부분의 곡류는 입자의 구조, 모양, 성분 등 비슷한 구조를 갖는다. 곡류 열매는 왕겨로 둘러싸여 있고, 내부는 외피인 겨층(bran), 배유(endosperm), 배아(embryo) 세 개의 층으로 크게 나눌수 있다.

1) 겨층(외피, bran)

겨층은 낟알의 5% 정도를 차지하며, 배유와 배아를 보호해 주는 역할을 한다. 대부분은 섬유소이고 약간의 단백질, 지방, 비타민 B_1, 무기질을 함유하고 있다. 겨층은 과피, 종피, 호분층으로 되어 있으며, 영양소를 함유하고 있지만, 도정 과정 중 많이 떨어져 나간다.

2) 배유(endosperm)

배유는 낟알의 대부분을 차지하며 다량의 전분을 함유하고 있어 가식 부분으로 이용된다. 단백질, 미량의 지방을 함유하며 무기질, 섬유소는 거의 함유되어 있지 않다.

3) 배아(embryo)

배아는 2~3% 정도를 차지하며 지질, 단백질, 무기질, 비타민의 함량이 많다. 하지만 도정이나 가공 과정 중에 외피와 함께 제거된다.

백미 현미 흑미

그림 3-1 백미, 현미, 흑미

2 곡류의 구성 성분

곡류의 구성 성분은 종류에 따라 차이는 있지만 대부분은 주성분이 탄수화물이며, 전분의 형태로 존재한다. 곡류의 단백질은 생물가가 낮아 동물성 단백질에 비해 질이 낮은 편이며, 필수아미노산인 라이신, 트레오닌, 트립토판 등이 부족하다. 따라서 곡류에 부족한 아미노산을 보충할 수 있는 다른 단백질 식품(예: 우유, 달걀, 육류 등)을 섭취하면 단백질의 질을 효과적으로 높일 수가 있다. 특히 라이신 함량이 높은 두류와 함께 곡류를 섭취하면 필수아미노산의 상호보완 작용 효과를 기대할 수 있다. 배아에 들어 있는 지질의 지방산은 올레산과 리놀산으로 구성되어 있고 일부 레시틴도 함유되어 있으며, 곡류에는 비타민 B군은 많이 함유되어 있으나 비타민 A, C, D는 거의 없다.

3 곡류의 종류

1) 쌀(rice)

(1) 쌀의 원산지

쌀은 우리의 식생활에서 주식으로 이용되는 가장 중요한 곡류로 쌀의 원산지는 아시아 동남부이다. 전 세계 인구의 약 40%가 쌀을 주식으로 이용하며, 덥고 습도가 높은 기후에서 잘 자란다. 벼 품종은 많으나 크게 자포니카형(단립형)과 인디카형(장립형)으로 구분한다. 자포니카형은 쌀의 길이가 짧고 둥글며, 밥을 지으면 끈기가 있는 것이 특징이다. 우리나라, 일본, 중국 남북부, 이탈리아, 미국 캘리포니아 지역, 스페인 등지에서 주로 생산된다. 인디카형은 쌀알이 길고 가늘며 부서지기가 쉽고 밥을 지었을 때 점성이 낮다. 인도, 동남아시아, 미국 남부지역 등에서 생산된다. 입질에 따라서 멥쌀과 찹쌀 등으로 구분하며 도정률에 따라 현미, 5분도미, 백미, 배아미 등이 있다.

표 3-1 쌀의 도정도에 따른 분류

도정도	현미	3분도미	5분도미	7분도미	9분도미	백미
정백 비율						
		30%	50%	70%	90%	92%

(2) 쌀의 분류

벼의 왕겨를 벗긴 쌀을 현미라 하고, 현미로부터 과피·종피·호분층을 제거하는 것을 도정이라 한다. 백미는 현미의 미강층 8%(과피, 종피, 외배유, 호분층, 배아 포함)를 모두 제거한 쌀이며, 5분도미는 미강의 50%를 제거하여 백미에 비하여 미강의 양이다. 배아미는 도정과정에서 미강을 제거하면서 배아부분만을 남긴 것으로 배아 보유율이 80% 이상이다.

현미는 과종피(속겨)로 싸여 있는데 속겨층은 섬유소가 많고 견고하여 밥을 지으면 밥맛이 없고 소화도 잘 안 된다. 쌀의 탄수화물 중 약 75%가 전분이고, 그 외 덱스트린, 섬유소 등이 소량 들어 있다. 전분의 성질이 다른 멥쌀과 찹쌀이 있다. 멥쌀은 반투명하고, 배유 중의 전분 입자가 20%의 정도 아밀로스(amylose)를 함유하고 있으며, 나머지 아밀로펙틴(amylopectin)으로 구성되어 있다. 전분의 요오드 반응을 보면 멥쌀은 청자색을 띠고 찹쌀은 적자색을 띤다. 찹쌀 전분은 아밀로펙틴만으로 구성되어 점성이 강하고, 성분상 덱스트린의 형태로 멥쌀 전분에 비해 당화가 빨라 소화흡수가 잘되므로 떡으로 만들면 치밀해지고 점성이 강해 소화액 침투가 잘 되게 해준다. 찹쌀을 물에 불리면 흡수율이 30~40% 정도로 멥쌀보다 높아서 밥을 지을 때 멥쌀보다 물의 양이 적어야 하며, 증기로 쪄서 익히는 것이 찰지고 맛도 더 좋다.

(3) 쌀의 성분

쌀의 성분은 표 3-2와 같이 주성분이 탄수화물이고, 단백질은 6.4~8.9%가 들어 있다. 단백질은 주로 글루테닌(glutelin)으로 오리제닌(oryzenin)이라 하며 아미노산 중 아르기닌은 풍부하나 라이신, 트립토판이 부족하다. 지방은 주로 배아에 함유되어 있기 때문에 현미에는 2.1% 정도이나 백미에는 그 함량이 적고, 찹쌀은 멥쌀보다 단백질과 지방이 약간 많다. 쌀 입자의 외부 층에는 무기질이 풍부하나 내부에는 함량이 적다. 쌀에 있는 무기질로는 인, 칼륨, 마그네슘 등은 많고 칼슘, 철은 부족하다. 쌀의 외피와 배아 부분에 비타민 B군이 함유되어 있고, 백미의 경우에는 함량이 적다. 백미에 일부 B군이 남아 있다고 할지라도 물에 씻고 밥을 짓는 동안 감소하여 실제 섭취량은 매우 적다.

2) 보리(대맥, barely)

(1) 보리의 종류

보리는 대맥이라고 하는데 쌀, 밀, 옥수수 다음으로 많이 생산되며 우리나라에서는 석기시대에 재배되었을 정도로 쌀 다음으로 중요한 오곡 중의 하나이다. 보리 껍질 분리 정도에 따라 겉보리와 쌀보리로 구분한다. 겉보리는 겉껍질이 보리 입자에 단단히 부착되어 있어 잘 떨어지지 않아 볶아서 보리차용으로 사용하거나 발아시켜 엿기름을 만들어 식혜나 엿을 만드는 데 사용한다.

쌀보리는 겉껍질이 쉽게 벗겨지는 종류로 도정해도 쌀같이 속겨 층이 완전히 제거되지 않으며, 배유 부분이 많다. 파종 시기에 따라 봄보리와 가을보리로 나누며, 우리나라에서는 가을보리를 재배하고 있다.

(2) 보리의 성분

보리에 들어 있는 탄수화물은 75% 정도로 밀보다 적고, 섬유소가 많으며, 이 중 전분이 60% 정도 함량을 보인다. 보리의 주 단백질인 호르데인(hordein)은 밀의 주 단백질인 글리아딘(gliadin)과 달리 점탄성이 약해 반죽했을 때 끈기가 적으므로 보릿가루만 반죽하여 음식을 만들면 잘 부풀지 않는다. 그러므로 보릿가루만으로는 음식을 거의 만들지 않고 빵, 국수, 수제비 등에 소량을 섞어서 이용한다. 2% 내외의 지방을 함유하고 있으며, 비타민은 배유 내부에도 분포되어 있어 도정 시 손실률은 비교적 적으며, B군의 함량이 비교적 많은 편이다.

보리쌀로 밥을 지을 때에는 보리 입자를 최대한으로 팽창시키고 보리 전분을 최대한으로 호화시키기 위해서 보리를 물에 담가 불린 후 삶아서 다시 쌀과 함께 밥을 지으면 밥맛이 좋다. 보리의 중앙에 깊은 홈이 있어 섬유소가 많고 소화가 잘 안 된다. 그러나 보리를 물에 담가 적당히 불린 후 눌러서 압맥으로 만들거나 보리 입자의 중앙에 있는 홈을 따라 판 후 도정하여 할맥을 만들면 밥맛도 좋아지고 소화율도 높아진다. 보리가 싹이 틀 때(맥아 : 엿기름) 전분을 분해하는 효소를 생성하는데, β-amylase(당화효소)라고 하며 식혜, 엿, 고추장 등을 만들 때 이용된다.

보리 압맥 할맥

그림 3-2 보리, 압맥, 할맥

표 3-2 백미와 특수미의 영양 성분 함량

	탄수화물	단백질	지질	회분	식이섬유	칼슘	인	철	나트륨	칼륨	아연	비타민 B_1	비타민 B_2	비타민 B_6	나이아신	엽산	비타민 E
	g/100g					mg/100g										μg/100g	mg/100g
백미	81.9	6.4	0.5	0.4	1.61	4.0	140.0	0.4	66.0	163.0	1.50	0.11	0.04	0.12	1.5	24.5	0.2
7분 도미	79.1	6.9	1.1	0.6	0.9	24.0	179.0	0.9	2.0	170.0	1.50	0.19	0.05	0.13	2.7	24.5	0.5
현미	77.1	7.6	2.1	1.6	3.3	6.0	279.0	0.7	79.0	326.0	1.80	0.23	0.08	0.45	3.6	24.4	3.6
발아 현미	79.4	7.0	0.0	1.0	4.22	8.0	233.0	3.3	3.0	128.0	–	0.25	0.06	–	1.2	24.4	–
향미	79.9	7.0	0.6	0.5	–	5.0	72.0	1.0	4.0	113.0	1.50	0.34	0.04	0.13	2.3	24.5	0.5
흑미	74.9	8.8	3.1	1.7	3.9	15.0	370.0	1.7	5.0	393.0	1.50	0.49	0.13	0.13	2.7	24.5	0.5
고아미	76.4	8.9	2.7	1.1	5.09	4.0	210.0	3.0	21.0	236.0	1.50	0.19	0.06	0.13	1.9	24.5	0.5

3) 밀(소맥, wheat)

밀은 단백질 함량에 따라 경질밀, 중간밀, 연질밀 세 종류로 분류한다. 밀의 종류는 20여 종으로 다양한데 그중 일부는 지중해 연안에서 재배되는 듀럼밀로 단단하고 단백질 함량이 많아 빵을 만들 수 없어 마카로니, 스파게티와 같은 파스타를 만드는 데 사용된다.

왕겨를 벗기고 난 밀 입자를 현소맥이라고 하는데 현소맥은 배유가 질긴 껍질로 둘러싸여 있으며 내부의 배유는 쌀이나 보리같이 단단하지 못하고 쉽게 부스러진다. 도정한 밀 입자의 소화율은 85%인데 밀가루는 97%로 소화율이 높다.

밀에는 글리아딘과 글루테닌이라는 단백질이 많이 함유되어 있어 밀가루에 물을 붓고 반죽하면 점성이 강한 글루텐을 형성하므로 밀가루 반죽에 점탄성이 생긴다. 밀은 입자 그대로 이용하는 것보다 제분하여 사용하는 것이 여러 가지로 효율적이다.

4) 옥수수(Corn)

멕시코와 주변 지역이 원산지로 재배가 용이하고 생산량이 많아 세계 3대 곡류에 들어간다. 주로 사료로 쓰이고 일부만 식용으로 이용된다. 찌거나 구워 먹는 옥수수는 완전히 성숙하지 않은 것으로 전체 옥수수 수확의 일부에 지나지 않는다. 옥수수 수확의 대부분은 완숙시킨 후 건조시킨다. 건조한 옥수수는 조직이 단단하여 삶아도 잘 무르지 않는다. 그러므로 분쇄하여 사용하는데 밀가루같이 곱게 제분하려면 어려우므로 조분(corn meal)으로 만들어 판매한다.

마른 옥수수는 흡수성이 낮으며 열전도도 잘되지 않는다. 옥수수를 곱게 가루로 만들면 물을 넣고 반죽하기도 힘들고 빵이나 과자를 만들어도 잘 구워지지 않으며 소화도 잘 되지 않는다. 그러므로 옥수수 조분을 뜨거운 물에 담가 불린 후 쪄서 다시 구워도 좋고 설탕 같은 수용성 물질을 가루에 많이 섞어 반죽한 후 구워도 좋다.

옥수수 단백질은 제인(zein)이라고 하며, 라이신, 트립토판의 함량이 적다. 배아 부분에 유지함량이 33~40% 정도로 많아 가공할 때 분리하여 옥수수유를 생산한다. 씨눈에는 비타민 A, E 함량이 많다.

옥수수를 물에 불린 후 눌러 압편을 만들어 구워 아침 식사용으로 콘플레이크(corn flake)를 만들거나 튀겨 팝콘(popcorn)을 만들면 소화성이 좋아진다. 또한, 옥수수 전분을 이용하여 물엿, 옥수수 시럽 등으로 가공하기도 한다.

5) 조(Italian millet)

조는 아시아 지역이 원산지이다. 우리나라에서도 중요한 곡물로 여겨져 왔으며 저장성이 높다. 메조와 차조가 있으며, 일반 성분은 다른 곡류와 비슷하며 비타민 B군이 많은 편이고, 차조는 메조보다 단백질과 지방의 함량이 많다. 주로 밥, 떡, 죽, 엿 등에 이용된다.

그림 3-3 메조(왼쪽)과 차조(오른쪽)

6) 수수(sorghum)

멧수수, 찰수수가 있으며 일반 성분은 다른 곡류와 비슷하다. 수수는 단백질의 소화율, 전분의 호화율과 소화율 등이 다른 곡류에 비하여 떨어지며 찰수수는 멧수수보다 단백질의 함량이 약간 많은 편이다.

수수는 밥에 섞거나 제분을 해서 떡, 과자, 엿, 주정의 원료 등으로 쓰인다.

7) 메밀(buckwheat)

메밀은 다른 곡물이 잘 재배되지 않는 척박한 땅에서도 잘 자란다. 여뀌과에 속하며,1년에 여러 번 재배할 수 있으나 생산량은 적을 뿐 아니라 소비량도 적다.

메밀은 모두 제분하여 사용하는데 메밀가루는 70% 정도가 탄수화물로 대부분이 전분이다. 메밀은 10~13% 정도의 단백질을 가지고 있으며 불용성 단백질이 많고 글루텔린 함량도 높다. 그러나 점성이 강한 프롤라민 함량이 낮기 때문에 반죽했을 때 점도가 떨어진다.

그러므로 메밀가루는 밀가루, 옥수수 전분, 고구마 전분 등과 혼합하여 냉면이나 메밀국수를 만든다. 또한, 메밀가루는 묵을 만드는 데도 사용된다.

8) 귀리(oat)

유럽이 원산지이며 곡류 중에서 지방과 단백질의 함량이 가장 많다. 무기질과 비타민 B군의 함량이 많으며 소화율이 높다. 귀리쌀은 증기로 가열해서 납작귀리로 가공하여 오트밀, 쿠키, 머핀, 케이크, 빵 등에 밀가루와 함께 사용한다.

9) 호밀(rye)

아시아가 원산지이며, 추위에 강하고 적응력이 높다. 탄수화물이 주성분으로 70% 정도 되고, 밀과 일반 성분은 비슷하다. 그러나 단백질 점성이 약하여 빵으로 만들면 탄성이 적고 덜부풀어 품질이 떨어진다. 호분층의 색소 때문에 색도 검게 되어 주로 밀가루와 섞어 이용하면 맛도 좋아진다.

10) 기장(黍米(서미), Chinese millet)

아시아가 원산지이며 찰기장은 팥과 섞어 밥을 짓거나 떡을 만들면 별미가 있고 소화율도 높으며, 술을 만들 수 있다. 차지지 않은 것을 기장이라고 하는데 밥을 지어서 먹는다. 이삭으로는 빗자루를 맬 수 있어 산간지방에서 다소 재배되고 있다.

11) 율무(薏苡仁(의이인), adlay, soft-shelled Job's tears)

베트남 북부가 원산지이며 다른 곡류에 비하여 고단백·고지방 곡류이고 아밀로펙틴으로 되어 있으며, 식이섬유뿐만 아니라 칼슘, 철, 비타민 B_1, B_2 등이 풍부하게 함유되어 있다.

오래전부터 우리나라를 비롯한 동양 각국에서 약용으로 이뇨, 위장 보호, 진통, 소염제 및 폐결핵, 관절통, 동맥경화증에 효력이 있다고 한다. 근래에 밝혀진 율무의 약리 및 기능성으로는 혈당 강하작용, 혈장 콜레스테롤과 중성지방의 저하와 HDL-콜레스테롤 증가, 혈전 용해작용, 소염작용, 항산화 및 돌연변이 억제작용, 면역세포 활성작용 및 티로시나제(tyrosinase) 저해작용 등이 보고되어 있다. 그 외 항종양 및 염증 완화작용, 체중 증가 억제 효과 등이 알려져 있다.

생산량의 대부분은 율무쌀로 이용되고 있으며, 율무는 밥을 짓거나 죽을 쑤고 술, 약으로 이용되고 있으며, 볶아서 차로도 마신다.

4 곡류의 조리

대표적인 곡류로는 쌀과 밀로 대부분 70~76% 정도의 전분을 함유하고 있다. 일반 성분은 거의 같으며 단백질 함량은 밀이 약간 많다. 그러나 단백가는 쌀이 78 정도이며 밀의 단백가는 47로 라이신(lysine)이 부족하다. 비타민 B_1 함량을 보면 밀가루에는 백미의 약 2배가 있으므로 150g 정도의 밀가루는 하루의 비타민 B_1 소요량의 ⅓ 정도를 공급할 수가 있다.

쌀이나 밀은 배유, 배아, 외피로 구성되어 있으며 쌀은 생산량의 95% 정도를 낟알로 먹을 수 있는 데 비해 밀은 가루로 가공하여 이용한다.

1) 쌀의 조리성

쌀은 산지, 품종, 도정도 등을 알고 선택하는 것이 중요하다. 백미는 겨층, 배아를 제거한 배유부로 그 속에는 많은 전분립(직경 2~9 ㎛)이 충만되어 있다.

멥쌀에는 아밀로스 20%, 아밀로펙틴 80% 정도의 비율로 낟알을 형성하고 있으나 찹쌀의 전분은 아밀로펙틴으로 거의 형성되어 있다. 세포막에는 셀룰로스, 헤미셀룰로스, 펙틴이 존재하고 있으며 단백질이 분포하고 있다. 이 세포막과 단백질의 존재가 밥을 지을 때에 전분립의 팽윤을 제한하여 전분립의 팽창이나 붕괴 정도를 결정하는 데에 큰 역할을 하고 있다. 쌀 전분립은 단독으로 호화, 팽윤될 때 용적으로 약 60배 정도로 되지만 쌀알의 경우는 세포막에 의해 전분립의 팽창이 제한되어 2~3배 정도밖에 되지 않는다.

2) 쌀의 조리

(1) 밥

밥 짓기는 기본적으로 쌀에 물과 열을 가하여 쌀알 속의 전분을 β형에서 α형으로 호화시키는 것이며, 쌀의 전분은 조직 중에서 다른 성분과 같이 존재하므로 순수 전분보다 호화가 더디게 나타난다. 쌀 전분의 호화 속도를 보면 밥 짓는 초기에는 급격하게 빨리 일어나며 그 후에도 계속하여 서서히 호화가 진행된다. 쌀의 호화에 소요되는 시간은 가열 온도에 따라 다르다. 가열 온도가 98℃일 때에는 20~30분 정도 가열해 주면 되나 90℃에서는 2~3시간, 65℃에서는 10시간이 소요된다.

밥짓기는 우선 쌀 입자의 내부까지 흡수를 잘 시킨 다음 끓이기를 하고 다음에 뜸들이는 과정을 거친다. 따라서 밥물의 양, 불의 세기 조절, 뜸들이기 등이 중요하다.

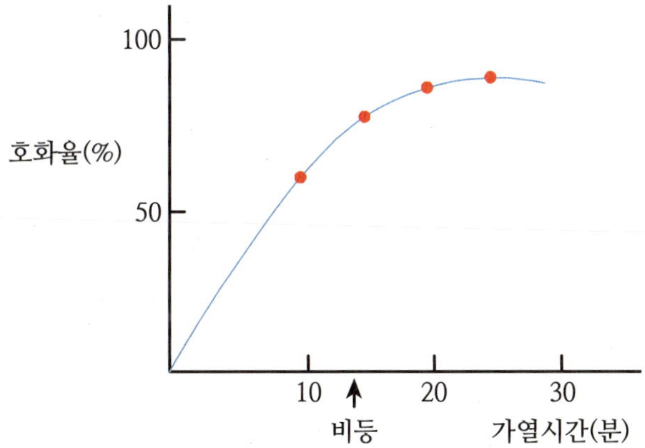

그림 3-4 밥 짓는 과정 중의 호화 속도

맛있게 된 밥이란 쌀 전분이 완전하게 호화되어 조직의 수화가 적당하며 지나치게 호화되어 쌀알이 붕괴되지 않으면서 연하고 탄력성이 있으며, 쌀에 흡수된 물이 중심부까지 고르게 분포되어 서로 과도하게 달라붙지 않는 상태를 말한다.

① 씻기와 불리기

쌀에 묻어 있는 겨나 먼지 등을 씻어내고 동시에 물을 흡수시키는 과정으로 이때 10% 정도의 물이 흡수된다. 그러나 씻는 과정에서 겨에 함유된 영양소와 수용성 성분이 유출됨에 따라 영양가가 저하된다. 특히 비타민 B_1의 손실이 크며, 정백도가 높을수록 감소율이 더 크다. 따라서 쌀을 씻는 횟수가 많을수록 영양 성분의 손실률이 크므로 주의하도록 한다. 쌀을 씻은 다음 일정 시간 동안 물에 담그는 것은 쌀 전분의 호화에 큰 도움이 된다. 쌀은 수분함량이 적고 조직이 단단하기 때문에 쌀 중심부까지 물과 열이 침투되려면 상당한 시간이 필요하다. 그러므로 쌀에 물을 충분히 흡수시키면 가열 과정에서 열전도가 쉽게 되어 전분의 호화가 빠르다. 쌀은 물에 담가 두면 전분 내의 비결정 분자와 물이 결합하여 쌀 전분이 다소 팽윤하여 체적이 증가한다. 물에 담가 두는 동안 20~30%의 수분 흡수가 일어나는데(포화상태) 물의 온도가 높으면 흡수 시간이 빠르고, 온도가 낮으면 흡수 시간이 더디어진다. 기온이 높은 여름에는 30분, 겨울에는 90분 정도면 된다.

쌀을 담근 물속에는 수용성 비타민, 상당량의 전분과 당, 단백질 등이 용출되어 있으므로 그 물로 밥을 짓는 것이 좋다.

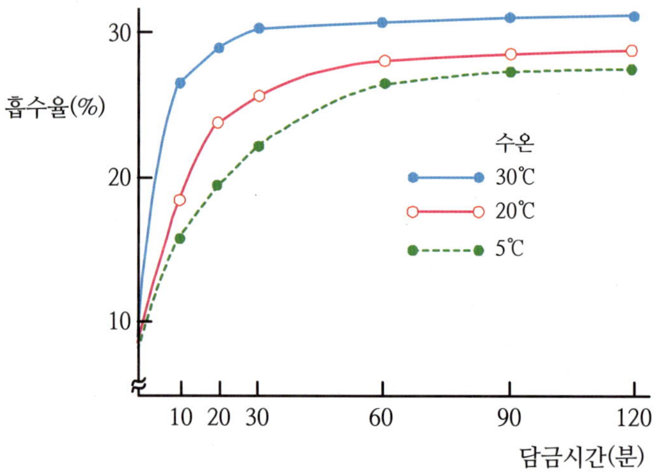

그림 3-5 쌀의 수온에 따른 담금시간과 흡수율

표 3-3 쌀의 담금 시간에 따른 흡수율(%)

쌀의 종류 / 흡수 시간(분)	멥쌀	찹쌀
10	22.9	23.2
20	23.9	24.6
30	24.2	25.1
50	24.2	26.2
60	24.2	26.5

② 물의 양

밥을 할 때 적당한 물의 양은 쌀의 종류, 건조 상태, 햅쌀 또는 묵은쌀, 도정도, 침지 상태 등에 따라 다르며 전분이 완전 호화하려면 충분한 물이 반드시 필요하다.

백미의 수분은 약 15%이지만 대체로 맛있게 지어진 밥의 수분은 65% 정도로 된다. 즉 밥의 중량은 쌀의 중량의 2.2~2.4배로 물이 쌀의 중량의 1.3배 정도만큼 더해진 것으로 된다. 밥하는 과정 중 증발하는 물의 양이 10~15% 정도이므로 그 양을 고려하여 밥을 할 때 적당한 물의 양은 쌀의 중량의 1.5배, 부피의 1.2배 정도로 하고 있다. 또한, 햅쌀인 경우는 쌀 중량의 1.0배로 한다.

③ 가열

밥을 할 때 가열 시간은 쌀의 양, 온도, 불의 세기 등에 따라 다르며, 충분한 호화를 위하여 가열 시간을 온도 상승기, 비등기, 증자기로 나눌 수 있다.

i) 온도 상승기

쌀이 수분을 22~25% 정도 흡수하여 온도가 상승하기 시작하면 팽윤하고 60~65℃에서 호화가 시작된다. 호화에 필요한 수분을 쌀알의 중심부까지 흡수하기 때문에 강한 불에서 10~15분 정도 끓이는 것이 바람직하다. 대량의 쌀로 밥을 할 경우 밥물을 끓여 쌀을 넣고 아래위를 고루 섞어 밥을 하는 것이 좋은데 이것은 밥솥 바닥과 상층과의 온도 차가 없어 고루 흡수 가열된다.

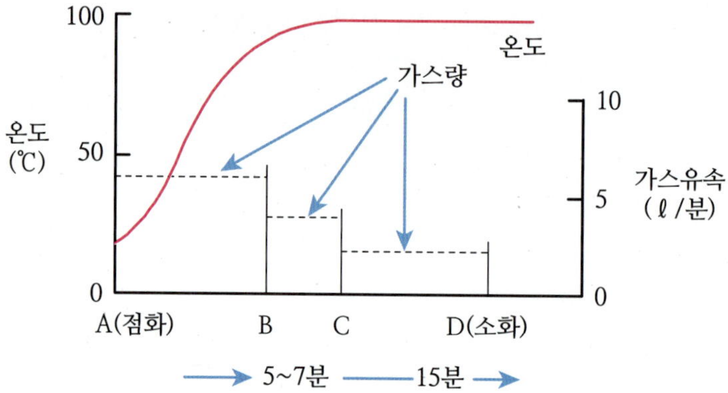

그림 3-6 밥하는 동안의 가열 과정

ii) 비등기

끓는 동안 전분의 호화는 계속 진행되어 끈기가 생기고 쌀알은 서로 달라 붙어서 움직이지 않게 된다. 이때 내부의 온도는 100℃로 계속 끓을 정도의 중 불로 5분 정도 유지하며 끓인다.

iii) 증자기

물이 적어지고 쌀에 흡수되지 않은 채 남겨진 수분은 쌀알의 틈새를 오르내려 증기로서 증발되고 있는 상태로 된다. 전분을 완전히 α화하는 데는 끓이는 시간과 합쳐서 20분 정도 내부 온도가 98℃ 유지되도록 한다. 쌀 내부가 완전 호화되도록 불을 아주 약하게 해야 밥이 타지 않는다.

④ 뜸들이기

밥이 다 되면 불을 끈 후 10~15분 정도 95~100℃가 보존되도록 그대로 두면 미열에 의해 수분이 완전히 흡수됨과 동시에 쌀알 내의 수분은 균일하게 되어 호화가 완전히 이루어진다. 쌀의 양이 많을수록, 열전도가 작은 솥일수록 고온의 유지가 더 잘된다. 또 뜸들인 후 밥솥 뚜껑을 열어 김을 날려 보내야 물방울이 생기지 않게 된다. 그대로 밥솥 속에 밥을 두면 밥솥이나 밥알에 함유되어 있는 수증기가 물방울이 되어 밥에 떨어지면 밥이 질어져서 밥맛이 나빠지게 된다.

(2) 찹쌀밥

찹쌀은 아밀로펙틴으로 되어 있으므로 팽윤되기 쉽고 점성도 강해서 멥쌀보다 노화되지 않는다. 또 찹쌀은 멥쌀보다 흡수성이 커서 2시간 정도 물에 담가두면 40% 정도의 수분을 흡수한다.

찹쌀밥은 찹쌀 중량의 1.6~1.9배 정도이며 찹쌀이 호화하는 데 필요로 하는 물의 양은 부피의 0.9배 정도이다. 그러므로 찹쌀밥을 하려면 찹쌀 낟알이 물 위로 나오므로 윗면의 찹쌀은 수분 흡수가 어려워 호화가 안 되고 반면에 물에 잠긴 찹쌀은 수분 흡수가 지나치게 되어 진밥이 된다. 따라서 수분 흡수가 고르게 하려면 찹쌀밥은 찌는 것이 좋은데, 물에 담가 흡수한 수분과 수증기의 흡수로만은 찹쌀 전분의 완전한 호화가 어려우므로 찌는 도중에 부족한 물을 2~3회 정도 뿌려 준다.

(3) 죽

죽은 곡물의 낟알이나 가루에 물을 넣어 오래 끓여 호화시킨 유동식의 조리법이다. 예부터 소화가 용이하여 이유식부터 노인식, 병인식에 이르기까지 이용되어 왔으며, 종류 또한 다양하다. 주로 쌀을 이용하여 만들며 견과류, 채소류, 육류, 두류, 패류 등 다양하게 넣어 조리가 가능하기 때문에 별미식, 보양식으로도 이용돼 왔다. 죽은 쌀 분량의 6~7배의 물을 넣어 죽을 쑤며, 끓이는 동안 자주 젓지 않되 깨죽이나 잣죽과 같은 경우는 덩어리지지 않게 잘 저어 주어야 한다.

(4) 떡

곡물 음식 중 역사가 오래된 떡은 대부분 쌀을 주재료로 이용하며 수침하며 분말화한 후 찌거나 빚거나 지지거나 하였다. 떡은 만드는 방법에 따라 찌는 떡, 치는 떡, 지진 떡, 빚은 떡, 삶는 떡으로 분류된다. 찌는 떡은 조직감을 위하여 쌀가루에 물을 내리고 지진 떡이나 빚은 떡은 뜨거운 물로 익반죽을 하여 쌀 전분의 일부를 호화시키면 반죽하기 쉽다. 특히 멥쌀가루는 밀가루에 비해 흡수가 잘 안 되므로 물을 넣고 반죽하여 치대어도 점성이 적고 매끈하게 반죽이 안 된다. 인절미와 같은 치는 떡은 찹쌀을 씻어서 물에 담갔다가 물기를 빼고 찐 후 밥알이 없어지도록 쳐서 만든다. 찰밥은 방망이로 치면 밥알이 뭉글어지면서 끈기가 생긴다. 이는 전분 입자로 세포 내에 존재하는 아밀로펙틴이 세포 밖으로 나오면서 많은 가지를 가지고 있던 아밀로펙틴들이 서로 얽혀 끈기가 생기기 때문이다.

인절미가 점성이 강하고 오랫동안 굳지 않게 하려면 첫째로 전분을 완전히 호화시켜야 하고, 둘째로 아밀로펙틴이 되도록 오래 쳐서 많이 엉키게 해야 한다. 증편은 발효 떡으로 맛과 향이 색다르다. 우리나라의 유일한 발효 떡으로 멥쌀가루에 물, 설탕, 막걸리를 넣어 반죽한 다음 따뜻하게 보관하면 발효가 일어나 부풀게 된다. 이러한 반죽 위에 대추, 석이, 꽃 등을 얹어서 쪄낸 것으로 찐빵과 비슷한 감촉과 기공을 보이며 술맛이 곁들어진 부드러운 떡이다. 요즘은 탁주 대신 이스트를 넣어 발효시키기도 하는데 더운 여름철에 많이 만드는 떡이다.

(5) 식혜

식혜는 우리나라의 대표적인 전통 음료로 엿기름에 함유되어 있는 효소 아밀라제에 의하여 밥알의 전분이 당화되어 맥아당과 포도당의 생성량이 많아져 단맛이 나고, 밥알은 전분이 당화되어 빠져나와 밥알이 가벼워졌기 때문에 뜰 수 있게 된다.

식혜를 만들 때는 먼저 엿기름가루를 물에 담가 엿기름 물을 만들어서 갈아 앉힌 다음 이 윗물만 맑게 걸러 놓는데, 이때 효소 등 수용성 성분이 용출된다. 물에 불린 찹쌀이나 멥쌀을 완전히 호화되도록 되직하게 밥을 지어 따뜻할 때 엿기름물을 붓고 60℃에서 4~5시간 둔다.

밥알이 3~4알 정도 뜨기 시작하면 밥알은 건져서 냉수에 헹구어 건져 놓고 남은 식혜물은 끓여서 더 이상 효소의 작용이 일어날 수 없도록 한다. 식혜물을 끓일 때 맛을 좋게 해주기 위하여 설탕, 생강 등을 넣으며 먹을 때 식혀서 차게 한 것에 밥알을 동동 띄운다. 지방에 따라 감주, 식혜 등으로 부르기도 한다.

또한, 안동식혜가 있는데 만드는 방법은 엿기름을 찹쌀 또는 쌀밥, 무채, 생강, 고춧가루 등을 함께 넣고 버무려서 60℃ 정도에서 삭힌다. 이때 밥알의 전분은 엿기름 중의 당화효소와 무의 디아스타제에 의해 가수분해되어 단맛이 생긴다. 안동식혜는 가열 과정이 없으므로 효소가 그대로 남아 있기 때문에 소화성이 높아 명절이나 잔치 때는 안동지역에서 이 식혜를 만든다.

5 전분의 구조

전분은 식물체의 저장물질로 다당류의 일종이며 산이나 효소로 분해되어 마지막에는 포도당이 된다. 쌀, 보리, 밀, 옥수수 등의 종실 전분과 감자, 고구마, 칡, 타피오카 등의 근경

전분이 있으며 식물을 조리하는 데 중요한 역할을 한다. 전분은 그대로의 상태로는 냉수에 녹지 않고 소화효소의 작용도 거의 받지 않기 때문에 물을 넣고 가열하여 이용한다.

전분입자의 형태는 식물의 종류에 따라 크기와 모양이 다르다.

쌀, 밀, 보리 등의 종실 전분, 즉 지상 전분은 입자의 크기가 작고 균일한 편으로 다각형의 모양이 많고 감자, 고구마, 칡 등의 근경 전분, 즉 지하전분은 입자의 크기가 크고 불균일한 편으로 대부분 타원형으로 되어 있다. 일반적으로 전분입자의 크기가 클수록 호화되기 쉽다.

전분을 구성하고 있는 기본 결합구조 단위는 포도당이며 결합방법에 따라 아밀로스(amylose)와 아밀로펙틴(amylopectin)의 두 종류가 있다.

직선으로 연결된 직쇄나선형의 아밀로스와 가지를 친 분지상의 아밀로펙틴으로 모두가 불용성이며 비중은 1.55~1.65 정도로 매우 크다.

일반적으로 아밀로스와 아밀로펙틴의 함량비는 2 : 8로 전분의 종류에 따라 다르다. 멥쌀에는 아밀로스가 20~25%, 아밀로펙틴이 75~80% 정도 들어 있고 찹쌀을 비롯한 찰곡류에는 아밀로스가 없고 거의가 아밀로펙틴으로 구성되어 있다.

전분은 직선상의 구조가 치밀하게 배열된 부분을 결정성 영역, 이에 비해 비교적 엉성하게 결합되어 있는 분지가 있는 부분을 비결정 영역이라 하며, 이들의 분자배열이 규칙성을 나타내는데 이러한 구조를 미셀(micelle)이라고 한다.

1) 아밀로스

아밀로스는 수백 수천개의 포도당이 α-1.4결합을 하고 있으며 6개 정도의 포도당 연결체가 한번씩 회전하는 나선상구조(α-helical form)를 가지고 있다. 아밀로스에 요오드를 반응시키면 청색으로 변한다.

2) 아밀로펙틴

아밀로펙틴은 아밀로스와 같은 직쇄상 구조 α-1.4결합에 α-1.6결합을 하고 있어 가지형태의 구조를 이룬다. 요오드와 거의 반응을 하지 않아 적자색을 띤다.

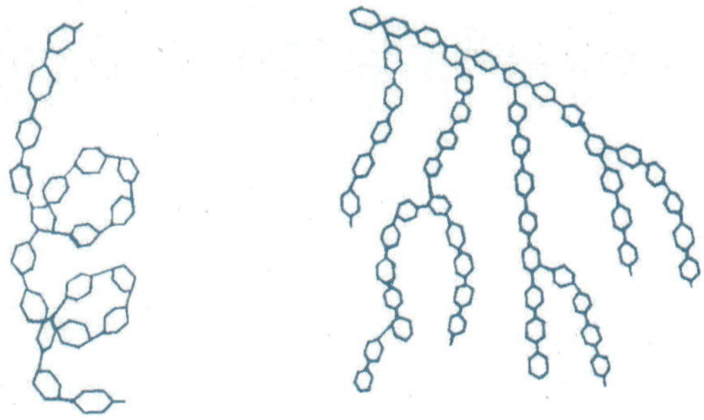

그림 3-7 아밀로스(좌)와 아밀로펙틴(우)

표 3-4 각종 식품의 아밀로스의 함량(단위 : %)

식 품	아밀로스	식 품	아밀로스
쌀	17	수 수	27
찹 쌀	0	메 밀	28
보 리	27	감 자	23
찰보리	3	고구마	20
옥수수	21	타피오카	18
찰옥수수	0~6	바나나	21
밀	24	백합근	31

6 전분의 성질

전분은 가열에 의해 졸(sol) 상태로 되며, 이것을 냉각하면 겔화(gel 化)되는 성질이 있어서 호화액(糊化液)의 점조성(粘稠性)이나 겔의 점탄성(粘彈性) 등 전분 특유의 성질이 여러 가지 음식에 이용되고 있다. 또 흡수성이 크기 때문에 식품의 성분 유출을 방지하거나 식품 재료의 연결 목적에도 사용된다.

1) 전분의 호화(糊化, gelatinization)

생전분(β-starch)에 물을 가하고 20~30℃ 정도로 가열하면 전분입자는 물을 흡수하여 팽창하기 시작한다, 계속 가열하여 55~65 ℃까지 되면 약간 팽창하여 부피가 증가한다. 이 때에는 전분입자가 25~30%의 수분을 흡수하는데 이 정도의 변화는 되돌아갈 수 있는 것으로 전분을 건조시키면 구조상 아무런 변화 없이 원래 형태의 마른 전분이 될 수 있다. 이러한 상태를 팽윤(swelling)이라고 한다.

계속 가열하여 55~65℃ 이상으로 온도가 상승되면 전분이 완전히 팽창되어 전분입자의 형태가 없어지면서 전체가 점성이 높은 반투명의 콜로이드상태가 된다. 이러한 상태를 호화(α-starch)라 한다.

호화가 일어나는 것은 전분분자의 수소결합이 열에 의해 약해져서 전분입자의 분자간 재배열이 일어난 것이다. 따라서 결정형태의 전분 입자의 구조가 깨어진 것이다. 즉, 전분이 건조한 상태로 있을 때에는 나선형의 아밀로스가 아밀로펙틴 분자의 가지 사이에 끼어 부분적으로는 비결정을 이루고 있고 또 부분적으로는 결정을 이루고 있다. 그러나 호화가 일어나기 시작하면 전분입자 내에서 아밀로스와 아밀로펙틴의 재배열이 일어나 결정체로서의 구조는 없어진다.

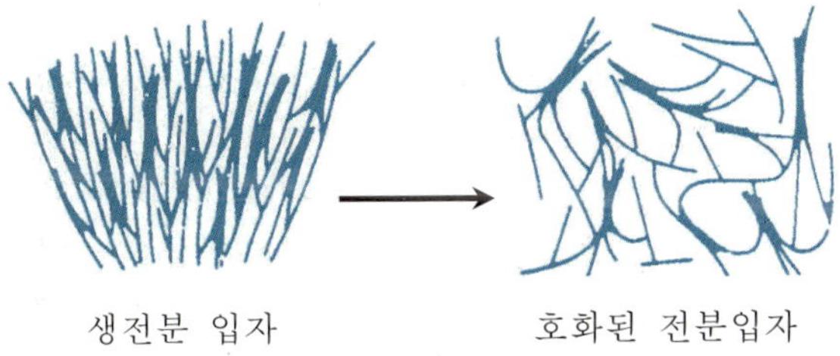

그림 3-8 전분의 호화에 의한 전분입자의 변화

가열된 전분 용액이 되어지는 이유는 전분의 각 입자가 물을 흡수하여 본래 크기의 몇 배로 커져 산포되어 있는 공간이 좁아지기 때문이다. 한 종류의 식물에서 얻은 전분이라 하더라도 같은 온도에서 동시에 호화되지 않는다. 같은 식물에서 얻은 전분이라도 입자의 크기가 상당히 다르다. 그중 전분입자가 큰 것이 작은 것보다 더 저온에서 호화되기 시작하고 작은 것은 높은 온도에서 호화되기 시작한다.

그러므로 전분 입자가 큰 고구마나 감자는 전분 입자가 작은 쌀이나 밀보다 더 빨리 호화되고, 가열온도가 높을수록 단시간에 호화된다. 즉 근경전분은 곡류전분보다 저온에서 호화된다고 할 수 있다.

대부분의 전분은 95℃ 이하의 온도에서 완전히 호화한다.

호화된 전분입자는 건조시킬 수 있으나 그 전분은 호화되기 전의 상태로 구조를 되돌릴 수 없다. 건조된 호화전분은 다량의 물을 재흡수하는 성질이 있는데 이러한 성질을 이용하여 인스턴트 컵라면, 인스턴트 밥 등을 제조, 판매하고 있다. 이것은 α화한 전분에 물을 부으면 β전분과는 달리 미립자가 없으므로 물이 쉽게 침투하여 전분을 둘러싸서 열을 가하지 않아도 호화상태가 된다.

전분의 호화와 점성은 다음 조건에 의하여 영향을 받는다.

(1) 전분의 종류

일반적으로 종실전분은 전분입자가 작기 때문에 호화온도가 높고 점성은 안정하다. 그러나 감자, 고구마 등 근경전분은 호화온도가 낮고 점성이 불안정하다.

(2) 전분 입자의 크기

전분 입자의 크기가 클수록 호화되기 쉽다. 즉 감자류는 곡류의 입자보다 커서 호화가 잘 된다.

(3) 전분의 농도

전분의 농도가 높으면 저온에서 호화를 일으켜 최고 점도를 나타내나 지나치게 농도가 높으면 수분의 부족으로 충분한 호화가 일어나지 않는다. 일반적으로 완전 호화를 위한 전분과 물의 비율은 1 : 6 정도다.

(4) 가열온도

가열온도가 높을수록 호화시간이 빠르며 점도도 더 높다. 그러나 최고 점도가 나타난 이후에도 계속적으로 가열하면 오히려 점도가 떨어진다.

(5) 젓는 정도

전분은 호화시킬 때 초기에는 잘 저어 주어야 하나 일단 전분이 완전히 호화된 후에는 지나치게 저으면 팽윤된 전분입자가 파괴되어 점도가 오히려 낮아진다.

(6) 설탕

친수성이 강한 성질을 가진 설탕은 30% 정도까지는 호화전분의 점도를 상승시키나 50%가 되면 호화를 지연시키고 점도를 저하시킨다.

(7) 소금

소량의 첨가로 전분의 호화를 억제하고 점도를 저하시키는 작용이 크다. 특히 감자전분에 큰 영향을 주며 MSG는 소량으로도 감자전분의 점도를 저하시킨다.

(8) 산

전분을 가열할 때 산을 첨가하면 가수분해를 일으켜 점도가 낮아진다. pH 3.5 이하에서는 점도가 현저하게 감소되므로 식초, 레몬즙 등의 산을 첨가한 음식을 만들 때는 전분을 먼저 호화시킨 후에 산을 첨가하는 것이 좋다.

(9) 지방

지방은 전분입자를 둘러싸 막을 형성하는 경향이 있어서 전분의 수화를 지연시키므로 점도의 증가속도를 늦춘다.

2) 전분의 겔화(gelation)

전분에 물을 가하여 가열하면 뜨거운 상태의 호화된 풀이 되는데 이것을 젓지 않고 식혀서 흐르지 않고 굳는 상태가 되면 겔화된 것이다.

호화된 전분입자에서 빠져 나온 아밀로스 분자는 뜨거울 때는 기울였을 때 흐를 수 있고 점성이 있으나 단단하지는 않다. 풀이 식음에 따라 아밀로스 분자들은 서로 재결합하거나 또는 전분입자의 밖에 있는 아밀로펙틴 분자의 가지에 결합되어 아밀로스는 팽창한 전분입자를 서로 연결시켜 망 구조를 형성하게 되고 그 내부에 물이 갇히게 되면서 묵상태의 겔이 형성된다.

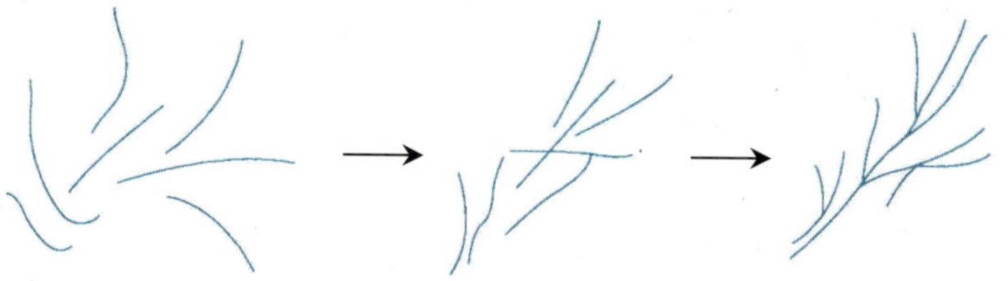

그림 3-9 겔 형성과 노화

호화된 모든 전분이 겔화되는 것은 아니다. 아밀로스를 함유하고 있는 전분만이 겔화되고 아밀로펙틴만으로 구성되어 있는 전분은 겔화 되지 않는다. 형성된 겔은 굳힌 그릇에서 쏟아도 그 모양을 그대로 유지하고 잘랐을 때 모가 나게 잘라진다.

전분으로 풀을 쑨 후 몇 시간 동안에는 겔의 강도가 차차 강해지다가 16시간 경과 후부터는 그 강도는 점차 떨어진다. 겔의 강도는 가열시간이 길수록, 아밀로스의 함량이 높을수록 높아진다.

전분의 겔화에 영향을 주는 물질은 여러 가지가 있다.

(1) 설탕

전분의 호화를 지연시키고 아밀로스의 방출을 억제하므로 겔화를 방해한다.

(2) 유기산

전분분자를 가수분해하여 망구조의 형성을 방해하므로 겔화를 억제하며 겔의 강도를 저하시킨다.

(3) 점성과 강도

점성이 낮을수록 겔의 강도가 낮고 겔화가 용이한 것일수록 노화도 용이하다. 겔의 강도는 우리 나라의 묵에서 중요한 성질을 나타내며 서양음식에서는 pie filling(애플파이 등) 등의 성질에 중요하다.

3) 전분의 노화(老化, retrogradation)

전분의 호화, 겔화, 노화는 독립적으로 일어나는 현상이 아니라 연속된 현상이다. 즉 전분에 물을 가하고 가열하여 풀이 되면 호화가 일어난 것이고, 그 풀이 식어서 흐르지 않는 상태가 되면 겔화된 것이며, 겔화된 풀이 더 굳어서 단단해지면 노화된 것이다. 즉 호화된 전분이 생전분의 구조와 같은 상태로 변화하는 것으로 이것을 노화 또는 전분의 β화라고 한다. 노화가 일어나면 맛이 없어지고 소화효소의 작용도 받기 어려워진다.

그러나 호화되었던 전분입자가 노화되어 결정영역이 다시 생긴다고 해서 노화된 전분이 생전분(β-starch)일 때의 구조로 되돌아가는 것은 불가능하다. 이것은 전분입자 내에 있던 아밀로스와 아밀로펙틴이 너무 많이 위치를 바꾸었기 때문이다.

또한 아밀로스의 긴 분자가 끄는 힘에 의하여 서로 잡아당기게 되면 망 사이에 끼어 있던 물이 밀려 나오고 망 사이의 공간은 좁아진다. 이 물은 모여서 굳은 풀의 외부로 나오게 되는데 이 현상을 이액 또는 이장(syneresis)이라고 한다.

전분의 노화는 수분함량이 30~60%, 온도가 0~4℃일 때 가장 쉽게 일어난다. 노화된 전분을 재가열하면 다시 α-전분이 되며, 호화된 전분의 노화에 영향을 주는 요인은 여러 가지가 있다.

(1) 전분 입자의 종류

아밀로스의 함량이 높고 아밀로펙틴의 함량이 낮을수록 노화가 쉽다. 이것은 아밀로스의 직쇄상 구조가 입체 장애가 없기 때문에 노화되기 쉽고, 아밀로펙틴은 가지 구조가 노화를 입체적으로 방해하기 때문이다. 따라서 아밀로펙틴만으로 형성되어 있는 찰전분으로 떡을 만들면 아밀로스가 섞인 전분으로 만든 떡보다 더디게 굳는다.

(2) 전분의 농도

전분의 농도가 높을수록 노화속도가 증가하며 특히 아밀로스의 농도가 높을수록 현저하다.

(3) 수분함량

수분함량이 30~60%일 때 노화가 잘 일어나며 10~15%인 때는 노화되기 어렵다. 쿠키, 크래커, 비스킷같은 수분함량이 낮은 과자류는 노화되어 못 먹는 일이 거의 없다.

(4) 온도

온도가 낮은 때 특히 0~4℃에서 노화 속도는 가장 크나 60℃ 이상이나 동결 시에는 잘 일어나지 않는다. 그러므로 겨울철에는 밥, 떡, 빵 등이 빨리 굳으며 전기보온밥솥에 밥을 보관하면 노화현상이 억제된다.

(5) pH

노화는 수소결합에 의하여 전분분자가 재결정되는 변화이므로 호화액에 수소이온이 많으면 노화를 촉진한다. 즉 산성 pH에서는 노화가 촉진되므로 묽은 염산이나 황산의 용액은 노화를 촉진한다. 초밥의 밥이 딱딱해져 맛이 없게 되는 것은 이 때문이다.

호화된 전분이 노화되면 품질이 저하되므로 노화를 방지해야 할 필요가 있다. 노화를 막으려면 호화된 전분을 0℃ 이하로 급속 동결시킨 후 탈수하여 수분함량은 15% 이하로 하거나, 80℃ 이상으로 유지하면서 수분을 제거하여 α화한 전분으로 만든다.

(6) 설탕

설탕을 다량 함유시켜 물에 대한 전분과 설탕의 경쟁으로 전분의 호화에 사용된 수분이 탈수되도록 한다. 이러한 방법을 사용한 식품으로는 냉동떡, 비스킷, 라면, α화 밥, 팔양갱 등이 있다.

(7) 지방

전분에 지방을 첨가하면 지방이 수소결합을 방해하여 노화를 방지한다.

(8) 유화제

전분교질용액에 모노글리세라이드(Monoglyceride), 디글리세라이드(Diglyceride)와 같은 유화제를 첨가하면 안정도가 증가하고 노화도 억제된다.

4) 전분의 당화(saccharifying)

전분은 산, 알칼리, 효소에 의해 가수분해된다. 전분에 산을 넣고 가열하거나 효소 또는 효소를 가지고 있는 엿기름을 넣고 효소의 최적 온도로 맞추어 주면 전분이 서서히 가수분해되어 당화된다. 이러한 원리를 이용하여 식혜, 엿, 고추장, 물엿 등을 만든다.

식혜는 엿기름에서 베타 아밀라아제(β-Amylase)를 용출해 낸 물을 밥에 붓고 따뜻하게 보온하여 효소의 활동을 활발하게 해주므로 밥의 전분을 일부분 당화시킨 것이다. 식혜의 밥알은 전분의 일부가 당화되어 용출되었기 때문에 조직이 성글고 가벼워서 식혜물에 뜬다.

엿은 엿기름에 함유되어 있는 베타 아밀라아제로 곡류 전분 전체를 완전히 당화시켜 걸러서 당용액만을 분리한 후 농축시킨 것이다. 물엿은 옥수수, 감자, 고구마 등의 전분에 염산 또는 아밀라제 효소로 가수분해하여 농축시킨 것으로 포도당, 맥아당, 덱스트린 등이 함유되어 있다.

5) 전분의 호정화(dextrinization)

전분에 물을 가하지 않고 160℃ 이상으로 가열하면 글루코사이드결합이 끊어지면서 여러 단계의 가용성 전분을 거쳐 덱스트린(Dextrin)으로 분해되는 이와 같은 변화를 호정화라고 한다. 이 덱스트린은 황갈색으로 물에 잘 용해되나 점성은 약하다. 이렇게 만들어진 덱스트린은 아밀로스나 아밀로펙틴의 긴 사슬이 열에 의하여 군데군데 끊어진 것으로서 사슬이 짧으므로 끈기가 약하다.

쌀이나 옥수수를 튀길 때, 미숫가루, 누룽지, 뻥튀기, 식빵을 구울 때, 밀가루를 볶을 때(Roux) 일어나는 변화는 전분의 호정화로 전분의 색, 맛, 향기가 달라진다.

제4장 밀가루

1. 밀가루의 종류
2. 밀가루 단백질의 특성
3. 팽창제
4. 밀가루 조리 및 이용

Chapter

04 밀가루

밀은 B.C. 1만~1만 5,000년 전부터 재배되기 시작한 가장 오래된 작물 중 하나로 전 세계 인구의 약 60%가 주식으로 이용하고 있다. 다른 곡류에 없는 독특한 단백질 특성을 활용하여 대부분 가루로 만들어 면류나 제과, 제빵에 이용하고 있다.

1 밀가루의 종류

1) 밀가루 종류

밀은 파종 시기에 따라 겨울밀과 봄밀로 구분하며, 밀알의 단단한 정도에 다라 경질밀과 연질밀, 내부 구조에 따라 초자질밀과 분상질밀, 종피의 색에 따라 빨강밀과 흰밀로 분류하기도 한다.

밀은 품종과 재배되는 환경, 제분 부위에 따라 단백질의 함량이 다르다. 밀가루의 단백질 함량이 높을수록 제품의 탄력성과 점성, 가스 보유력 및 수분 흡수력이 강하기 때문에 목적하는 제품에 따라 단백질 함량이 다른 밀가루를 사용해야 한다. 밀가루의 단백질은 글루텐(gluten)이라고 하며, 밀가루는 글루텐 함량에 따라 강력분, 중력분, 박력분으로 분류한다(표 4-1).

표 4-1 글루텐 함유량에 따른 밀가루의 분류와 용도

종 류	글루텐 함량	특성	용도
박력분	8% 이하	• 탄력성과 점성이 약하고 가스 보유력 및 수분 흡수력도 약하다. • 부드럽고 연하며 바삭바삭한 식감을 주는 제과 제품에 적합하다.	과자, 파이, 케이크, 비스킷, 튀김옷 등
중력분	9~10%	• 성질이 강력분과 박력분의 중간 정도이다. • 주로 가정에서 다목적용으로 사용한다.	다목적용
강력분	11% 이상	• 탄력성과 점성이 강하고 가스 보유력 및 수분 흡수력도 강하다. • 크게 부풀며 탄력과 점성이 필요한 제빵 제품에 적합하다.	식빵, 피자, 발효 빵 등
세몰리나	13% 이상	• 강력분보다 단백질 함량이 더 많으며, 카로티노이드 함량이 많아 일반 밀가루보다 색이 더 짙다.	마카로니, 스파게티 등

(1) 박력분

연질밀로 만드는데 글루텐 함량이 9% 이하로 탄력성과 점성이 약하고 가스 보유력 및 수분 흡수력도 약하다. 따라서 부드럽고 연하며 바삭바삭한 식감을 주는 케이크나 비스킷 등의 제과 제품이나 튀김옷 등을 만드는 데 적합하다.

(2) 중력분

경질밀과 연질밀을 혼합하여 만드는데 글루텐 함량이 9~10%로 성질이 강력분과 박력분의 중간 정도이며, 주로 가정에서 다목적용으로 사용한다.

(3) 강력분

경질밀로 만드는데 글루텐 함량이 11% 이상으로 탄력성과 점성이 강하고 가스 보유력 및 수분 흡수력도 강하다. 따라서 강력분은 크게 부풀며 탄력과 점성이 필요한 식빵이나 발효빵 등의 제빵 제품을 만드는 데 적합하다.

이외에도 스파게티 등 파스타를 제조하기 위해서는 세몰리나를 사용하는데 이는 단백질 함유량이 13% 이상인 듀럼밀을 제분한 것으로 카로티노이드 함량이 많아 일반 밀가루보다 더 짙은 색을 띤다. 파스타가 일반 국수나 우동에 비해 노란 이유는 이 때문이다.

2 밀가루 단백질의 특성

1) 밀가루 반죽

글루텐(gluten)은 밀가루 단백질의 80% 이상을 차지하며 글리아딘(gliadin)과 글루테닌(glutenin)으로 구성되어 있다.

글리아딘은 둥근 모양을 한 단백질로 물을 흡수하면 점성이 증가되어 실과 같이 잡아 늘일 수 있는 신전성이 생긴다. 소량의 소금을 넣으면 점성, 신전성이 크게 증가하므로 면류나 빵에는 반드시 소금을 넣는다.

글루테닌은 긴 막대 모양을 한 단백질로 물에 녹지 않고 알칼리에 녹는 단단한 물질로 탄성이 있다. 중화면은 냉수에 식 소다를 탄 물을 넣어 반죽하므로 특유의 탄성이 있는 면이 된다.

밀가루는 다른 곡류와는 달리 물을 넣고 반죽해야 글루테닌과 글리아딘이 서로 결합되어 3차원 그물망 구조의 점탄성을 가진 글루텐을 형성한다(그림 4-1). 그물모양으로 형성된 글루텐은 건물의 뼈대처럼 밀가루 반죽의 구조물을 형성하고 그물 구조 내부에 수분과 전분 등을 가두는 모양이 된다(그림 4-2). 글루텐 구조는 반죽이 열을 받아 그물 구조 내부에 있는 전분이 호화되고 수분이 증기가 되면서 부피가 커져도 글루텐 망은 탄력적인 구조이므로 찢어지지 않고 응고되기 전까지 늘어난다.

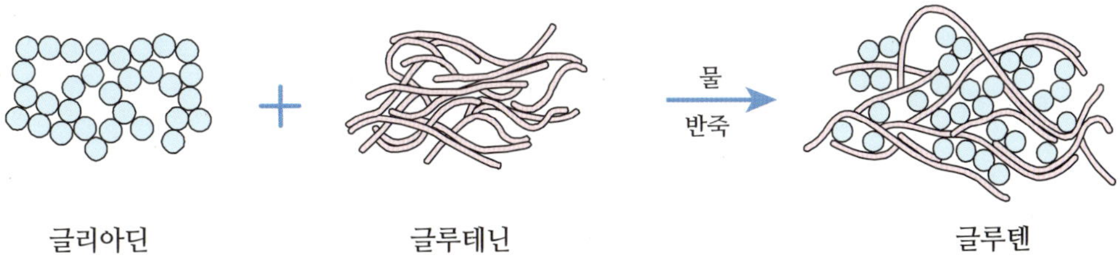

그림 4-1 글루텐의 형성

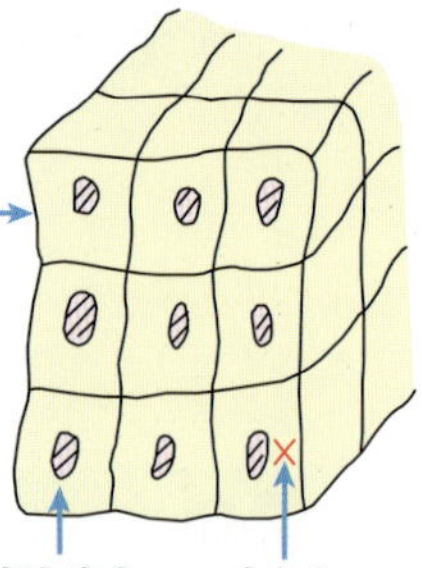

그림 4-2 반죽의 구조

2) 글루텐 형성에 영향을 주는 요인

(1) 밀가루의 종류

강력분은 박력분을 사용했을 때보다 더 단단하고 질긴 반죽을 형성한다. 단백질을 완전히 수화시키려면 글루텐 무게의 2배 정도의 물이 필요하므로 강력분은 박력분보다 반죽하는데 더 많은 양의 물이 필요하며 오래 반죽해야 한다.

(2) 물 첨가하는 방법

동량의 물을 가해서 반죽을 하더라도 물을 한꺼번에 넣는 것보다 소량씩 나누어 넣을 때 글루텐이 더 많이 형성된다. 그러므로 국수나 만두피같이 글루텐이 많이 형성되면 좋은 음식을 만들 때는 물을 소량씩 나누어 넣으면서 반죽을 하는 것이 좋다.

(3) 반죽을 치대는 정도

물을 넣고 반죽을 할수록 촘촘한 3차원 그물망 구조의 글루텐이 더 많이 형성되어 반죽이 단단하고 질겨진다. 그러나 너무 과도하게 많이 반죽하면 글루텐 섬유가 지나치게 늘어나 가늘어지고 여기저기 끊어져 오히려 반죽이 다시 물러진다. 이러한 현상은 손으로 반죽할 경우에는 좀처럼 일어나지 않지만 기계를 사용하여 반죽할 때는 발생할 수 있다.

(4) 밀가루의 입자 크기

밀가루의 입자 크기가 작을수록 글루텐의 형성이 쉬워진다.

(5) 반죽의 방치 시간

반죽을 비닐이나 랩에 싸서 적당 시간 방치하면 반죽한 직후보다 밀대로 밀기가 쉽다. 이것은 방치하는 중 숙성되어 글루텐의 그물망 구조가 균질화됨으로써 신장 저항이 줄어들기 때문이다.

(6) 온도

반죽하는 물의 온도가 올라가면 단백질의 수화 속도가 빨라져 글루텐 생성 속도가 빨라지고, 물의 온도가 낮으면 수화 속도가 느려져 글루텐 생성이 억제된다. 일반적으로 반죽은 보통 30℃ 전후의 물을 이용하는데, 튀김옷을 만들 때 15℃ 전후의 냉수에서 만들면 글루텐 형성의 억제로 튀김이 바삭해진다.

(7) 첨가물

반죽할 때 물, 소금, 설탕 등 여러 가지 재료가 첨가되며 이들은 맛뿐만 아니라 반죽의 성질에 영향을 미친다.

① 액체

밀가루에 넣는 수분량은 글루텐 형성에 영향을 준다. 수분은 밀 단백질인 글리아딘과 글루테닌을 결합시켜 글루텐을 형성할 수 있도록 하고 또 형성된 글루텐의 그물 구조에 수분이 결합함으로써 수화된 전분 입자들을 흡수시켜 이산화탄소를 보유할 수 있는 벽을 형성하게 한다. 또한, 수분은 소금과 설탕을 녹이는 용매로 작용하며, 이스트와 지방 입자를 골고루 퍼지도록 하고 굽는 과정에서 전분을 호화시켜 준다.

② 소금

소금은 보통 밀가루 중량의 2% 정도가 사용되는데 빵의 풍미를 돋우고 글루텐에 작용하여 끈기와 탄력을 증가시키며 가스 유지를 도와주는 역할을 한다. 이보다 많은 양을 넣으면 이스트에 대한 삼투압이 상승되어 이스트 활성이 저하된다.

③ 설탕

설탕은 흡수성이 높아 밀가루 반죽 시 글루텐 형성에 이용되어야 할 수분을 빼앗으므로 글루텐의 형성을 억제한다. 설탕의 양이 너무 적으면 제품의 결이 거칠고 질기며, 설탕의 양이 너무 많으면 글루텐 형성이 정상적으로 이루어지지 않아, 가열 시 가스 팽창에 따른 압력을 견디지 못해 제품 표면이 갈라지게 된다.

④ 지방

지방은 밀가루 반죽에서 글루텐 표면을 둘러싸 글루텐의 그물망 조직이 더 이상 길게 연결되지 못하도록 억제함으로써 부드럽고 연하게 하는 연화작용, 공기를 포함해 반죽을 부풀게 하는 크리밍성에 의한 팽창작용, 파이나 크래커를 만들 때처럼 켜를 생기게 하는 작용 등을 한다. 또한, 표면에 적당한 갈색을 부여해 외관을 좋게 하고 맛을 좋게 한다.

⑤ 달걀

달걀 단백질은 가열하면 응고하여 글루텐 구조가 고정되도록 도와 제품의 모양을 잘 유지되게 해주며 색과 맛을 좋게 한다. 그러나 너무 많은 양을 첨가하면 제품이 질겨질 수 있다. 달걀노른자 중에는 유화력이 좋은 레시틴(lecithin)이 함유되어 있어 지방이 반죽 내에 골고루 섞일 수 있도록 도와주며, 거품을 일으킨 달걀흰자는 반죽에 공기를 주입하여 제품을 부풀리는 팽창제 역할을 한다.

3) 도우와 배터

밀가루에 대한 물의 양은 반죽 상태나 경도와 관계가 깊으므로 조리의 목적에 적합하도록 물의 양을 조절한다. 물의 양이 밀가루의 50~60% 정도인 비교적 단단한 상태의 반죽을 도우(dough)라 하며, 100~250% 정도를 넣은 묽은 반죽을 배터(batter)라 한다.

표 4-2 밀가루와 물의 비율에 따른 반죽의 상태와 조리의 예

밀가루 : 물	반죽 상태	조리의 예
1 : 0.5~0.6	손으로 둥글게 빚을 수 있는 정도	국수, 만두껍질, 하드쿠키, 하드도넛 등
1 : 1	손으로는 반죽 못 할 정도로 묽지만 흐르지는 않는 정도	찐빵, 소프트쿠키, 소프트도넛 등
1 : 1.5~1.8	스푼으로 떠서 떨어드리면 쉽게 떨어져 퍼지는 상태	핫케이크, 튀김옷 등
1 : 2~2.5	스푼으로 떠서 떨어뜨리면 줄줄 흘러내리는 상태	튀김옷, 스펀지케이크, 머핀 등

3 팽창제

팽창제는 밀가루 혼합물 내에 함유되어 있는 가스 또는 가스를 발생시키는 물질을 의미한다. 팽창제는 반죽을 구울 때 잘 부풀게 하고, 가볍고 다공질을 가지며 폭신폭신한 질감을 갖게 한다. 팽창제는 물리적 팽창제, 생물학적 팽창제, 화학적 팽창제로 구분할 수 있다. 밀가루 반죽은 공기와 수증기와 같은 물리적 팽창제의 도움으로 부피가 증가하기도 하지만, 대부분 생물학적 혹은 화학적 팽창제에 의해 발생되는 이산화탄소에 의해 팽창하게 된다.

1) 물리적 팽창제

(1) 공기

공기는 밀가루를 체로 치거나 밀가루 반죽을 제조 시 크리밍(creaming), 비팅(beating), 폴딩(folding)하는 과정에서 밀가루 반죽에 들어간다.

우선 밀가루를 체 치는 과정에서 공기가 포함되는데, 가루를 여러 번 칠수록 많은 공기가 들어간다.

크리밍이란 케이크나 쿠키 또는 도넛 등을 만들 때 먼저 설탕과 버터를 섞는 과정으로 버터의 색이 담황색이 되고 부피가 증가해 폭신해 보일 때까지 계속 저어야 한다. 여기서 버터의 부피가 증가한 이유는 내부에 공기가 함유되었기 때문이다.

비팅이란 난백에 거품을 내기 위해 젓는 과정이며, 거품을 일으킨 난백을 밀가루 반죽에 넣음으로써 밀가루 반죽에 공기가 들어간다.

폴딩은 크리밍한 혼합물에 우유와 밀가루를 넣고 잘 섞는 과정으로 밀가루와 우유를 섞는 것이 목적이기는 하지만, 이 과정을 통해 상당한 양의 공기가 유입된다.

이처럼 밀가루 반죽에 들어간 공기는 가열 시 팽창하여 음식을 부풀게 한다. 공기에 의한 팽창을 주로 이용하는 음식으로는 스펀지케이크, 파운드케이크 등이 있다.

(2) 수증기

반죽을 가열하는 과정 중에 수분에서 생기는 증기로 팽창시키는 것이다. 물은 수증기로 변할 때 1,600배가 증가되므로 수증기는 공기보다 훨씬 더 효과적인 팽창제이다. 수증기가 주된 팽창제로 이용될 때는 빠른 시간 내에 고온에 도달하여 일정 시간이 유지되어야 하며, 밀가루에 대한 물의 비율이 높아서 수분이 건조한 전분과 단백질을 수화시키고도 많은 양이 남아 있어야 한다. 가장 적절한 양은 물과 밀가루의 양이 같을 때이다. 증기가 주된 팽창제로 이용되는 제품에는 증편, 팝오버(popover), 크림퍼프(creampuff) 등이 있다.

2) 생물학적 팽창제

생물학적 팽창제란 이스트와 같이 생명을 가진 미생물을 이용하여 팽창시키는 것으로 대사산물로 생성된 이산화탄소를 이용하여 반죽을 부풀린다.

(1) 이스트

이스트는 생명을 가진 미생물로 생육에 적당한 수분, 온도, pH, 영양소 등의 조건이 맞으면 단시간 내에 성장 번식한다.

이스트는 여러 종류가 있으나 제빵 제조에는 사카로마이시스 세레비제(*Saccharomyces cerevisiae*)에 속한 효모균을 주로 사용한다. 이스트는 당 중에서도 포도당, 과당, 설탕, 맥아당 같은 단당류 및 이당류만을 먹이로 이용하며, 이산화탄소와 알코올을 생성하는데 이때 생성된 이산화탄소는 빵을 부풀게 하고 알코올은 풍미를 부여한다.

$$\underset{\text{포도당}}{C_6H_{12}O_6} \longrightarrow \underset{\text{알코올}}{2C_2H_5OH} + \underset{\text{이산화탄소}}{2CO_2}$$

따라서 빵 반죽에 적당한 양의 설탕을 넣어 주면 이스트가 먹이로 이용하기 쉬워 발효 시간이 보다 빠르고, 설탕을 넣지 않을 경우에는 밀가루 전분의 분해 과정을 거쳐 나온 당을 이스트가 영양원으로 이용하기 때문에 발효에 시간이 더 걸린다. 그러나 설탕이 지나치게 과량으로 사용되면 세포의 삼투 현상이 증가되어 탈수되기 때문에 이스트의 대사 활성이 방해된다.

(2) 이스트의 종류

시판되고 있는 이스트의 종류는 생이스트(압착이스트)와 건조이스트 등이 있다.

압착이스트는 이스트 생세포를 전분과 혼합하여 압착한 것으로 수분함량이 65~75%로서 가장 활성이 좋으나 30℃ 이상이 되면 불안정하게 되어 쉽게 변패하므로 반드시 냉장 보관하여야 한다.

건조이스트는 이스트 생세포를 그대로 고운 입자로 말린 것이며 수분함량을 7~8% 정도로 낮춘 것이므로 공기와 접촉이 없으면 상온에서도 상당한 기간 저장이 가능하며 냉장고에 보관하면 수명이 더욱 연장된다. 그러나 건조 과정에서 이스트의 활성이 저하되어 압착이스트보다 활성이 떨어진다. 일반적으로 밀가루 100에 대해 압착 이스트 약 2%를 넣거나 건조이스트 약 1%를 넣으면 동일한 발효력을 갖는다.

3) 화학적 팽창제

밀가루 반죽에서 이산화탄소를 생성할 수 있는 화학물질을 팽창제로 첨가하는 방법이다. 이러한 방법에 사용되는 물질은 식소다, 베이킹파우더 등이 있다.

(1) 식소다(중탄산나트륨, 중조)

식소다(baking soda)는 가열 시 이산화탄소를 생성하여 밀가루 반죽을 부풀게 하지만, 동시에 강알칼리성의 탄산나트륨도 생성된다. 이로 인해 비누 향 및 쓴맛의 독특한 풍미를 남기며 밀가루 중의 플라본(flavon) 색소가 짙은 황색 또는 황갈색으로 변한다.

$$\underset{\text{식소다(중탄산나트륨)}}{2NaHCO_3} \xrightarrow{\text{가열}} \underset{\text{탄산나트륨}}{Na_2CO_3} + CO_2 + H_2O$$

이와 같이 식소다를 사용할 때에 나타나는 결점을 보완하기 위해 강알카리성의 탄산나트륨 생성을 억제하고, 대신 중성염을 형성할 수 있는 물질을 첨가해 준다. 주로 반죽에 레몬즙, 식초, 버터밀크, 요구르트, 막걸리, 당밀, 황설탕, 코코아, 초콜릿 등 적당량의 산을 함유한 물질을 첨가하면 탄산나트륨 대신 무색, 무미, 무취의 중성염을 만들게 되어 제품의 질이 좋아진다.

(2) 베이킹파우더

베이킹파우더는 식소다의 단점을 보완한 것으로, 식소다에 미리 산이나 산성염을 함께 넣어 제조하여 탄산나트륨의 생성을 사전에 방지한 제품으로 또한 습기를 흡수해도 반응이 일어나지 않도록 보존제로서 전분이나 탄산칼슘($CaCO_3$)을 함께 넣어 만든다. 따라서, 베이킹파우더로 부풀린 제품은 탄산나트륨이 생성되지 않으므로 최종 제품은 색이 희고 비누 향이나 쓴맛이 없다.

베이킹파우더는 물이 닿으면 즉각 이산화탄소를 발생시키는 단일 반응 베이킹파우더와 물이 닿았을 때 소량의 이산화탄소가 발생하고 가열하면 다량의 이산화탄소를 발생시키는 이중 반응 베이킹파우더가 있다. 사용되는 산, 산염의 종류에 따라 이산화탄소의 발생 속도가 결정되는데, 단일 반응 베이킹파우더는 주로 주석산염, 인산염이 사용되며 반죽 과정에서 상당량의 이산화탄소가 손실되므로 근래에는 이중 반응 베이킹파우더인 황산염-인산염 베이킹파우더만 제조 판매되고 있다.

이중 반응 베이킹파우더의 반응은 다음과 같다.

1단계 : $3CaH_4(PO_4)_2 + 8NaHCO_3 \xrightarrow{H_2O} Ca_3(PO_4)_2 + 4Na_2HPO_4 + 8CO_2 + 8H_2O$

인산염 / 중탄산나트륨 / 인산칼슘 / 인산수소나트륨 / 이산화탄소 / 물

2단계: $NaSO_4Al_2(SO_4)_3 + 6H_2O \xrightarrow{\text{가열}} Na_2SO_4 + 2Al(OH)_3 + 3H_2SO_4$

황산염 / 물 / 황산나트륨 / 수산화알루미늄 / 황산

$3H_2SO_4 + 6NaHCO_3 \xrightarrow{\text{가열}} 3Na_2SO_4 + 6CO_2 + 6H_2O$

황산 / 중탄산나트륨 / 황산나트륨 / 이산화탄소 / 물

시판되고 있는 베이킹파우더의 사용량은 대체로 밀가루에 대하여 3~4%가 적당하며 항상 밀가루에 섞어 체에 쳐서 사용한다.

4 밀가루 조리 및 이용

밀가루는 전분이 주성분이지만 조리나 가공에서는 단백질이 중요한 역할을 하기 때문에 용도에 알맞는 밀가루를 선택하는 것이 중요하다. 밀가루를 이용한 조리에는 주로 빵, 국수, 과자, 튀김옷, 루우(roux) 등이 있다.

1) 이스트 빵

이스트 빵의 필수 재료는 밀가루, 이스트, 물이며 그 외에 소금, 설탕, 지방, 달걀 등은 질감, 색을 위해 필요한 부재료이다.

이스트 빵은 베이킹파우더로 부풀리는 빵보다 이산화탄소의 발생량이 많으므로 점성과 탄력성이 강한 강력분을 사용해야 발효하는 과정에서 발생하는 극심한 팽창을 견딜수 있으며, 빵 내부 조직이 곱고 균일하며 탄력이 있고 최대한으로 팽창한 제품을 만들 수 있다.

이스트 빵을 반죽하는 방법에는 스트레이트법(straight method)과 스폰지법(sponge method), 액종법(brew process) 등이 있다. 이 중 스트레이트법은 모든 재료를 한꺼번에 넣고 반죽하여 발효시키는 방법으로 짧은 시간에 발효가 끝나고 노력이 적게 들며 제품의 향기가 좋으므로 가장 흔하게 사용된다. 이스트 빵은 반죽, 발효, 성형, 프루핑, 굽기 등의 과정을 거쳐 만든다.

발효 시간은 이스트, 당, 소금의 양과 온도, 밀가루의 종류에 의해 영향을 받으며 강력분의 경우에는 박력분보다 발효 팽창 시간이 더 길다. 충분한 시간 발효되지 못하면 반죽이 딱딱해지며, 지나치게 발효되면 신맛이 나고 구조가 매우 약화되므로 반죽의 발효 시간이 적당해야 한다.

최종 발효가 끝난 반죽을 원하는 빵의 모양으로 성형한 후 오븐 팬에 담아 반죽이 구워 놓은 빵의 크기만큼 될 때까지 다시 부풀리는데 이 과정을 프루핑이라고 하며 이때의 온도는 27℃ 전후 정도가 적합하다.

이스트 빵을 구울 때 오븐의 온도는 204~218℃가 적당하며, 오븐에서는 15분 정도 구운 후 177℃ 정도로 온도를 내려주면 빵 껍질의 갈색이 적당하다.

그림 4-3 여러 가지 빵

2) 케이크류

케이크는 다른 밀가루 음식보다 지방, 설탕, 달걀이 많이 들어간다. 밀가루에 대한 우유, 달걀, 설탕의 분량을 다르게 하거나 향신료, 과일 또는 견과를 섞음으로 다양한 종류의 케이크를 만들 수 있다.

일반적으로 케이크를 분류할 때는 지방을 함유한 버터 케이크(butter cake, shortened cake)와 지방을 함유하지 않은 폼 케이크(foam cake, unshortened cake)로 나눈다.

버터 케이크는 버터나 쇼트닝과 같은 고체 지방을 설탕과 같이 크리밍하여 반죽에 공기를 포함시키고 묽은 반죽 상태로 하여 구운 것이다. 지방을 사용하는 케이크에서 지방의 역할은 반죽에 공기를 개입시키는 크리밍 기능과 글루텐이 과도하게 발달되는 것을 막아 연하게 하는 연화 기능이다. 버터 케이크에는 비교적 소량의 지방과 달걀을 함유하는 플레인 케이크(plain cake)와 지방과 달걀을 많이 함유하는 파운드 케이크가 있다. 플레인 케이크는 화학 팽창제를 사용하여 이산화탄소로 팽창시킨 것이며 파운드 케이크는 다량의 지방과 설탕을 사용하여 크리밍하는 동안 개입된 공기와 거품 낸 달걀에 혼입된 공기를 통해 팽창시키므로 케이크의 조직은 대단히 곱고 부드럽다.

지방을 넣지 않은 폼 케이크는 반죽할 때 물이나 우유를 넣지 않고 모든 수분을 달걀에서 공급받는다. 난백 거품을 낼 때 들어간 공기와 달걀의 수분에서 얻어진 수증기가 주된 팽창제이다. 대표적인 것으로 엔젤 케이크, 스펀지 케이크가 있다.

3) 쿠키류(cookies)

케이크에 비해 물의 비율이 적고 지방과 설탕의 비율이 높아 전분의 호화와 글루텐 형성이 거의 일어나지 않으며 바삭바삭하고 연한 질감을 갖는다. 쿠키는 반죽이 아주 묽어 짤주머니에 넣어 짜서 구운 것으로부터 된 반죽을 사용하여 밀어 펴서 모양을 만들거나, 냉장고에 넣었다가 썰어서 굽는 것에 이르기까지 다양한 점도의 반죽이 사용된다.

4) 국수류

국수는 제조 방법에 따라 크게 수인면, 세절면, 압출면으로 나눈다. 수인면은 밀가루 반죽을 손으로 늘어뜨려 국숫발을 만드는 것으로 수타로 만든 중화면 등이 여기에 속한다. 세절면은 밀가루 반죽을 얇고 넓게 밀어 이것을 칼로 썰어 국숫발을 만드는 것으로 칼국수, 우동, 파스타 등이 있으며 압출면은 반죽을 구멍으로 통과시켜 끓는 물속에 흘려보내 만드는 국수로 냉면이나 당면 등이 해당된다.

우리나라에서는 국수를 만들 때에 강력분이나 중력분을 사용하며, 잘 익은 국수는 끊어지지 않으면서 탄력이 있고 표면이 매끄러워야 한다. 국수를 삶을 때는 무게 기준으로 6~7배의 물을 이용해 삶는데 물의 양이 적으면 국수가 서로 달라붙고 물의 온도가 많이 떨어져 단시간에 호화되는 것을 방해한다.

중화면은 간수, 식소다, 탄산칼슘 등과 같은 알칼리성 물질을 녹인 물을 밀가루에 넣고 반죽하여 만든다. 이 알칼리성 물질로 인해 전분은 쉽게 팽윤, 호화되며 반죽은 탄성이 생긴다. 이와 동시에 밀가루 중의 플라본 색소가 황색으로 변하고 단백질은 부분적으로 용해되어 중화면 특유의 점탄성, 색, 향기 등이 발생된다.

그림 4-4 여러 가지 파스타

스파게티, 마카로니 등의 파스타는 일반적인 강력분보다 단백질 함량이 더 많은 듀럼밀에서 얻어지는 세몰리나로 만든다. 대부분의 파스타는 물만으로 반죽하는 것이 아니라 우유, 달걀, 올리브유, 치즈 등을 첨가하여 탄력성 있는 반죽을 만들고 그것을 얇게 밀어 여러 가지 모양으로 만든다. 삶을 때에 물의 양은 파스타 100g당 1리터의 물과 10g의 소금을 사용하며, 달라붙지 않도록 약간의 올리브 오일이나 샐러드 오일을 넣고 가끔씩 저어 주어야 한다. 삶는 시간은 국수보다 길어서 12~15분 정도이다. 삶은 뒤 찬물에 헹구지 않고 그대로 물기를 빼며 뜨거울 때 버터 또는 샐러드 오일, 올리브 오일 등을 넣어 서로 붙지 않도록 한다.

5) 튀김옷

잘 만들어진 튀김은 튀김옷이 가볍고 부드러우며 바삭바삭한 맛을 주어야 하므로 튀김옷 반죽을 할 때 가능한 글루텐이 형성되지 않는 것이 좋다. 그러기 위해서는 달걀에 15℃ 이하의 냉수를 넣고 잘 저은 다음 박력분을 넣어 가볍게 섞어서 그 즉시 튀김 재료에 입혀 튀겨낸다. 또 식소다를 0.2% 정도 넣어 주면 튀김옷 중에서 이산화탄소가 발생하면서 수분 증발도 쉬워져 바삭바삭하게 튀겨지며, 수분 흡수가 느려지므로 튀긴 후 즉시 먹지 않을 때에는 중조를 넣는 것이 좋다. 튀김옷에 달걀을 넣어 주면 달걀이 열응고되면서 튀김옷 표면이 잘 건조된 상태로 되어 아삭아삭한 맛을 준다.

6) 루우(roux)

밀가루를 버터로 볶은 것으로 서양 요리에서 소스나 수프를 걸쭉하게 하기 위해 사용된다. 밀가루와 버터의 비율은 무게로 1 : 1 또는 2 : 1이 표준이며, 버터를 많이 사용하는 편이 만들기 쉽다.

루를 만들기 위하여는 두꺼운 냄비를 불에 달군 후 버터를 넣어 녹이고 체에 친 밀가루를 넣고 계속 젓는다. 처음에는 끈끈하나 차차 전분이 덱스트린으로 분해됨에 따라 끈기가 없어지고 보슬보슬해진다. 덜 볶아지면 수분을 가했을 때 밀가루 냄새가 나고 끈기가 생긴다.

루는 볶는 온도에 따라 색이나 풍미가 다르다. 볶는 온도에 따라 화이트 루(120~130℃), 크림 루(140~150℃), 브라운 루(180~190℃)의 3종류로 나눌 수 있으며, 만드는 소스나 수프에 따라 구별하여 사용한다.

화이트 루는 약한 불에 밀가루와 버터가 타지 않도록 빛깔이 희게 볶아서 화이트소스나 포타주 등에 사용한다. 크림 루도 역시 약한 불에 볶으나, 마지막에 불을 강하게 하여 빛깔이 나도록 하고 토마토소스 같은 것을 만들 때 사용한다. 브라운 루는 중 불로 갈색이 될 때까지 볶아서 카레, 브라운소스 등을 만들 때 사용한다. 서양에서는 가정에서 여러 가지 루를 만들어 냉장고에 넣어 두었다가 필요에 따라 사용한다.

제5장 서류

Chapter 05

서류

1 서류의 성분과 영양

서류는 식물의 뿌리나 땅속줄기가 굵어진 것으로 감자, 고구마, 마, 토란, 돼지감자, 카사바 등이 있다. 수분함량은 약 70~80% 정도로 매우 높아 자체 내에 함유된 수분만으로도 전분이 충분하게 호화될 수 있을 뿐 아니라 펙틴질도 분해되어 매우 연해진다. 그러나 냉해에 약하고 발아되기 쉬워 저장성이 나쁘고 수송이 불편하다. 전분을 주성분으로 하는 것이 특징이며 단백질, 지질 등의 함량은 적지만 칼륨 함량이 높은 알카리성 식품이다. 서류는 주로 주식 또는 주식 대용으로 사용되고 전분, 물엿, 당면, 알코올, 포도당 등의 제조 원료로 그 용도가 다양하다.

표 5-1 서류의 성분(100g당)

식품명	수분 (%)	열량 (kcal)	단백질 (g)	지질 (g)	탄수화물 (g)	섬유질 (g)	무기질				비타민					
							칼슘 (mg)	인 (mg)	철 (mg)	칼륨 (mg)	A (R.E)	베타카로틴 (mg)	B_1 (mg)	B_2 (mg)	나이아신 (mg)	C (mg)
감자	82.7	63	2.4	0	13.9	0.7	14	117	4.2	556	1	3	0.26	0.04	0.4	8
고구마	66.3	131	1.4	0.2	31.2	2.6	24	54	0.5	429	19	113	0.06	0.05	0.7	25
마(산마)	73.5	99	5.1	0.7	19.6	4.8	27	53	0.2	-	0	0	0.1	0.02	0.4	9
토란	70	124	2.4	0	26.1	3.3	29	130	14.4	921	1	7.7	0.12	0.04	0.7	34
돼지감자	81.2	68	1.9	0.2	15.1	2.0	13	55	0.2	630	0	0	0.07	0.05	1.7	12

출처: 농촌진흥청 국립농업과학원 표준식품성분표 제8개정판

2 서류의 종류

1) 감자(馬鈴薯(마서령), potato)

감자는 1년생 식물로 땅속에 있는 줄기 마디로부터 가는 줄기가 나와 그 끝이 비대해져 덩이줄기를 형성한 것이다. 원산지는 남아메리카 안데스 산맥 티티카카 호 주변의 고원지대이다. 우리나라에는 순조 24년(1824)에 만주의 간도 지방으로부터 도입되었다. 감자는 당분이나 섬유가 적어 맛이 담백하고 좋아 여러 가지 음식에 널리 이용되고 있다.

(1) 성분

감자는 숙성됨에 따라 수분과 당분 함량은 감소하고 전분 함량은 현저히 증가하며 단백질 함량도 약간 증가한다. 수확 후 저장 중에는 전분의 당화효소인 아밀라아제에 의해 단맛이 증가한다.

감자는 수분이 80% 정도이며 탄수화물은 대부분 전분의 형태로 존재한다. 전분의 조성은 다른 곡류와 마찬가지로 아밀로스와 아밀로펙틴이 2 : 8의 비율이지만 곡류에 비하여 입자가 커서 빨리 호화된다. 단백질은 10% 정도로 주된 단백질은 튜베린(tuberin)이다. 필수아미노산 조성은 곡류와는 달리 리신을 비롯하여 대부분이 풍부하지만 메티오닌이 부족하다. 감자껍질에는 사과보다 비타민 C가 2.5배나 많아 '땅속의 사과'로 불리며 감자의 비타민 C는 전분질로 둘러싸여 있어서 가열 조리에도 잘 파괴되지 않는다. 칼륨, 인과 같은 무기질이 풍부하며 특히 혈압에 좋은 칼륨이 바나나보다 2배나 많이 들어 있다. 이외에도 감자에는 펙틴을 비롯한 식이섬유가 풍부하다.

감자를 저장하는 동안에 싹이 나거나 또는 껍질 부분이 녹색으로 변하는 것을 볼 수 있는데, 이 부분에는 유독성의 배당체인 솔라닌(solanin)이 존재한다. 솔라닌은 두통, 어지러움 등을 일으키며 썩기 시작하면 셉신(sepsin)이라는 독성물질이 생겨 심한 중독 증상을 가져온다. 따라서 발아 중인 싹은 깨끗이 도려내고, 녹색으로 변한 껍질은 두껍게 깎아서 이용하는 것이 좋다.

(2) 종류

감자는 분성(mealy potatoes)인 것과 점성(waxy potatoes)인 것이 있으며, 이에 따라 조리 용도가 달라진다. 점성과 분성은 식용가(palatability factor)로 나타낸다.

$$식용가(P.F) = \frac{감자의\ 단백질량(g)}{감자의\ 전분량\ (g)} \times 100$$

식용가가 클수록 점성을 나타내는데, 단백질이 많을수록 또는 전분이 적을수록 식용가가 커져 점성을 나타낸다.

① 점성 감자

점성 감자는 전분 입자의 크기가 작고 전분 함량이 낮은 대신 단백질 함량이 많아 과육이 황색을 띤다. 비중은 1.07~1.08 정도로 낮은 편으로 10% 소금물에 넣으면 위로 떠오른다. 가열하면 육질이 반투명하고 찰진 질감을 나타내며, 찌거나 삶아도 흩어지거나 부서지지 않아 기름으로 볶는 요리, 샐러드, 조림 등에 적합하다.

② 분성 감자

분성 감자는 전분 입자의 크기가 크고 단백질이 낮은 대신 전분 함량이 높아 과육이 흰색을 띤다. 비중은 1.09~1.12 정도로 높은 편으로 10% 소금물에 넣으면 아래로 가라앉는다. 가열하면 불투명해지고 흰색의 포실포실한 가루가 일며 윤기 없이 파삭한 질감을 나타내고 부서지기가 쉽다. 따라서 분성 감자는 매시드 포테이토나 프렌치프라이드 포테이토, 삶거나 구운 감자용으로 적합하다.

(3) 효소적 갈변

감자의 껍질을 벗기거나 썰은 후 공기 중에 놓아두면 갈변한다. 이것은 효소적 갈변반응으로 감자 절단 시 세포가 손상, 파괴되면서 티로시나제(tyrosinase)가 방출되어 티로신(tyrosin)을 산화시킴으로 그 결과 갈색의 멜라닌(melanin) 색소를 형성하기 때문이다. 감자의 갈변을 방지하기 위해서는 껍질을 벗긴 감자를 물에 담가 수용성 물질인 티로신을 제거하거나 산소와의 접촉을 차단하여 산화가 일어나지 않도록 한다. 혹은, 환원성 물질인 비타민 C나 0.25%의 아황산을 첨가하거나 가열하여 효소를 불활성화시킨다.

(4) 조리 및 이용

감자는 찌거나 굽거나 튀기거나 으깨는 등 다양한 방법으로 이용되고 있다. 감자는 조리용도 이외에도 가공되어 감자 분말(전분) 제조, 물엿 제조, 포도당 및 주정의 원료, 라면, 과자 등에 다양하게 이용된다.

2) 고구마(甘藷(감저), sweet potato)

고구마는 열대나 아열대에서 재배되는 일년생식물로 뿌리의 일부가 땅속에서 커져 덩이뿌리인 고구마가 된다. 우리나라에는 1768년 통신사에 의해 대마도에서 들여와 재배하기 시작했다. 감자보다 당분 함량이 많아 단맛이 강하다.

(1) 성분

고구마는 감자에 비해 수분 함량이 적고 열량이 다소 높다. 탄수화물은 대부분 전분이지만 맥아당, 자당, 포도당, 과당 등을 약 20% 함유하고 있어 단맛이 강하다. 고구마의 단백질은 이포메인(ipomain)으로 감자보다 양은 적으나 그 질은 우수하다. 비타민은 B군과 C가 풍부한데, 비타민 C는 열에 안정하여 찐 고구마에서도 70~80% 정도 남아 있다. 무기질 중에는 특히 칼륨이 풍부하여 체내 과잉의 나트륨을 몸 밖으로 배출시키는 역할을 하므로 고혈압을 비롯한 성인병 예방에 좋다. 고구마는 섬유질이 많아 혈청 콜레스테롤 감소 및 변비에 효과적이지만, 미생물에 의해 장내에서 이상 발효되면 뱃속에 가스가 차기 쉽다. 또한, 위장에서 머무르는 시간이 길어 공복감을 해소하므로 비만 예방에 효과적이다.

고구마를 잘랐을 때 나오는 유백색 성분은 강한 점성을 가진 얄라핀(jalapin)이라는 수지 배당체로 물에 녹지 않으며 공기와 접촉하면 산화되어 점차 검게 변하는데, 제거하기 어렵다. 또한, 고구마는 껍질이 벗겨진 표면이 공기 중에 노출되면 갈변되는데, 이는 효소적 갈변 현상으로 고구마에 있는 클로로겐산(chlorogenic acid)과 폴리페놀(polyphenol)에 폴리페놀옥시다아제(polyphenoloxidase)가 작용하여 갈변 물질을 생성하기 때문이다.

고구마는 저장 기간 동안 리조푸스 니그리칸스(*Rhizopus nigricans*)에 의한 연부병이나 흑반병으로 상하기 쉽고 냉장 저장하면 냉해를 입는 등 저장성이 떨어지므로 13℃ 정도의 온도와 85~90%의 습도로 저장하는 것이 좋다. 흑반병에 걸린 고구마의 쓴맛 성분은 이포메아메론(ipomeamerone)이다.

(2) 조리 특성

고구마는 수분이 많아 찌거나 삶거나 구울 때 따로 물을 첨가하지 않아도 자체 수분만으로 충분히 호화가 일어난다.

고구마에 있는 당화효소인 β-아밀라아제는 전분을 가수분해하여 맥아당을 만든다. β-아밀라아제 활성이 가장 활발하게 일어나는 온도는 50℃~70℃로 이 온도대에 오래 머무를수록 β-아밀라아제의 작용에 의해 맥아당 생성이 많아져 단맛이 더 증가한다. 이러한 이유로 햇빛에 말린 고구마나 군고구마가 더 달다.

고구마를 수중에 오래 방치하거나 홍수로 인하여 고구마 밭의 배수가 잘되지 않는 경우 고구마 세포가 죽어 고구마를 찌거나 구워도 더 이상 조직이 연화되지 않고 생고구마와 같은 질감이 되는데 이를 관수 현상이라 한다. 이는 세포가 살아 있을 때는 세포액 중에서 삼투작용을 하던 칼슘이나 마그네슘 등의 금속이온이 세포가 죽으면서 세포막 중의 펙틴과 결합하여 칼슘펙테이트(calcium pectate)를 형성하기 때문이며, 이 물질은 아무리 열을 가하여도 연화되지 않는다. 고구마를 조리할 때 너무 낮은 온도에서 가열하거나 삶다가 중지한 상태에서 오래 방치해도 제대로 연화되지 않는 것도 관수 현상 때문이다.

(3) 조리 및 이용

고구마는 감자에 비하여 비타민 C 함유량이 더 많고 포도당 등 가용성 당이 많이 들어 있어서 더 달기 때문에 음식 재료로써는 조리의 범위가 좁다. 조리법으로는 굽거나 찌는 경우가 많으며 그 외에 튀김, 조림 등이 있다. 이외에 썰어서 말리거나 고구마 전분, 제과, 당면, 물엿, 잼, 고추장, 주정의 가공원료로 사용된다.

3) 마(서여, 산약, yam)

마는 다년생의 넝쿨성 식물로 덩이뿌리를 한방에서는 '산에서 나는 약'이라는 뜻의 산약(山藥)이라고 하여 자양강장, 노인들의 기침과 가래, 신장 보호 등에 쓰며, 당뇨병 환자에서 혈당 강하 효과가 있는 것으로 확인되었다. 주성분이 전분이며 점성이 강하다. 점질물은 뮤신(mucin)이며 α-아밀라아제 등 효소를 많이 함유하고 있어 소화를 촉진시키고 생식해도 소화가 잘된다.

4) 토란(taro)

토란은 '땅속의 달걀'이라고도 하며, 땅속 부분의 알줄기를 식용한다. 원산지는 인도와 중국 남부지방으로 고온다습한 곳에서 재배된다. 우리나라에서는 남부지방에서 많이 재배하며 대개 7월 중순경부터 수확하여 추석 전후에 많이 이용하는데, 생산량의 97% 이상이 생토란으로 이용되며 가공되는 양은 극히 적다.

토란의 성분은 수분이 약 80%, 탄수화물은 약 13%로 대부분이 전분이며 덱스트린과 자당도 들어 있어 토란 고유의 단맛을 낸다. 무기질로는 칼륨이 많다.

토란의 미끈거리는 점성물질은 갈락탄(galactan)이라는 성분으로 가열 조리 중 국물에 녹아 나온다. 이로 인해 거품이 일어나 끓어 넘치게 되고, 국물에 점도가 생겨 열의 전도나 조미료의 침투를 방해한다. 그러나 1%의 소금을 첨가하면 이 점질물은 응고되면서 점성도 적어지고 국물도 맑아진다. 따라서 토란을 조리할 때는 쌀뜨물이나 소금물에 미리 데쳐서 점질물을 없앤 후 조리를 하는 것이 좋다.

토란껍질에는 수산칼슘이 많아서 손에 닿으면 가렵게 되는데, 가열하거나 식초 물에 담그면 활성이 없어진다. 토란의 아린 맛은 호모젠티스산(homogentisic acid)으로 소금물에 데치면 아린 맛을 제거할 수 있다.

토란은 토란탕, 토란찜 등으로 이용되고 토란줄기는 껍질을 벗겨 건조한 후 나물로도 이용한다.

5) 돼지감자(뚱단지, Jerusalem artichoke)

돼지감자는 국화과에 속하는 1년생 뿌리식물로 우리나라 전역에서 자생하며 뚱딴지라고도 불린다. 기후와 토양 환경에 대한 적응성이 매우 강한 식물로 고온과 저온에도 잘 견뎌 영하 0℃의 서리에 줄기와 잎은 죽지만, 덩이줄기는 몇 달 동안은 얼지 않는다. 수분이 많으며, 주성분은 과당의 다당류인 이눌린(inulin)으로 사람의 체내에서는 이눌린을 분해하는 효소가 없어 소화시키지 못하지만, 산이나 효소로 가수분해하여 과당의 원료, 엿, 알코올 발효용, 사료 등으로 이용된다.

요사이 당뇨에 좋다고 알려지면서 자연산을 채취하거나 재배해 판매하는 농가가 늘어나고 있다.

6) 카사바(manioca)

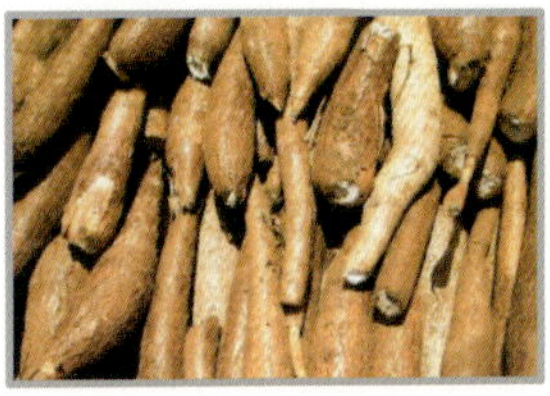

카사바는 타피오카 전분의 원료로 당질이 주성분이다. 종류가 2,000종이나 되지만 잘 알려진 것은 단맛이 나는 감미종과 쓴맛이 나는 고미종이다. 감미종은 쓴맛을 내는 라미날린(laminalin)이 껍질 부분에만 들어 있어서 껍질을 벗기고 나면 식용으로 이용할 수 있으며 고구마처럼 삶아서 먹는다. 고미종은 라미날린이 전체에 들어 있기 때문에 쓴맛이 강하여 그대로 식용하지 못하고 타피오카(tapioca) 전분 추출용으로 사용된다. 타피오카 전분으로 만든 타피오카 펄은 후식 음료 등에 쓰이며 타피오카 전분은 깨찰빵, 우동 등에 이용된다.

그림 5-1 타피오카 펄

그림 5-2 타피오카 전분과 깨찰빵

7) 곤약감자(구약감자, elephant foot, amorphophalus konjac)

곤약감자에는 양질의 수용성 식이섬유 소재인 글루코만난(glucomannan)이 다량 함유되어 있다. 글루코만난은 물을 잘 흡수, 팽윤하여 점도가 높은 교질 상태(colloid)가 되지만 이것에 알칼리를 가하여 가열하면 응고하여 반투명의 덩어리로 된다. 이것이 식용 곤약이다. 또한, 글루코만난은 소화액 중의 효소에 의해서는 분해되지 않고 장내 세균의 작용에 의해 분해되어 포도당과 만노스(mannose)가 생성되며 혈중 콜레스테롤 수치를 낮추는 작용을 한다.

식용 곤약은 수분 97%, 만난 2% 이상, pH 11.0 정도이며, 열량은 거의 없으나 (1kcal/g) 조금만 먹어도 포만감을 주므로 다이어트 식품으로 이용된다.

일본에서는 전통식품의 중요 소재로 국수, 육제품, 어육연제품 등에 많이 사용되고 있다.

곤약감자 곤약 가공제품

그림 5-3 곤약감자, 곤약 가공제품

8) 야콘(yacon, leafcup)

야콘은 알칼리성 식물로 다량의 올리고당이 함유되어 있어 당뇨병 예방과 치료에 이용될 가능성이 제시되고 있으며, 비피더스균을 증강하고 유해균을 감소시켜 장을 깨끗하고 튼튼하게 하는 정장작용과 장의 운동을 활성화하여 변비를 예방하는 효과가 있다.

브라질에서는 야콘 잎에 당뇨병을 예방하는 약리작용이 있다고 하여 약차를 만들어 음용한다.

식이섬유소인 이눌린(inulin)은 변비 개선, 장질환 예방, 혈청 콜레스테롤 감소 효과, 혈중 지질 저하 효과, 혈당강하 효과가 있다고 보고되었다.

야콘은 생식을 하는데 단맛이 상당하고 아삭아삭한 질감이 있다. 껍질에서 송진 맛이 조금 나므로 껍질을 벗겨 먹는데, 껍질을 벗겨 두면 갈변이 심하므로 물에 담가 두어야 한다.

과일 샐러드처럼 잘게 썰어 바나나, 오렌지, 파파야 같은 과일과 섞으면 특별한 맛이 있다. 스튜(stew) 요리를 해도 아삭아삭함이 일부 남아 있으며, 갈거나 으깨어 천에 짜면 달고 맛있는 음료를 만들 수 있다. 농축한 야콘 엿[찬카카(chancaca)]은 단맛이 강하지만 체내 소화흡수가 적으므로 저열량 식품이다.

우리나라에서는 조림, 볶음, 정과, 생선조림 등에 사용하고, 야콘냉면, 야콘국수 등으로 가공한다. 유럽에서는 알코올을 생산하며, 일본에서는 염장 야콘이 판매되고 있다.

9) 칡(arrow root)

칡은 뿌리에 13~16%의 전분을 함유하고 있다. 한방에서 칡은 고혈압, 관상동맥경화증, 협심증, 당뇨병, 숙취 제거 및 해독에 이용되고 있으면, 최근에는 혈압강하작용, 지방과산화 억제작용, 항염작용, 항산화작용, 항용혈작용, 알코올 해독 등에 효과적인 것으로 확인되었다. 푸에라린(puerarin)은 갈근의 항산화 성분이며, 카테킨 성분은 간기능을 회복시키는 성분으로 알려져 있다.

칡의 저장이나 가공 중 갈변은 효소적 갈변으로 폴리페놀옥시다제(polyphenol oxidase)가 관여하는 산화 반응으로 알려져 있다.

칡즙, 칡차, 갈근탕으로 사용되고, 칡전분을 이용한 국수, 냉면 등이 있다.

제6장

두류 및 두류 제품

1. 두류의 구성 성분
2. 중요 두류
3. 두류 제품

Chapter 06

두류(豆類) 및 두류 제품

두류(豆類)는 콩과에 속하고, 쌀을 주식으로 하는 우리나라에서는 주요한 단백질 급원으로 사용돼 왔다. 식물성 단백질이지만 생물가가 높으며 두류 조리법이 발달하여 여러 가지 형태의 음식으로 이용되어 왔다. 두류의 종류로는 단백질이 많고 탄수화물이 많은 팥, 녹두, 완두, 강낭콩 등이 있으며, 단백질과 함께 지방질이 많은 땅콩, 대두가 있다. 또한, 풋완두콩은 비타민 C가 풍부하여 채소와 같이 취급된다.

대두

쥐눈이콩

서리태

동부콩

청태

1 두류의 구성 성분

두류와 종실류는 성분이 비슷하지만, 구성 성분에 따라 지방이 풍부한 것과 당질이 풍부한 것으로 나누어진다(표 6-1).

두류 중 대두와 낙화생은 단백질과 지방 함량이 많아서 식용유의 원료가 되고 팥, 동부 등 당질이 많은 두류는 떡과 빵의 고물이나 소의 원료가 된다. 콩에는 혈액응집작용(hemagglutinin)과 용혈작용(saponin)을 가지는 인자가 함유되어 있는 것이 많지만 가열하면 변성하여 독성이 없어지며, 데친 물을 버림으로써 제거할 수도 있다.

표 6-1 두류와 종실류의 주요 식품 성분(가식부 100g)

식품명	열량 (Kcal)	수분 (g)	단백질 (g)	지질 (g)	당질 (g)	Ca (mg)	P (mg)	철분 (mg)	비타민 B_1(mg)	비타민 B_2(mg)
대두(말린 것)	421	9.2	41.8	17.6	21.6	250	490	7.6	0.60	0.17
땅콩(생것)	567	6..5	25.8	49.2	11.3	92	376	4.6	0.64	0.14
팥(말린 것)	336	14.5	21.4	0.6	56.6	124	418	5.2	0.56	0.18
강낭콩(말린 것)	357	10.3	20.2	1.8	60.9	139	317	6.7	0.54	0.20
완두콩(생것)	120	70.4	8.0	0.6	18.2	51	85	1.6	0.33	0.44
잠두콩(생것)	124	68.1	12.5	0.2	16.9	25	250	2.7	0.35	0.23
아몬드(말린 것)	597	4.7	18.6	54.1	16.9	254	475	4.4	0.25	0.67
캐슈너츠(조미)	571	4.1	16.9	47.2	25.4	38	490	4.9	0.54	0.18
호두(말린 것)	626	4.5	18.6	59.4	14.5	130	199	3.0	0.55	0.11
참깨(말린 것)	564	7.0	19.4	50.9	14.5	630	650	16.0	0.50	0.25
은행(생것)	182	55.2	5.1	1.7	36.3	2	124	1.0	0.22	0.09
밤(생것)	160	59.8	3.5	0.8	33.6	35	93	0.8	0.45	0.23

한국인 영양권장량 제6차 개정, 한국영양학회

1) 단백질

두류는 곡류에 비해 단백질을 많이 함유하고 있으며 필수아미노산인 트레오닌, 류신, 페닐알라닌, 아이소류신 등이 풍부하다. 곡류의 제일 제한 아미노산인 라이신의 함량이 많고, 콩에는 함황 아미노산인 메싸이오닌의 함량이 적고 곡류에는 많이 들어 있어서, 두류와 곡류를 같이 섞어 밥을 지으면 단백가를 보완할 수가 있다. 대두 단백질은 글로불린의 일종인 글리시닌(glycinin)이 대부분이며, 팥에는 파세올린(phaseolin) 함량이 많이 들어 있다.

2) 지방

대두와 땅콩은 지방을 많이 함유하고 있어 기름을 채취하여 식용유로 사용한다. 두류에서 얻은 식용유에는 올레산, 리놀산이 풍부하여 필수지방산의 급원이 된다.

3) 탄수화물

팥, 녹두, 강낭콩, 동부 등은 전분 함량이 많아 떡이나 빵의 소로 쓰이거나 묵, 양갱, 당면의 원료로 사용된다.

4) 무기질과 비타민

두류는 곡류에 비해 칼슘, 인, 철분 등이 많이 함유되어 있으며, 비타민 B군이 풍부하다. 하지만 콩나물이나 숙주나물의 경우 비타민 C가 합성되어 비타민 C 함량이 많다.

2 중요 두류

1) 대두(大豆)

대두(soybean)는 우리나라 식생활에 없어서는 안 될 양질의 단백질 급원이며, 동부아시아 중국 북부가 원산지이다.

대두의 영양 성분은 단백질이 40%, 탄수화물 함량은 약 20%, 지질이 18% 정도 들어 있다. 아미노산 조성에서 메티오닌, 시스틴 등 함황 아미노산은 적으나 곡류에 부족한 리신을 함유하고 있어서 쌀의 부족한 아미노산을 보충해 줄 수가 있다. 콩의 단백질은 소화가 어려워 콩의 일부 알부민은 단백질 분해효소인 트립신의 작용을 억제하는 트립신 억제 물질로(Trypsin inhibitor) 작용을 한다. 혈액응집작용이 있는 헤마글루테닌(hemagglutinin)도 함유되어 있지만 가열에 의해 활성을 잃어버린다. 대두의 조리에는 콩 그대로 사용하는 것과 대두 단백질의 가공품과 대두를 원료로 하는 발효식품이 있다. 대두는 소화되지 않는 다당류를 많이 함유하고 있어서 가공품으로 만든 것이 소화가 잘된다.

2) 팥

팥은 탄수화물이 56.6%로 많이 함유되어 있고, 비타민 B_1이 풍부하다. 전분이 많아 주로 밥, 죽, 고물, 양갱 등에 이용한다. 다른 콩과 달리 물에 불리지 않고 가열해도 좋은데 껍질에 사포닌(Saponin)이 있어서 일단 끓어 오르면 삶은 물을 따라 버리고, 다시 물을 붓고 삶는 것이 좋다.

3) 강낭콩

강낭콩은 모양이 사람의 콩팥과 비슷하여 kidney bean으로 불리며, 탄수화물이 65%, 단백질이 24%이다.

밥, 떡, 과자의 고물이나 소로 사용된다. 익지 않은 꼬투리는 비타민 A, B_1, B_2, C가 풍부하여 채소로도 이용된다.

강낭콩을 삶을 때는 종피를 연하게 하기 위해 효소제(hemicellulase)를 사용하거나 열탕에 넣은 후에 조미액으로 삶거나, 엷은 조미액에 하룻밤 담가서 삶는 등의 방법이 있다.

4) 녹두

거피한 녹두는 대부분 전분으로 탄수화물 60%, 단백질 21% 정도 된다. 엽산, 칼륨, 마그네슘의 좋은 급원이며, 녹두죽, 떡고물, 녹두 전분, 청포묵, 빈대떡, 숙주나물, 떡과 과자의 고물을 만드는 재료로 사용된다.

5) 완두콩

탄수화물 함량이 높으며, 어린 꼬투리는 채소용으로 이용되기도 한다. 통조림으로 가공할 때 황산동($CuSO_4$) 처리를 하여 비타민 C가 파괴된다.주로 밥, 떡, 과자, 앙금 등에 이용된다.

6) 땅콩

땅콩은 지질이 45% 이상이며, 단백질도 많고 비타민 B_1이 많다. 올레산과 리놀레산이 많아 식용유, 땅콩버터의 재료로도 사용되어 진다.

3 두류 제품

대두 단백질은 불용성인 글리시닌(glycinin)이 대부분이지만 물에 불린 대두를 마쇄하면 각종 무기질의 작용으로 가용화하여 추출된다. 최근 대두에는 이소플라본(isoflavon)이 들어 있어 폐경기 여성에게 도움을 주며, 항암 효과, 생리활성 등이 알려지면서 대두와 가공식품의 소비가 늘고 있다.

1) 두부

콩에 들어 있는 단백질 글리시닌(glycinin)은 열에는 안정하지만 금속염, 산에는 불안정하여 응고 침전한다. 이러한 성질을 이용하여 만든 것이 두부이다.

두부는 두유에 응고제를 넣어 응고한 것으로 염류를 사용한 것($CaSO_4$, $CaCl_2$, $MgCl_2$)과 산성 응고제(glucono-δ-lactone, acetic acid)를 사용한 것이 있다. 황산칼슘을 사용한 응고물이 단단함과 풍미가 더 좋다.

두부를 맹물에서 고온, 장시간 요리하면 구멍이 생기면서 잔존하는 염의 영향으로 단단해지고 맛이 없어진다. 이는 두부 제조 중에 상당량의 응고제가 단백질과 결합하지 않고 유리된 상태로 있다가 물에서 끓여주면 단백질과 결합하여 두부가 단단해진다. 하지만 소금을 가하여 끓이면 두부가 연해지는데 소금 중의 Na^{+}이 Ca^{2+}과 두유 단백질이 결합하는 것을 방해하기 때문이다. 그러므로 된장국에서는 된장으로 조미한 후에 두부를 넣는다.

표 6-2 응고제의 종류와 특성

응고제의 종류	첨가 시 두유 온도	장 점	단 점
황산칼슘 ($CaSO_4 \cdot 2H_2O$)	80~85℃	• 두부의 색택이 좋고 탄력성이 있다. • 반응이 완만하여 사용하기 편리하다. • 두부의 조직이 연하고 부드럽다. • 수율이 높다.	• 물에 잘 녹지 않으므로 따뜻한 물에 녹인 다음 윗물만 사용 • 맛이 덜하다.
염화칼슘 ($CaCl_2 \cdot 2H_2O$)	75~80℃	• 응고 시간이 빠르고 압착 시 물이 잘 빠진다. • 보존성이 양호하다	• 수율이 낮다 • 두부가 약간 거칠고 딱딱하다.
염화마그네슘 ($MgCl_2 \cdot 6H_2O$)	75~80℃	• 두부에 보수력이 있으며, 맛이 좋다	• 압착 시 물이 잘 빠지지 않는다. • 순간적으로 응고하므로 고도의 기술이 필요하다
Glucono-δ-lactone ($C_4H_{10}O_6$)	85~90℃	• 사용이 쉽고 응고력이 우수하다. • 수율이 높다	• 약간 신맛이 있다.

2) 두유와 비지

두유는 콩국이라 하여 오래전부터 애용되어 왔으며, 여름철 단백질 보충 음식으로 이용돼 왔다. 콩을 충분히 불린 다음 삶아서 갈은 후 체나 여과포로 여과하면 두유가 된다.

두유는 우유에 비하여 칼슘과 비타민 A, 비타민 C, 메티오닌 등이 적게 함유되어 있어서 우유 대용으로 사용할 경우 부족한 영양소의 보충이 필요하다. 또한, 두유에는 유당이 들어 있지 않기 때문에 유당불내증과 같이 우유에 과민 증세를 보이는 사람들에게 대용식품으로 중요하다.

두유는 소금을 조금 가하든가 토마토주스와 레몬즙을 가하여 반 응고시켜 설탕과 소금을 첨가해 먹어도 맛있다.

두유를 짜내고 남은 찌꺼기를 비지로 이용하는데, 단백질 함량은 적지만 질감과 고소한 맛이 있다.

3) 유부

단단하게 만든 두부를 가압, 탈수하여 반건성의 두부를 만든 후 조미하고 얇게 썰어서 튀김용 기름으로 표면이 황갈색이 될 때까지 튀겨낸 것이 유부이다.

유통기간이 오래되면 기름이 산패하여 맛을 잃기 쉬우며, 유부초밥, 조림이나 무침요리에 사용할 때는 한 번 데쳐서 기름기를 제거하여 사용하면 좋다.

표 6-3 두부의 영양가(가식부 100g당)

구분	항목	두부	동두부	순두부	연두부	튀긴두부	비지	두유
일반성분	수분(%)	83.0	8.1	92.2	8 9.4	44.0	82.7	88.4
	에너지(kcal)	94	533	42	55	388	81	59
	단백질(g)	8.6	50.2	3.2	4.7	18.6	3.9	4.5
	지방(g)	5.5	33.4	2.5	2.7	33.1	2.1	1.3
	당질	1.7	5.3	1.2	2.3	2.8	9.6	6.9
	회분(g)	0.9	2.8	0.5	0.6	1.4	0.0	0.3
무기질	칼슘(mg)	181	590	120	100	300	103	25
	인(mg)	94	710	62	72	230	35	40
	철(mg)	2.2	9.4	1.3	1.4	4.2	4.6	0.7
비타민	비타민 A(RE)	0	2	0	0	0	0	0
	비타민 B_1(mg)	0.03	0.02	0.02	0.03	0.06	0.05	0.03
	비타민 B_2(mg)	0.03	0.03	0.01	0.02	0.03	0.01	0.02
	나이아신(mg)	0.5	1.2	0.8	1.0	0.1	0.5	2.7
	비타민 C(mg)	0	0	0	0	0	0	0

한국인 영양권장량 제6차 개정, 한국영양학회

표 6-4 두부의 종류별 특성

종 류	특 징
일반 두부	대두 고형분이 6~8%인 두유를 응고시켜 수분이 85% 내외인 것
연 두 부	대두 고형분이 11% 내외인 두유를 가열 냉각 후 가열 응고시킨 것
순 두 부	대두 고형분이 7% 내외인 두유를 가열 냉각 후 가열 응고시킨 것
경 두 부	일반 두부를 압착 시 수분이 78% 이하로 압착한 것
압착 두부	연두부 조직과 같이 한 압착 두부

김병규 : 가공 두부의 신제품 개발 현황과 전망, 한국대두연구회지

4) 발효식품

(1) 간장

간장은 장을 담근 후 된장을 분리하고 남는 액체로 짠맛을 내는 조미료이다. 간장의 맛 성분은 아미노산의 감칠맛, 맥아당, 포도당 등의 감미와 초산 젖산, succinic acid 등의 신맛이 혼합된 맛이며, 간장 고유의 냄새 성분은 β-메틸 머캅트프로파놀(β-methylmercaptopropanol)로 알코올, 알데하이드류, 케톤류, 휘발성 산, 에스터류, 페놀류 등의 냄새 성분도 섞여 있다. 간장의 색은 발효 과정 중 메일라드 반응에 의해서 짙은 색으로 변한다.

재래식 간장 제조 방법은 늦가을에 대두를 푹 삶아 으깨어 네모난 틀에 넣어 메주를 만든다. 따뜻한 곳에서 곰팡이가 충분히 생기도록 2~3개월간 짚으로 매달아 띄운 후 메주에 핀 곰팡이와 먼지를 씻어낸 후 건조시킨다. 소금물은 간수를 뺀 굵은 소금을 염도 18~20(보오메)로 만들어 가라앉힌 후 윗물을 사용한다. 이 소금물에 메주를 넣어 장을 담근 다음 잘 봉해 두었다가 30~45일 후에 메주를 건져내고 국물만 달여서 간장으로 사용한다.

(2) 된장

된장은 재래식과 개량식으로 나눌 수 있다. 재래식 메주는 발효될 때 코지(Koji) 곰팡이뿐 아니라 잡균의 번식도 동시에 일어나므로 품질의 균일화가 어려운 것이 단점이다. 개량식은 메주를 쑬 때 같이 사용하는 재료의 종류와 양, 숙성 기간에 따라 풍미와 맛이 달라지지만 발효 조건이 일정하므로 시일이 단축되고 잡균의 번식이 억제되므로 품질의 균일화가 가능하다.

된장의 구수한 맛은 단백질이 분해하여 생성된 아미노산과 전분이 분해하여 생성된 당 또한 발효 과정에서 생기는 젖산, 호박산, 초산, 구연산과 같은 유기산이 혼합하여 발생하는 맛이다.

(3) 청국장

청국장은 본래 청나라와 전쟁 중에 청국에서 건너왔다 하여 전국장(戰國醬), 또는 청국장(淸國醬)으로 불린다.

콩을 무르게 푹 삶아 식힌 다음 짚을 함께 깔아 40℃ 온도에서 발효시켜주면 짚 속의 납두균(Bacillus natto, Bacillus subtilis)에 의하여 발효가 더 잘 일어나게 된다. 이때 점액성의 실과 같은 물질이 생기면 소금, 마늘 찐 것을 섞어 밀봉하여 5~10℃의 냉장고에 보관한다.

청국장은 특유의 냄새를 가지는데 아미노산, 질소, 암모니아의 냄새로 오래된 것일수록 많이 난다. 청국장이 발효되면서 실이 묻어나는 점질물은 글루타민산, 폴리펩타이드와 플락탄(fructan)의 혼합물로 알려져 있다.

5) 콩나물과 숙주나물

콩나물과 숙주나물은 성장하는 동안 비타민 C가 합성되고, 섬유소가 풍부하여 변비 예방에 도움이 되고, 유리아미노산인 아스파트산(aspartic acid)이 많이 들어 있어 숙취 해소에도 효과가 있다. 가열 시 비타민 C 파괴를 막기 위하여 소금을 넣는 것이 좋다. 또한, 콩나물을 삶을 때는 뚜껑을 열면 콩에 함유된 리폭시게나제(lipoxigenase)의 작용으로 비린내가 나게 된다.

제7장
채소류 및 과일류

1. 채소류
2. 과일류

Chapter 07

채소류 및 과일류

채소와 과일은 음식에 아름다운 색과 독특한 향미를 주며 비타민과 무기질이 풍부한 식품으로 다양한 생리활성물질과 섬유소를 함유하고 있다. 그러나 조리 시 조리방법에 따라 영양소의 손실이 크므로 과학적인 조리방법이 필요하다.

1 채소류

채소류는 다양한 색채, 풍미, 향기 등을 갖고 있어 식욕을 향상시키는 역할을 하며 비타민과 무기질을 많이 함유한 식품이다. 식용하는 부위에 따라 많은 차이가 있지만 일반적으로 수분 85~90%, 당질 2~10%, 회분 0.5~1% 정도 함유하고 있으며 지방과 단백질은 그 함유량이 매우 적다. 비타민은 A, B_1, B_2, C 등을 고루 함유하며 칼륨, 나트륨, 칼슘, 마그네슘, 인, 철, 유황 등의 무기질도 다량 들어 있다.

1) 채소의 분류

채소류는 일반적으로 가식 부위에 따라 엽채류, 경채류, 과채류, 화채류, 근채류, 종실채류로 분류한다.

(1) 엽채류

채소의 잎을 먹는 엽채류에는 무청, 미나리, 깻잎, 배추, 시금치, 쑥갓, 상추, 양배추, 아욱, 근대, 갓 등이 있다. 엽채류는 줄기를 함께 먹으므로 엽경채류라고도 한다. 수분과 섬유소의 함량이 높고 비타민, 무기질 등을 함유하고 있다. 특히 카로틴, 비타민 B_2·C를 많이 함유하고 있으며, 푸른색이 진할수록 비타민 C와 카로틴의 함량이 높다.

보관 시 호흡작용에 의한 수분 증발과 유기산의 축적으로 점차 질과 신선도가 저하되므로 어둡고 온도가 낮으며 습도가 높은 곳에 보관하는 것이 좋다.

(2) 경채류

채소의 줄기를 먹는 경채류에는 아스파라거스, 셀러리, 두릅, 죽순 등이 있다. 수분 함량은 높고 탄수화물, 비타민, 무기질 함량은 낮다.

(3) 과채류

채소의 열매를 먹는 과채류에는 피망, 파프리카, 단호박, 토마토, 풋콩, 풋고추, 오이, 호박, 가지 등이 있다. 수분의 함량은 엽채류보다 낮고 당질은 1.5% 정도 함유되어 있다. 토마토, 풋고추, 호박은 비타민 C와 A, 풋고추는 비타민 C와 카로틴, 오이는 비타민 C 등이 풍부하다.

(4) 화채류

채소의 꽃을 먹는 화채류에는 콜리플라워, 브로콜리, 아티초크 등이 있다. 수분과 섬유소의 함량이 높고 단백질 함량은 낮다. 칼슘, 카로틴이 포함되어 있으며, 비타민과 무기질은 소량이지만 여러 종류의 것이 포함되어 있다.

(5) 근채류

채소의 뿌리를 먹는 근채류에는 당근, 무, 더덕, 도라지, 감자, 고구마, 마, 토란, 우엉, 연근 등이 있다. 수분 함량이 높고 섬유소의 함량은 보통이며 상당한 양의 당질을 가지고 있다. 당질로는 전분과 포도당이 있고 약간의 서당도 있으며 비타민과 무기질의 함량은 높지 않다. 그러나 무에는 비타민 C가 풍부하며 칼륨, 나트륨, 칼슘 등의 무기질도 들어 있다. 당근에는 카로틴이 많으며, 감자류는 비타민 C가 풍부할 뿐만 아니라 에너지원으로도 중요하다. 근채류는 다른 종류의 채소보다 저장성이 높아서 저장온도와 습도를 조절하면 상당히 오랫동안 저장할 수 있다.

(6) 종실채류

채소의 씨앗을 먹는 종실채류에는 콩, 옥수수 등이 있다. 수분, 섬유소의 함량은 낮고 단백질과 탄수화물을 가지고 있으며 철, 인, 칼슘 등의 무기질이 들어있다.

2) 채소의 조리

채소를 조리하는 방법으로는 비가열 조리와 가열 조리로 크게 나눌 수 있다. 일부의 채소는 생식하는 경우가 있지만 대부분 데치기, 끓이기, 찌기, 굽기, 볶기, 튀기기 등의 가열 조리 방법을 많이 사용한다.

(1) 비가열 조리

생식은 채소의 아름다운 색, 향기, 맛, 씹을 때의 아삭함 등을 그대로 느낄 수 있는 것이 특징이다. 재료의 신선도가 맛을 결정하는데 매우 중요하므로 신선할수록 좋으며 위생적으로 처리하여야 한다.

채소를 물 또는 묽은 소금물에 담그면 원래 세포액의 농도가 0.85% 정도이므로 세포막의 반투과성에 의하여 세포 내로 물 또는 묽은 소금물이 이동하여 세포가 팽창된 상태로 되면서 빳빳하고 아삭아삭한 맛이 증가된다. 그러나 소금물의 농도가 1~2%로 세포액보다 높으면 세포 내의 물이 세포 밖으로 이동하여 20분 정도 후에 30% 정도의 수분이 빠지면서 절여진 상태로 된다. 그러므로 채소를 생식할 때는 채소를 물 또는 묽은 소금물에 잠깐 담근 후 물기를 빼고 식탁에 낸다.

또한, 채소를 잘게 썰거나 다지거나, 갈거나 주스로 할 때는 채소의 조직 내에 존재하는 아스코르비나제(ascorbinase)나 폴리페놀옥시다제(polyphenol oxidase) 등의 효소가 활성화되어 비타민 C의 산화 파괴율이 증가된다. 이때 산성화해 주면 효소가 불활성화되므로 레몬즙 식초 등을 가하면 그 작용을 억제할 수 있다. 또한, 소량의 소금을 가해주어도 다소 억제된다.

(2) 가열 조리

채소를 가열하면 조직이 연해지고 불미 성분이 제거되며 조미료가 침투되기 쉬워지고 소화도 잘된다. 또한 채소의 세포벽에 함유되어 있는 펙틴질은 세포와 세포를 결합시키는 접착제 역할을 하는데 가열을 하면 분해되거나 용해되어 세포 간의 결합력이 약화되므로 채소는 연해진다.

채소의 가열 조리 방법에는 데치기, 끓이기, 찌기, 굽기, 볶기, 튀기기 등이 있다.

① 데치기(blanching)

채소 중에서 엽채류가 가장 많이 이용되는 방법으로, 데칠 때 물의 양은 채소 중량의 4~5배 정도로 하여, 소금 1~2% 정도를 넣어 뚜껑을 덮지 않고 데친 다음, 빨리 냉수에 씻어 건진다. 이는 데칠 때 문제가 되는 녹색의 유지와 수용성 영양소의 손실을 최대한으로 방지할 수 있다. 즉 데칠 때 뚜껑을 덮지 않으므로 채소 중에 함유된 휘발성 유기산이 휘발되고, 데쳐낸 후 냉수에 담그므로 비휘발성 유기산을 용출시켜 색의 변색이 억제되며, 1~2%의 소금을 넣어 채소의 세포액 농도와 같게 해줌으로써 수용성 성분의 용출을 적게 할 수 있다. 유황을 함유하는 채소를 데칠 때도 같은 방법으로 하면 유황 화합물과 유기산을 휘발시킬 수 있다.

또한, 데칠 때 중조($NaHCO_3$)를 넣어 주면 선명한 녹색이 유지되나, 조직이 빨리 물러지고 비타민 B_1이 파괴된다. 비타민 C는 데치는 과정 중에 가열 시간이 길어질수록 파괴율이 높다.

② 끓이기

채소로 국이나 찌개 등을 끓일 때 국물에 채소의 맛이 용출되어야 하므로 표면적을 크게 한다. 채소의 조직이 연화되면 채소와 국물을 모두 이용한다.

③ 찌기

채소로 찜을 할 때 일반적으로 녹색 채소는 제외한다. 찌기는 데치거나 끓이는 것보다 수용성 영양소의 손실은 적으나, 조리 시간이 많이 걸리므로 열에 의한 비타민의 파괴는 피할 수 없다. 또한, 찔 때의 영양소 파괴는 써는 모양과 관계가 있어 크기가 큰 것일수록 영양소의 파괴율이 적다.

④ 굽기

가지, 고구마, 감자, 양파, 호박 등은 충분한 수분을 가지고 있어 자체 내의 수분으로 굽는 조리를 할 수 있다. 가열 과정에서 식품 내 수분이 수증기로 되며 이들 채소는 껍질이 있어 용출되는 영양 성분의 손실을 감소시킨다.

⑤ 볶기, 튀기기

채소를 기름으로 볶거나 튀기면 단시간에 조리가 가능하므로 영양소의 손실이 적다. 채소를 볶을 때는 프라이팬의 표면적이 넓을수록 채소를 펼칠 수 있는 부위도 넓어져 물기가 나올 시간도 없이 빨리 익을 수 있으므로 표면적이 큰 프라이팬에 채소의 양을 적게 하여 볶는다.

(3) 특수 채소의 조리

① 유황을 함유하는 채소류

유황을 함유하고 있는 채소류는 마늘류(마늘, 양파, 파, 부추, 달래 등)와 배추류(배추, 양배추, 갓, 콜리플라워, 브로콜리, 무 등)로 나눌 수 있는데 이러한 종류의 채소들은 조리 시 뚜껑을 열어 가열함으로서 유황 화합물을 휘발시키고 좋은 색과 부드러운 맛, 향기, 연한 조직감을 갖게 된다.

마늘을 다지거나 썰거나 씹으면 마늘 조직이 파괴되어 마늘에 존재하던 알린(alliin)과 알리나제(allinase)가 접촉하여 알리신(allicin)을 형성한다. 마늘의 주요 매운맛 성분은 알리신으로 불쾌한 냄새는 없다. 하지만 알리신은 불안정한 화합물이므로 쉽게 분해되어 강한 불쾌한 냄새를 갖는 디알릴디설파이드(diallyl disulfide)를 형성한다. 그러므로 조리에 마늘을 사용할 경우 필요한 만큼 바로 다져서 이용하는 것이 좋다.

② 냉동 채소류

냉동 채소는 생채소를 조리하는 시간보다 반 정도로 조리 시간을 단축시킬 수 있다. 냉동 채소 종류에 따라 조리하기 전에 일부분 해동하기도 하는데, 어떤 채소는 해동시킨 후 비타민 C가 감소하므로 냉동 상태 그대로 조리한다. 엽채류, 호박 등은 반해동하며, 옥수수는 완전히 해동해서 조리한다. 그 외의 냉동 채소는 끓는 물에 넣어 그대로 해동과 동시에 조리하며, 기름에 지질 때나 찔 때도 냉동 상태 그대로 조리한다.

③ 통조림 채소류

통조림 채소는 가공 도중에 어느 정도 조리된 것이므로 단시간 내에 다시 데치는 정도로 하여 조리한다.

2) 채소의 조리 시 변화

(1) 질감의 변화

채소를 조리하는 물에 중조와 같은 알칼리성 물질을 첨가하면 채소의 섬유소를 분해하여 질감이 부드러워진다. 하지만 조리 시간을 너무 길게 하면 섬유소의 분해가 지나쳐 오히려 질감이 나빠진다. 반면 채소를 조리하는 물에 식초와 같은 산성 물질을 첨가하면 채소의 섬유소를 단단하게 하여 질감이 질겨진다.

(2) 맛의 변화

약한 향미를 가지고 있는 채소의 향미 성분은 다량의 물에 삶으면 수용성 맛 성분이 용출되어 맛을 잃게 되므로 소량의 물에 단시간 조리하는 것이 좋다.

채소 중에는 떫은맛, 아린맛, 매운맛, 쓴맛 등을 갖고 있는 것들이 있다. 가지의 떫은맛 성분은 클로로겐산, 우엉·고사리·토란·죽순의 아린맛 성분은 호모겐티스산, 고추의 매운맛 성분은 캡사이신, 양파 껍질의 퀘르세틴·오이 꼭지의 쿠쿠르비타신·쑥의 투존은 쓴맛 성분으로 끓는 물에 데치거나 쌀뜨물에 삶거나 1% 소금물 또는 물에 담그면 떫은맛, 아린맛, 쓴맛 등을 제거할 수 있다.

(3) 영양소의 변화

조리하는 동안 채소에 함유되어 있던 비타민, 무기질, 당 등이 조리 용액으로 흘러나와 손실 될 뿐만 아니라 가열에 의해서도 파괴된다. 이러한 변화는 조리 용액이 많을수록, 오래 가열할수록, 채소의 표면적이 클수록 더 심해진다.

(4) 색소의 변화

① 클로로필(엽록소, chlorophyll)-녹색 색소

가) 가열과 산에 의한 변화

클로로필은 녹색을 띠고 있으나 클로로필을 가열하거나 산과 접촉시키면 황록색 또는 녹갈색으로 퇴색한다. 이것은 클로로필의 분자 내에 존재하는 마그네슘이온(Mg^{2+})이 수소이온(H^+)으로 치환되어 황록색의 페오피틴(pheophytin)을 형성하기 때문이다. 페오피틴에 계속해서 산이 작용하면 클로로필에 존재하는 피톨(phytol)이 제거되어 갈색의 페오포비드(pheophorbide)가 형성된다. 푸른 채소로 장시간 끓인 채솟국, 숙성된 배추김치, 숙성된 오이지 등의 녹색 채소류가 변색되는 것이 이 때문이다. 이러한 변색은 조리 시간이 길수록, 조리 온도가 낮을수록, 조리하는 물의 pH가 낮을수록, 조리하는 물 분량이 적을수록, 클로로필의 함량이 적을수록 쉽게 나타난다.

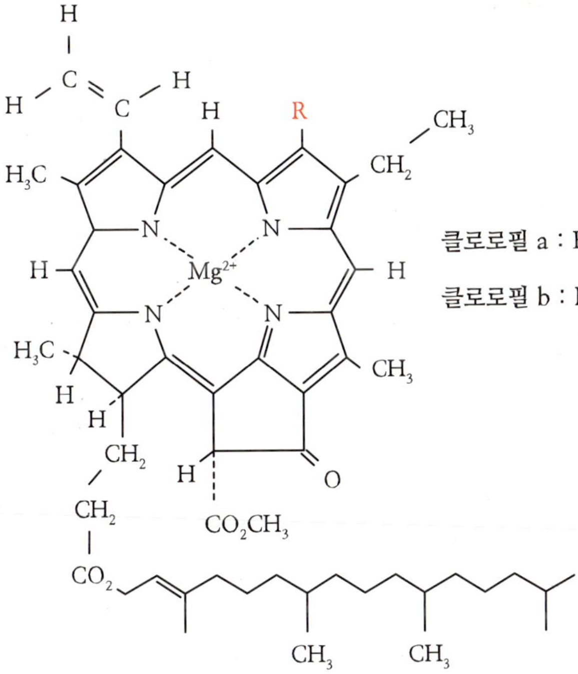

클로로필 a : R = - CH_3

클로로필 b : R = - CHO

그림 7-1 클로로필의 구조

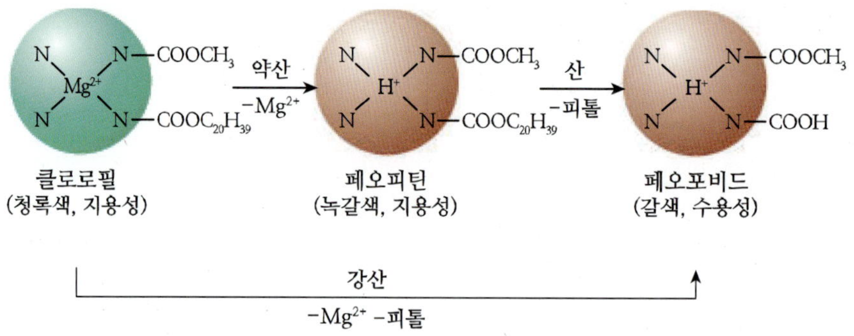

그림 7-2 산에 의한 클로로필의 변화

나) 알칼리에 의한 변화

약한 알칼리 용액에서는 클로로필에서 피톨이 제거되어 짙은 청록색을 가진 수용성의 클로로필리드(chlorophyllide)가 되며, 클로로필리드에 계속해서 알칼리가 작용하면 클로로필에서 메탄올이 제거되어 짙은 청록색의 클로로필린(chlorophylline)이 된다. 그러므로 녹색 채소를 삶을 때 소량의 중조를 넣으면 녹색의 변색을 막을 수 있다. 그러나 과량의 알칼리는 섬유소를 연화시켜 채소의 질감을 나쁘게 하며 비타민 B_1·C를 파괴한다.

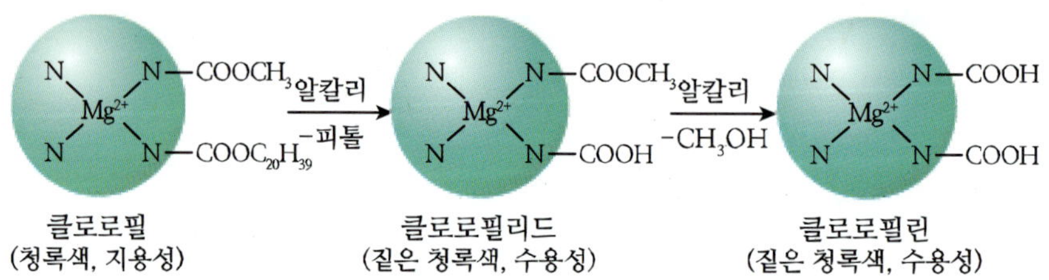

그림 7-3 알칼리에 의한 클로로필의 변화

다) 데치기에 의한 변화

녹색 채소를 데치면 조직 내 공기가 빠져나가므로 클로로필이 표면화되어 색소는 더욱 선명해진다. 채소를 건조 또는 냉동하려고 할 때 변색을 막기 위해서 먼저 데치기도 한다. 이는 식물 조직에 분포되어 있는 클로로필라제(chlorophyllase)라는 클로로필 분해효소를 불활성화하기 위함이다.

② 카로티노이드(carotenoid)-빨간색, 노란색, 주황색 색소

카로티노이드는 물에 녹지 않으나 기름에 녹고, 열에 비교적 안정하며 산·알칼리에 영향을 받지 않아 조리 과정 중에 성분의 손실은 거의 없다. 그러나 산화에는 매우 약하며 공기 중의 산소나 산화효소 등으로 산화되어 퇴색하고, 햇빛은 산화를 촉진시킨다. 카로티노이드는 기름을 사용하여 조리하면 유효 성분의 흡수율이 좋아 영양적인 효과가 있다.

표 7-1 채소와 과일에 함유된 카로티노이드 색소와 급원 식품

분 류	색 소	색 깔	급원 식품
카로틴 (*carotene*)	알파-카로틴(*α-carotene*)	주황색	당근, 오렌지 등
	베타-카로틴(*β-carotene*)	주황색	당근, 오렌지, 노랑 고구마 등
	감마-카로틴(*γ-carotene*)	주황색	당근, 살구 등
	리코펜(*lycopene*)	적 색	토마토, 수박, 자몽 등
잔토필 (*xanthophyll*)	루테인(*lutein*)	주황색	오렌지, 고추, 오이, 녹색 채소 등
	제아잔틴(*zeaxanthin*)	주황색	오렌지, 노랑 옥수수 등
	크립토잔틴(*cryptoxanthin*)	주황색	오렌지, 감, 노랑 옥수수 등

③ 안토잔틴(anthoxanthin)-백색, 담황색 색소

안토잔틴은 우엉, 연근, 양파, 무, 양배추 속, 감자 등에 들어 있는 수용성의 백색(무색)·담황색 색소로 산성에서는 안정하여 선명한 백색을 띠나, 알칼리성에서는 불안정한 황색을 띠며, 산화하면 갈색이 된다. 그러므로 밀가루에 중조를 첨가하여 빵이나 국수, 튀김을 만들면 제품의 색깔이 황색이 된다.

④ 안토시아닌(anthocyanin) - 보라색, 적색 색소

안토시아닌은 가지, 자색감자, 적양배추, 적포도, 검은콩 등에 들어 있는 수용성의 적·자색 색소로 산성에서는 적색, 중성에서는 보라색, 알칼리성에서는 청색을 띤다. 또한 철 이온(Fe^{2+}), 알루미늄이온(Al^{3+}) 등의 금속이온과 결합하면 안정된다. 샐러드를 만들 때 식초를 조금 넣은 물에 적양배추를 담그면 고운 적색을 띠며, 검은콩을 조리거나 가지로 장아찌를 담글 때 쇳조각을 넣어 두면 변색을 방지할 수 있다.

3) 김치류

김치는 우리나라의 고유한 전통적인 채소 발효식품으로 독특한 향미와 뛰어난 영양성을 가지고 있다. 배추나 무, 기타 채소의 주재료에 소금, 고춧가루, 젓갈, 파, 마늘, 생강, 갓, 미나리 등의 부재료를 첨가해서 발효시킨 저장성이 있는 부식으로 그 맛과 식품학적 가치를 크게 인정받고 있다.

(1) 김치의 특징과 성분

① 식욕 증진

김치는 발효 숙성 과정 중에 미생물의 작용으로 생성된 유기산, 알코올, 에스테르 화합물 등에 의하여 특유의 풍미와 부재료로 이용한 젓갈의 감칠맛에 의해 식욕이 증진되고 소화액의 분비가 촉진된다.

② 소화작용 촉진

김치에는 아밀라제(amylase), 프로테아제(protease), 리파제(lipase) 등의 효소가 함유되어 있어서 소화가 촉진된다.

③ 비타민·무기질의 급원

김치의 재료로 쓰이는 배추, 무, 기타 채소에는 비타민 A·B_1·B_2·C 등이 풍부하며, 무기질을 함유한 여러 종류의 젓갈류가 김치 담글 때 첨가되므로 김치는 비타민과 무기질의 급원이 된다.

④ 섬유소의 공급원

김치의 재료들은 모두 섬유소를 다량 함유하고 있으므로 채소가 부족한 계절에 식이섬유소의 좋은 급원이 되며, 특히 장의 운동을 활발하게 하여 변통의 정장작용 효과를 좋게 한다.

(2) 김치 담그기

① 절임

배추를 소금으로 절이는 과정은 김치 담글 때의 첫 단계로 김치의 맛을 좌우하는 중요한 과정이다. 절이는 목적은 수분을 적당히 탈수하고 간을 배게 하는 동시에 배추가 물러지지 않게 하기 위함이다. 소금은 정제염보다 호염으로 절이는 것이 좋은데, 호염 중에는 마그네슘이나 칼슘이 함유되어 있어서 배추의 펙틴질과 결합하여 아삭아삭한 맛을 더해 주어 씹는 맛을 좋게 해준다.

배추의 최종 염도는 3% 정도가 적당하며, 3%의 염농도로 되게 하려면 20%의 식염수에서 3시간, 15% 식염수에서는 6시간, 3%의 식염수에서는 24시간 정도가 적당하다.

② 숙성

김치를 버무려서 공기가 들어가지 않게 꾹 눌러 담고 뚜껑을 덮은 후 그대로 방치해 두면 익어서 김치 특유의 향미가 생긴다. 김치가 익는다는 것은 주재료와 부재료에 함유된 당질, 단백질 같은 고분자 화합물이 효소에 의해 분해되어 저분자 화합물로 된 것이 젖산균과 효모균에 의하여 발효된 후 세포막을 통하여 세포 속으로 서서히 침투해 들어감으로써 배추나 무가 전체적으로 조화된 맛으로 되는 과정을 말하며, 이 과정을 '발효한다 또는 숙성한다'고 한다.

김치 숙성의 진행은 숙성 온도와 소금 농도, 부재료의 종류나 배합 비율과도 관계가 있다. 즉 숙성 온도가 낮을수록, 소금 농도가 높을수록 숙성 기일이 오래 걸린다. 숙성 기일에 더욱 영향을 주는 것은 소금 농도보다는 숙성 온도이다. 대체적으로 숙성 온도가 4~5℃ 전후인 때에 김치맛이 가장 좋다.

김치의 숙성 과정 중 산도가 pH 4.0 정도인 때가 가장 맛이 좋으며, 비타민 B_1 · B_2 · B_{12}, 나이아신 등은 숙성 기간이 경과됨에 따라 증가하여 최고에 달한 후 감소되나 비타민 C는 초기에 일단 감소한 다음 그 후 다시 증가하여 가장 알맞게 맛이 들었을 때 최고의 양을 보인 후 감소되는 것으로 알려져 있다.

표 7-2 배추김치의 최적 숙성 온도와 숙성 기간(일수)

숙성 온도(℃)	소금농도(%)			
	2.3	3.5	5.0	7.0
30	1~2(일)	1~2(일)	2(일)	2(일)
20	2~3	2~3	3~5	10~16
14	5~10	5~12	10~18	13~22
5	35~180	55~180	90~180	-

(3) 김치 보관 시 문제점

김치는 숙성 적기를 지남에 따라 산패 및 연부 현상을 나타낸다. 특히 저장 온도가 높으면 숙성 적기의 기간이 짧아진다. 김치의 연부 현상은 김치가 물러지는 현상으로, 식물의 세포벽에 존재하는 폴리갈락트로나제(polygalactronase)의 작용으로 일어난다.

이 효소는 호기성 산막을 형성하는 미생물이 번식함으로써 활성화되는데, 세포와 세포를 붙여 주는 역할을 하는 펙틴질을 분해하기에 김치가 물러진다.

호기성균은 공기와 접촉함으로써 성장 번식할 수 있으므로 김치를 덜 눌러서 내부에 공기가 존재하든지 또는 김칫국물이 적어 배추나 무가 국물 밖으로 나오면 호기성균이 빨리 번식하여 김치의 연부 현상을 나타낸다. 그러므로 김치를 버무려서 항아리에 담을 때에는 공기가 들어가지 않도록 꾹꾹 눌러 담고, 국물은 충분히 부어 줘야 한다.

2 과일류

과일은 아름다운 색과 모양을 가지며 90% 이상이 수분이고 포도당, 과당, 서당 등의 당분과 사과산(malic acid), 구연산(citric acid), 주석산(tartaric acid), 안식향산(benzoic acid) 등의 유기산이 있어 특유의 단맛과 상쾌한 맛을 주며, 비타민 C, 카로틴, 비타민 B_1·B_2 등의 비타민류 및 칼륨, 칼슘, 철분 등의 무기질이 풍부한 알칼리성 식품이다. 또한 에스테르(ester)류를 비롯한 방향 성분을 많이 가지고 있어 과일 특유의 향기를 가지며 식욕을 돋우어 주지만 수분을 많이 함유하므로 저장하기 어려운 단점이 있다.

과일은 겔을 형성하기에 적당한 양의 펙틴질과 산을 함유하여 젤리, 잼, 마멀레이드 등을 만들 수 있다. 또한, 과일을 발효시켜 과일 특유의 맛을 내는 과실주를 만들 수 있고, 과일에 섬유소가 많아서 정장작용에 효과가 있다.

일부 과일의 세포 속에는 갈변을 일으키는 효소(페놀옥시다제, phenol oxidase)와 단백질 분해효소 등 여러 종류의 효소가 들어 있다. 그 중 배에는 프로테아제(protease), 키위에는 액티니아딘(actiniadin), 파파야에는 파파인(papain), 무화과에는 피신(ficin), 파인애플에는 브로멜라인(bromelain)이라는 단백질 분해효소가 있어 식육의 연화에 큰 효과가 있다.

1) 과일 성분의 특성

(1) 색소

과일류의 주된 색소는 지방에 용해되어 식물세포의 색소체에 존재하는 클로로필, 카로티노이드와 세포액에 존재하는 수용성의 플라보노이드계의 안토시아닌, 탄닌 등으로 여러가지 아름다운 색이 시각적인 즐거움을 주며 식욕을 증진시킨다.

(2) 향미

과일의 향긋한 풍미는 휘발성 화합물의 복합으로 생기며, 각 과일에 불안정한 상태로 소량씩 함유되어 있다. 주로 유기산의 에스테르에 의하며 그 외에 알코올, 알데히드(aldehyde), 테르펜(terpene)류 등의 휘발성 화합물이다.

(3) 유기산

과일의 세포액에는 여러 종류의 유기산이 함유되어 있어 향기와 맛을 주는 주요 성분이 되고 있다. 구연산, 사과산, 주석산, 안식향산 등으로 대부분의 과일은 pH 2.0~4.0 정도이다. 과일은 따뜻한 지방보다 추운 지방에서 생산된 것이 산이 많고, 오래 저장할수록 산이 감소한다.

표 7-3 과일의 종류별 비타민 함량

(100g당)

과일 \ 비타민	비타민 A (I.U)	비타민 B_1 (mg)	비타민 B_2 (mg)	나이아신 (mg)	비타민 C (mg)
감	160~330	0.03	0.03	0.5	30
사 과	15	0.01	0.01	0.1	5
배	0	0.06	0.04	0.1	4
포 도	5	0.06	0.02	0.2	5
딸 기	16	0.40	0.20	0.3	80
바나나	66	0.03	0.05	0.5	10
백 도	33	0.03	0.04	0.5	10
살 구	1100	0.02	0.03	0.8	5

(4) 펙틴질

펙틴질은 세포벽에 존재하며 세포와 세포 사이를 결착시키는 물질로 프로토펙틴(protopectin), 펙틴(pectin), 펙트산(pectic acid)의 3종류가 있다. 과일의 성숙도에 따라 덜 익은 과일에는 프로토펙틴이 함유되어 있으나 과일이 성숙함에 따라 펙틴으로 변하고 너무 익으면 펙트산으로 변한다.

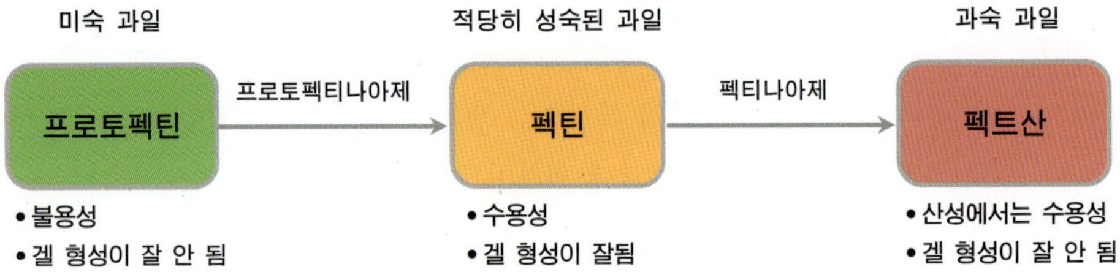

그림 7-4 과일의 숙성 정도에 따른 펙틴질의 변화

(5) 맛

과일에는 과당, 포도당, 서당 등의 당류가 10% 정도 함유되어 있어 단맛을 나타낸다. 과일의 종류나 성숙도에 따라 당의 종류, 함량 등은 다르다. 과일이 성숙함에 따라 전분은 감소하고 당의 함량은 증가하여 단맛도 증가된다. 또한, 과당에는 α형과 β형이 있는데, 과일을 낮은 온도로 냉장 보관하는 것이 α형보다 3배 정도 더 단맛을 지닌 β형을 증가시킬 수 있으므로 더 달게 먹을 수 있다.

(6) 갈변작용

복숭아, 살구, 바나나, 사과와 같은 과일의 껍질을 벗기거나 잘라서 공기 중에 노출시키면 갈색으로 색이 변하는데 이것을 효소적 갈변 현상이라고 한다.

과일의 조직 내에는 갈색 변화를 일으키는 물질, 즉 페놀(phenol)계 등의 기질과 이것에 작용하기 쉬운 페놀옥시다제 등의 산화효소가 존재하는데, 이들이 산소와 결합하면 갈변이 일어난다. 이러한 갈변 현상을 방지하는 데는 효소작용 억제, 산소와의 접촉 방지, 기질 물질의 제거 등이 있다.

① 효소작용 억제

효소는 열에 약하므로 가열 처리로 효소의 활성을 파괴하거나, 희석된 소금물 또는 레몬즙, 오렌지즙·식초와 같은 소금이나 산을 첨가한 수용액에 자른 과일을 담가서 효소의 작용을 억제하여 갈변작용을 방지할 수 있다. 그러나 효소 중에는 구리(Cu), 철(Fe)에 의해 활성화되는 것도 있으므로 철제로 만든 과도는 사용하지 않는다.

② 산소와의 접촉 방지

진한 설탕물에 담그거나 병조림, 통조림으로 만들어 이용하여 산소와의 접촉을 방지한다. 또한, 자른 과일에 설탕을 묻히거나 비타민 C 용액 또는 물에 담가 산소를 차단한다. 비타민 C는 강력한 환원제로 갈변작용을 억제하고 방지한다.

2) 과일의 분류

과일은 식물학상으로 분류하지 않고 과육의 발달된 형태에 따라 인과류, 준인과류, 핵과류, 장과류, 견과류로 분류한다.

(1) 인과류

사과, 배 등과 같이 꽃받침이 발달하여 생성된 것으로 과실의 꼭지와 배꼽이 반대편에 달려 있으며, 중앙부에는 과심이 있고 그 안에 종자가 들어 있다.

(2) 준인과류

감, 감귤류 등과 같이 자방의 발달에 의해서 형성된 것으로 형태상으로는 인과류와 다르지만 인과류와 유사하므로 준인과류라고 한다.

(3) 핵과류

매실, 복숭아, 자두, 살구, 앵두, 대추, 체리, 아보카도, 망고 등과 같이 씨방이 성장 발달한 것으로 내과피가 단단한 핵을 이루고 그중에 종자가 들어 있으며 중과피가 과육을 이루고 있다.

(4) 장과류

포도, 무화과, 딸기, 오디, 파인애플, 바나나 등과 같이 하나의 과실이 하나의 자방으로 된 것으로 중과피와 내과피가 즙이 많은 육질로 구성되어 있다.

(5) 견과류

밤, 호두, 은행, 아몬드 등과 같이 과육이 단단한 껍데기에 싸여 있는 것으로 종자의 자엽부를 먹는다.

3) 과일의 이용

(1) 생과일

과일은 단맛, 신맛, 향미 성분을 함유하고 있으므로 생으로 먹는 것이 가장 좋은 방법으로 성숙 과정에서 살포한 살충제나 먼지 등의 오염물을 흐르는 물에 깨끗이 씻어 위생적으로 처리하여야 한다.

(2) 건조 과일

과일을 건조에 의해 수분 함량을 30% 이하로 감소시킨 것으로 감, 대추, 포도, 무화과 등을 주로 이용한다. 건과에는 열량, 당질, 무기질 등의 함량이 수분의 제거로 생과일에 비해 더 농축되어 있다. 건조 방법에 따라서 비타민 A·B_1·C 등의 함유량이 다르다.

(3) 냉동 과일

대부분의 냉동 과일은 가열하지 않고 설탕 시럽에 넣어 얼린다. -18℃ 이하에서 보존하여야 하며, 그대로 먹을 경우 살짝 녹여야 맛이 있으며, 완전히 녹일 경우 과일이 흐물흐물해진다.

사과나 복숭아 등은 냉동 저장 중이나 해동시킨 후에 갈변하는 경향이 있으므로 비타민 C를 함유한 시럽을 이용하여 산화를 방지함으로 본래의 색을 유지시킬 수 있다.

(4) 과일 통조림

과일을 익혀 밀봉한 것으로 과일의 향과 질감은 조리에 의해 달라질 수 있으며 비타민의 함량도 약간 감소된다. 비교적 저온에서 보관하여야 하며, 22℃ 이상에서 장기간 보관 시에는 품질이 저하된다.

4) 과일과 조리

과일은 포도당, 과당, 서당 등의 당과 에스테르류에 의한 방향과 구연산, 주석산, 사과산 등의 유기산으로 특유의 풍미를 갖고 있어 생식을 더 많이 한다. 그러나 펙틴의 함량이 많은 것은 잼이나 젤리, 마멀레이드 등을 만든다.

(1) 잼(jam)

과일을 으깨거나 썰어서 설탕을 넣고 농축한 것으로, 젤리는 과즙만 사용하지만 잼은 가식 가능 가육 위주로 만들어졌지만 과일 전체를 사용하고 불투명하다. 과일잼을 만들 때 일반적으로 펙틴 함량 1~1.5%, pH 3.0~ 3.4(유기산 0.3%), 당 60~65%의 조건에서 잼이 잘 만들어진다.

(2) 젤리(jelly)

충분한 펙틴과 유기산을 함유한 과즙에 적당한 농도의 설탕을 첨가시켜서 만든 것으로, 펙틴과 산의 함량이 많은 사과, 포도, 딸기, 복숭아 등을 이용하며 연한 과일은 그대로, 단단한 과일은 얇게 썰어 잠길 만큼의 물을 붓고 연해질 때까지 끓여 과즙을 추출한다. 이때 과일의 색, 맛, 향, 산, 펙틴 등이 과즙에 추출된다. 추출된 과즙에 설탕을 첨가하는데 과즙이 끓기 직전에 설탕을 넣어야 단단한 젤리가 만들어진다. 과즙액의 온도가 103~105℃ 정도가 되면 젤리가 형성될 수 있다.

(3) 마멀레이드(marmalade)

젤리와 같은 상태에 잘게 썬 과일 조각과 과일 껍질이 섞여 있는 것으로 오렌지・레몬・자몽・유자 등의 감귤류로 만든다. 마멀레이드를 만들 때는 설탕을 첨가하기 전에 먼저 과일과 물을 넣고 끓인 후 설탕을 넣고 끓인다.

(4) 프리저브(preserve)

과일을 시럽에 넣고 조리하여 연하고 투명하게 된 상태의 것으로, 주로 체리나 앵두, 복숭아 등을 이용한다. 이때 과일 조직이 시럽을 서서히 흡수하게 하기 위하여 물이나 묽은 시럽에서 먼저 조리한 후 진한 시럽에서 조리한다. 처음부터 진한 시럽에서 조리하면 삼투압에 의하여 과일 중의 수분이 빠져나가 과일은 쭈그러지고 단단하며 질겨진다. 프리저브는 과일 전체를 그대로 사용하며 빨리 끓이는 것이 서서히 끓이는 것보다 색과 맛이 좋다.

5) 과일의 조리 시 변화

(1) 조직 및 질감의 변화

과일 조직의 세포 사이를 견고하게 부착시키는 불용성인 프로토펙틴(protopectin)은 가열에 의해서 수용성 펙틴(pectin)으로 되기 때문에 과일은 가열하면 조직이 연하게 된다. 반면 진한 설탕물에 과일을 넣고 가열하면 설탕이 펙틴의 용해를 저해하기 때문에 조직의 연화가 지연되므로 먼저 과일을 물에 끓여서 조직을 연화시킨 후에 설탕을 가해야 한다.

과일은 구성하고 있는 섬유소의 양과 특성에 의해서 독특한 질감을 가진다. 그러나 가열을 하게 되면 섬유소는 연화되고 세포막은 변성되어 투과성을 잃으면서 세포 내의 용질이 조리하는 물에 침출되어 과육은 생기를 잃게 되고, 세포 사이사이 공간에 차 있던 공기는 물과 대치되면서 생과일일 때보다 투명하게 된다.

(2) 향기의 변화

과일의 향기 성분은 주로 휘발성 유기산과 에스테르이므로 오래 가열하면 과일이 지니고 있는 향기를 손실한다. 그러므로 다량의 과일은 일시에 조리하는 것보다는 소량씩 조리하는 것이 향기의 손실이 적다.

(3) 색의 변화

가열 시 과일의 색은 과육의 유기산, 조리하는 물의 pH, 무기질 등에 의한 반응으로 변화한다. 과일 색소 중 안토시아닌계 색소는 알칼리성에서는 청색, 산성에서는 적색 등을 나타내나 가열하면 적색을 잃는다. 또한, 철이온과 반응하면 과육에 검은 반점이 생기거나 퇴색된다. 냉장 처리된 적색 과일은 급히 가열하면 퇴색하는데 이는 서서히 가열하여 세포의 호흡에 필요한 산소를 완전히 소비시킴으로써 선명한 적색을 보존할 수 있다.

(4) 영양가의 변화

가열과 산화에 약한 비타민 C는 영향을 많이 받으므로 단시간 조리하는 것이 바람직하다. 과일 중에는 비타민 C를 파괴하는 효소(ascorbinase, cathecholase 등)가 존재하므로 과일을 으깨거나 잘게 썰면 효소가 더욱 활성화되어 비타민 C의 산화파괴율이 증가한다. 레몬즙이나 식초를 가해주면 효소의 작용을 억제할 수 있으며 소량의 소금(1~2%) 첨가는 갈변을 억제하며 비타민 C의 산화방지에 효과가 있어 비타민 C의 잔존율이 높아진다.

제8장
해조류 및 버섯류

1. 해조류
2. 버섯류

Chapter 08

해조류 및 버섯류

1 해조류

해조류는 서양에서 보다는 동양(한국, 일본, 중국 등)에서 많이 이용되고 있다. 우리나라는 3면이 바다로 둘러싸여 있고 한류와 난류가 교차하는 지역으로 수산물뿐만 아니라 해조류도 다양하여 약 400여 종이나 되며 그 중 약 50여 종이 식용되고 있다.

해조류는 당질을 약 50% 정도 함유하나 대부분 비소화성 복합 다당류로서 사람은 이를 소화시킬 수 있는 효소를 가지고 있지 않으므로 열량면에서의 영양적 가치는 없으나 다량의 식이섬유소로 인해 포만감을 주고 변비를 예방한다.

또한 해조류에는 유리아미노산 함량이 많고 메티오닌, 이소루신, 리신 등은 부족하나 그 외의 필수아미노산은 많은 편이다. 무기질은 요오드 함량이 특히 높으며 칼륨, 칼슘, 나트륨 등도 많이 함유하고 있어 알칼리성 식품에 해당된다. 비타민은 A의 함량이 가장 높고, 비타민 B_1 · B_2 · C, 나이아신 등도 들어 있다.

해조류는 적색의 피코빌린(phycobilin), 황색의 카로티노이드(carotenoid), 녹색의 클로로필(chlorophyll) 등의 색소를 함유하는데 이 색소들의 배합에 따라 색이 달라진다. 즉 해조류는 수중에 있지만 지상식물처럼 광합성에 의하여 생활하므로 가장 깊은 바다에 서식하여 햇빛을 볼 수 없는 홍조류, 그 위의 깊은 바다에는 갈조류, 가장 얕은 바다에는 지상식물처럼 녹색을 띠는 녹조류가 있다.

1) 해조류의 분류

(1) 녹조류

녹조류에는 파래, 청각, 매생이, 클로렐라(chlorella) 등이 있다. 이들은 해수면 가까이 서식하는 조류로서 초록색을 나타내는 클로로필 a와 b를 다량 함유하고, 소량의 카로티노이드를 함유하고 있다.

(2) 갈조류

갈조류에는 미역, 다시마, 톳, 모자반 등이 있다. 베타-카로틴(β-carotene)과 푸코잔틴(fucoxanthin) 등의 색소를 다량 함유하고 있으며, 소량의 클로로필도 함유하고 있다. 또한 세포막에 알긴산(alginic acid)이 다량 함유되어 있어 변비 예방에 효과가 있다.

(3) 홍조류

홍조류에는 김, 우뭇가사리 등이 있다. 홍조류의 붉은 색은 홍색의 피코에리스린(phycoerythrin)이지만 클로로필, 카로티노이드 등에 의해서 녹색이나, 기타 빛깔을 띠는 경우도 있다.

2) 해조류와 조리

(1) 파래

파래의 종류는 15종 정도로 모두가 식용되지만 그 중 가시파래, 잎파래, 청자파래가 주로 이용된다. 파래는 가끔 김양식의 망에 착생해서 김과 섞여서 생육되므로 김과 함께 판에 떠서 혼합김으로 이용되기도 한다. 파래의 향기는 디메틸설파이드(dimethyl sulfide)를 다량 함유하기 때문이고, 그 외에 철, 칼슘, 비타민 C 등을 다량 함유한다. 생파래를 데칠 때는 끓는 물에 살짝 데쳐서 수용성 성분의 손실을 방지한다.

(2) 청각

청각은 감촉이 매끄러우며, 빛깔은 검푸르고, 사슴뿔 모양으로 자란다. 김치 담글 때 넣으면 젓갈이나 생선의 비린내, 마늘 냄새를 중화시켜 뒷맛을 개운하게 해주고 물김치를 담그거나 나물처럼 무쳐서 먹기도 한다.

(3) 매생이

매생이는 파래보다 부드럽고 가늘며 겨울철에 주로 채취된다. 특유의 향과 맛을 지니고 있으며, 칼륨과 철을 많이 함유하고 있다. 주로 굴을 넣어 국으로 끓여 먹는다.

(4) 미역

미역은 우리나라에서 생산량이 가장 많은 해조류로 뿌리, 줄기, 잎의 구별이 확실하지 않고 다만 잎과 뿌리 부분으로 나뉘어진다. 미역은 비소화성 당질 40%, 단백질 10% 정도를 가지며, 알긴산에 칼슘이나 마그네슘이 결합된 염인 알긴(algin), 만니톨(mannitol), 라미나린(laminarin), 헤미셀룰로스(hemicellulose) 등의 다당류를 함유하고 있다.

미역에 함유되어 있는 단백질은 필수아미노산을 골고루 함유하고 있으며, 칼슘, 요오드, 철분 등의 무기질 함량이 특히 높다. 칼슘 함량은 분유와 맞먹을 정도로 들어 있으며 미역의 특유한 냄새는 테르펜(terpene)계 물질에 의한다. 미역의 알긴산은 점질물로 거의 소화되지 않는 성분이나 아이스크림, 면류, 과자, 잼 등에 점성을 주는데 많이 이용되고 있다.

(5) 다시마

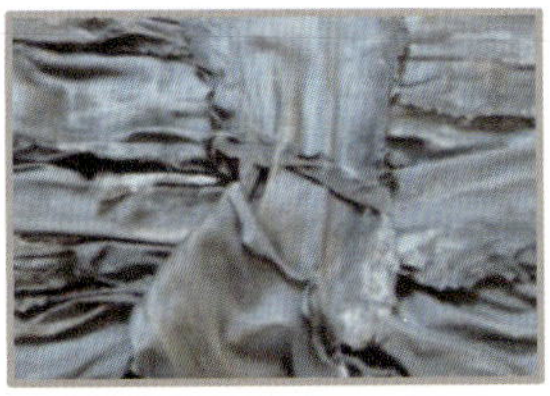

다시마는 여러 종류가 있으며, 줄기의 양쪽에 잎이 밋밋하게 붙어 있다. 잘 말린 다시마는 표면에 하얀 가루가 많이 있는데 이것은 만니톨로 설탕의 60% 정도의 감미를 가진다. 또한 글루탐산(glutamic acid)이 있어 감칠맛을 내나 오래 끓이면 쓴맛이 난다. 다시마는 빛깔이 검고 두꺼울수록 질이 좋은 것이며 차, 부각, 튀각, 조림, 국물용으로 이용된다.

(6) 톳

톳은 봄부터 초여름까지 가장 연하고 맛이 좋다. 지역에 따라 톳나물, 따시래기, 배기 등으로 부르며, 톳밥이나 냉국, 무침, 샐러드 등으로 이용된다.

(7) 김

김의 붉은 색은 피코에리스린이 주가 되나 엽록소, 카로티노이드, 청색의 피코시안(phycocyan) 등도 함유되어 있다. 김은 단백질 33%, 당질 40% 정도를 함유하고 있고, 그 외에 헤미셀룰로스 같은 다당류를 함유하고 있다. 또한 소르비톨(sorbitol), 둘시톨(dulcitol) 같은 당알코올이 함유되어 있어 단맛을 준다. 김의 식욕을 돋구는 독특한 향기는 디메틸설파이드이며, 구수한 맛을 내는 글리신, 글루탐산이 존재한다.

또한 비타민 A·B_1·B_2·C·D 등도 풍부하게 들어 있으며 칼슘, 칼륨, 철, 인 등 무기질도 풍부한 알칼리성 식품이다.

질이 좋은 김은 검은 빛을 띠고 윤기가 나며, 입 안에서 쉽게 풀어지며 맛 성분이 쉽게 용해되어 맛을 느낄 수 있고 향기가 느껴지는 것이다. 겨울철에 생산된 김이 색이나 영양가, 맛, 향기성분 등 품질이 우수하다.

김을 불에 구우면 붉은 색소는 90% 정도, 청색 색소는 80% 정도가 분해된다. 그러나 엽록소는 60% 정도 분해되므로 남은 40%의 엽록소에 20% 정도의 청색색소가 더해져서 구운 김이 선명한 청녹색을 띤다. 김을 구울 때는 여러 장을 겹쳐서 굽는 것이 비타민 A의 손실을 감소시킬 수 있다.

(8) 우뭇가사리

우뭇가사리는 겔(gel)을 형성하는 성질을 가진 식품으로 물에 넣고 푹 고면 한천이라는 다당류를 추출할 수 있다. 한천은 다양한 용도로 활용되지만 식용으로서 한천은 양갱, 잼, 젤리, 우무, 수프, 과자, 푸딩 등의 제조에 이용된다.

3) 해조류의 손질 및 보관

해조류는 채취하여 말린 것과 생것으로 나눌 수 있는데 말린 것은 물에 담가 불렸다가 사용하거나 그냥 먼지만 털어내고 조리하는 경우가 대부분이다. 생것은 연한 소금물에 주물러 씻은 후 찬물에 여러 번 헹구어서 그냥 사용하거나, 끓는 물에 살짝 데쳐서 사용하기도 한다.

미역줄기나 해파리처럼 염장한 것은 소금기를 털어 내고 씻은 후 냉수에 30분 정도 담궈 짠 맛을 뺀 후 조리한다. 또한 김, 미역, 다시마, 마른 파래 등의 건조식품은 오래 보관하면 변질이 잘 일어나므로 눅눅해지지 않도록 건조하고 어두운 곳에 보관해야 하며, 여름철에는 냉동실에 보관한다. 특히 김은 햇빛에 의해서 붉게 변하므로 보관을 잘 해야 하며, 일단 붉은 색으로 변한 김은 구워도 녹색으로 변하지 않는다.

2 버섯류

1) 버섯류

버섯(fungi)은 독특한 향기와 맛을 가지므로 세계 어느 나라에서나 애용되고 있다. 식용버섯은 소나무 등에서 자생하는 자연버섯과 원목, 톱밥, 볏짚 등을 이용하여 재배하는 인공재배 버섯이 있다. 세계에서 가장 많이 생산되고 있는 인공재배 버섯은 양송이버섯이며, 그 다음이 느타리버섯, 목이버섯, 표고버섯 순이다.

버섯은 수분 80~90%, 단백질 2%, 당질 7~8%, 지방 1%, 무기질 1% 정도를 함유한다. 말린 버섯은 단백질 10~27%, 지방 4~5% 정도로 그 성분이 더 농축되어 있다. 또한 비타민 B_1, B_2가 많아 비타민 B 복합체의 좋은 급원이며, 비타민 D_2의 전구체인 에르고스테롤(ergosterol, provitamin D)도 풍부하여 자외선 조사에 의해 비타민 D_2의 효과를 나타낸다. 버섯류는 단백질과 지방함량이 적고 섬유소가 많아서 소화성은 떨어지지만 독특한 향기와 씹는 맛이 있는 저열량 식품이다.

버섯류는 조리 시 그 독특한 향기가 살아나도록 단시간에 씻고, 양념을 적게 사용하고, 열에도 주의해야 한다.

2) 버섯과 조리

(1) 느타리버섯

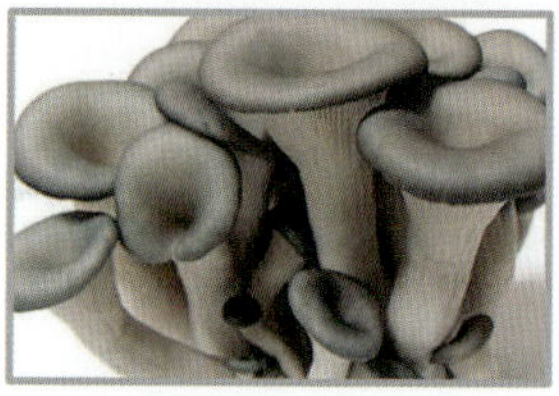

두께가 두껍고 탄력이 있으며, 육질이 부드러운 것이 좋은 것으로 형태가 굴껍질과 비슷하다 하여 '굴버섯'이라고도 한다. 주로 나물, 국, 찌개, 무침 등에 이용되며 소금을 뿌려 굽거나 튀김에도 사용된다.

(2) 노루궁뎅이버섯

약용이나 식용으로 중국에서 오래전부터 쓰였던 것으로 주로 약선요리에 이용되고 있다. 노루궁뎅이버섯이 가지고 있는 약간 쓴맛은 한번 데치면 없어지고 쫄깃하고 담백한 맛을 낸다.

(3) 목이버섯

검은색 목이버섯과 흰색 목이버섯이 있다. 젤라틴질의 귀모양의 버섯으로 말린 것은 많이 수축되고 단단해져 있는 상태이므로 물에 불려서 조리한다. 독특한 씹는 맛이 있어 두부요리, 돼지고기와 잘 어울리며 수프나 볶음, 무침, 잡채 등에 이용된다.

흰 목이버섯은 순백으로 중국에서는 오래 전부터 불로장수의 식품으로 소중히 여겨왔다.

(4) 석이버섯

바위나 돌 등에 이끼처럼 붙어서 자라는 버섯으로 단백질, 칼슘, 인 등이 많이 함유되어 있다. 검은 색의 버섯으로 오색고명 중 검은색을 나타내는데 이용되며 습할 때는 부드럽지만 마르면 부서지기 쉽다. 담백한 맛과 씹는 맛이 좋으며 볶음, 떡 등에 이용된다.

(5) 송이버섯

송이버섯은 독특한 향기를 가진 대표적인 버섯으로 갓이 너무 피지 않은 동자송이가 상품이며 줄기를 만져보아 단단하고 통통하고 짧은 것이 좋다. 송이는 저장성이 없어서 중량 감소, 품질 저하,

변색, 부패되기 쉬우므로 유통시킬 때는 냉장 수송하여야 한다.

9~10월이 제철이며 철이 지나면 건조시키지 않고 냉동시켜 사용한다. 냉동한 송이는 해동시키지 말고 냉동된 상태로 조리해야 한다. 버섯의 향기는 열에 약하므로 단시간에 씻고, 양념도 약하게 하며, 구울 때는 살짝 굽고 찌개나 국, 송이밥 등에는 먹기 직전에 넣어야 송이버섯 특유의 풍미를 살릴 수 있다.

(6) 새송이버섯

수분 함량이 다른 버섯 보다 적어서 저장기간이 길며, 대는 흰색이고, 갓은 연한 회색을 띤다. 송이버섯 대용품으로 개발된 것으로 육질이 뛰어나고 전, 구이, 찌개, 전골 등에 이용된다.

(7) 서양송로버섯(truffle)

프랑스, 이탈리아, 스페인 등의 중부 유럽에 분포되어 있으며, 수확할 때 암퇘지나 개를 훈련시켜 후각을 이용하여 찾는다. 땅속의 다이아몬드라고 불리는 서양송로버섯은 떡갈나무 숲의 땅속에서 자라며, 크기는 호두알만 한 것에서부터 작은 사과 정도의 크기까지 다양하다. 인공 재배가 안되고 생산량도 적어 희소성이 높다. 향이 매우 강하므로 가루를 내어 음식에 뿌려 먹거나 샐러드, 전채요리, 소스, 수프, 고기요리 등에 곁들여 먹는다.

(8) 알버섯(송로버섯)

우리나라와 일본 등 북반구지역에 분포되어 있으며, 바닷가 모래땅의 소나무 숲의 땅속에서 자란다. 맛과 향기가 좋으며, 땅속에서 송로버섯의 표면은 백색이나 땅 위로 꺼내 놓으면 황갈색 또는 적갈색으로 변한다.

(9) 양송이버섯

세계에서 생산량이 가장 많은 버섯으로 향은 매우 약하나 부드러운 맛 때문에 많이 이용된다. 갓이 전혀 피지 않은 것이 좋으며, 갈변되지 않은 뽀얀 흰색에 보송보송한 상태가 신선하며, 물에 닿으면 단단한 식감이 물러지므로 습기가 차지 않도록 신문지로 싸서 냉장고에 보관한다. 주로 샐러드, 수프, 볶음 등에 이용된다.

(10) 표고버섯

비타민 D의 급원으로 널리 이용되어 신선한 것은 생식하지만 대부분은 건조하여 식용한다. 건조 과정 중에 리보핵산이 가수분해되어 정미성분이 되어 구아닐산(guanylic acid)이 많아져서 풍미가 향상된다. 또 물에 불리면 향기성분인 렌티오닌(lentionin)이 생성된다.

말린 표고버섯은 물에 불리는 동안 맛 성분이 상당히 유실된다. 그러므로 성분의 손실을 막기 위하여 미지근한 물에 소량의 설탕을 넣고 단시간 불리는 것이 좋다. 설탕물로 삼투압이 높아지면 버섯 내부와의 농도 차이가 적어지기 때문에 성분의 용출이 늦어진다.

(11) 팽이버섯(팽나무버섯)

자연산 팽이버섯은 팽나무 등의 활엽수의 죽은 줄기 또는 그루터기에서 자라며, 인공재배 팽이버섯은 어두운 실내에서 생육시킨다. 단 향기가 나며 씹는 느낌이 좋아 구이, 찌개, 국, 튀김 등에 어울리지만 너무 오래 가열하면 질겨지므로 조리 시 마지막에 넣는 것이 필요하다.

제9장
유지류

1. 지질(lipid)
2. 지질의 구성
3. 지질의 분류
4. 유지의 일반적 성질
5. 유지의 조리적 성질
6. 식용유지의 종류
7. 조리에 있어서 유지의 역할
8. 유지의 변화

Chapter 09

유지류

1 지질(lipid)

지질은 식물의 열매, 동물의 지방조직 등에 널리 분포되어 있으며 당질과 같이 탄소, 수소, 산소로 이루어진 유기화합물이다.

영양학적으로는 1g당 9kcal로서 당질이나 단백질의 1g당 4kcal보다 훨신 유용성이 큰 중요한 에너지원이며 생체 내에서의 합성이 불가능하여 반드시 섭취해야만 하는 필수지방산과 지용성 비타민의 급원 및 용매로 작용한다. 또한, 섭취 시 Vit A, D, E, K, 카로틴 등의 지용성 비타민의 체내 흡수를 위한 운반, 이용을 촉진할 뿐만 아니라 뇌신경조직이나 일반 세포의 구성 성분으로서 중요한 역할을 한다.

혈압 조절, 진통 촉진의 기능이 있는 국소 호르몬인 프로스타글란딘(prostaglandin)의 합성 소재로 쓰인다.

한편, 리놀산이 풍부한 식물성 기름은 지질의 운반작용에 관여하며 혈중 지질 수준을 조절하여 혈청 콜레스테롤치를 저하시키고 나아가서는 성인병의 예방 및 치료에 기여한다.

또한, 단백질과 비타민의 절약작용을 갖고 있다. 에너지원인 지방, 당질의 섭취가 적을 경우는 단백질이 에너지원으로서 이용되는 양이 많아진다. 반대로 지방의 섭취가 많으면 단백질은 본래의 작용인 체단백질의 합성에 사용되므로 절약작용을 하게 된다. 또 당질의 대사에는 비타민 B_1이 필요하지만 지방이 많은 식사에서는 당질의 섭취가 적어도 되므로 결국 비타민 B_1의 소비를 절약할 수 있게 된다.

2 지질의 구성

식품 중의 지질은 물에는 녹지 않으나 유기용매에는 녹는다. 또한, 지방산(fatty acid)과 글리세롤(glycerol)의 에스테르(ester) 결합인 트리글리세라이드(triglyceride)로서 융점에 따라 상온에서 액상의 기름(oil, 油)과 고체상의 지방(fat, 脂)으로 나누어진다. 이들의 성질은 지방산의 종류 및 함량에 따라 다르다.

글리세롤은 3개의 수산기(-OH)를 가진 3가 알코올이고 지방산은 카르복실기(-COOH)를 가진 유기산으로 지방산의 대부분은 짝수의 탄소를 가지며 지방 분자 속에서 라디칼(radical)로 작용한다.

표 9-1 지질의 지방산 조성

지방산 종류 (탄소 수) / 식품명		포화지방산						불포화지방산					융점 (℃)
		C_{12} 이하	C_{14} myristic acid	C_{16} palmitic acid	C_{18} stearic acid	C_{20} arachidonic acid	C_{20} 이상	C_{16} 이하	$C_{18:1}$ oleic acid	$C_{18:2}$ linoeic acid	$C_{18:3}$ linoenic acid	C_{20} 이상	
동물성 지방	소기름		2.2	23.8	13.0			5.9	46.2	5.1	0.6	1.2	40~50
	돼지기름	0.1	1.5	22.2	12.3			3.5	43.3	14.4			36~45
	고래기름	1.4	6.9	7.1	2.0	0.4		9.0	25.9	1.2		43.5	
	꽁치	0.2	8.1	12.6	2.3	1.5	0.3	6.9	5.9	1.6		35.4	
	뱀장어	0.2	4.3	21.4	3.4	0.5	0.3	10.5	44.3	1.9		12.0	
	다랑어		3.3	16.7	6.8	1.6	2.2	7.0	14.4	3.1	2.0	34.9	
	전갱이		0.9	25.5	6.0	1.7	0.8	13.5	24.9	1.7		16.1	
	참치		5.1	14.9	7.6			12.3	43.0	3.0		12.3	
	고등어		6.6	7.5	2.6	1.4	0.4	5.8	11.4	2.0		51.6	
	난황		0.3	26.7	8.4			3.8	48.9	10.2	0.4		28~35
	버터		9.4	25.5	10.1			5.2	24.3	2.2	2.8		
식물성 기름	쌀		1.0	18.8	1.8				40.9	35.7	2.2	1.0	
	밀배아			7.7	3.8	0.4	4.4		28.1	52.3	3.6		
	옥수수			7.7	3.5	0.4	0.2		45.4		4.9		
	대두			0.2	11.1	3.4		0.4	19.5	51.8	12.3	0.3	
	유채			3.1	1.2				14.7	13.9	15.5	49.8	
	땅콩			11.6	3.2				43.8	34.8		3.4	
	홍화유			7.0	2.6				13.4	76.1			

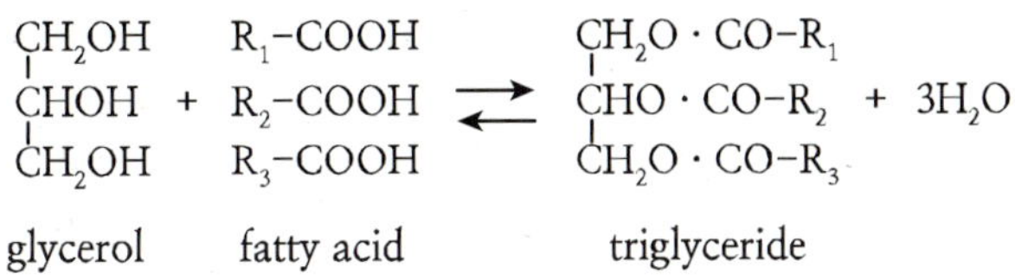

그림 9-1 중성지방

지방산은 분자 중에 이중결합(double bond)이 없는 포화지방산(saturated fatty acid)과 이중결합이 있는 불포화지방산(unsaturated fatty acid)으로 나눈다. 동물성 지질에는 포화지방산이, 식물성 유지에는 불포화지방산이 다량 함유되어 있다. 이중결합이 2개 이상인 것은 다가불포화지방산(polyunsaturated fatty acid, PUFA)이라고 한다.

불포화지방산을 명명하는 방법은 이중결합의 위치를 표시하는 것에 따라 다를 수 있다. 예컨대 리놀산(linoleic acid)의 이중결합의 위치가 탄소 9번과 10번 사이, 12번과 13번 사이의 두 곳에 있다면 따라서 9,12 - octadeca dienoic acid 또는 octadeca-9,12-dienoic acid로 명명한다.

때로는 카르복실기의 반대쪽 끝에 있는 methyl (오메가, ω)기와 관련지어 이중결합의 위치를 표시하는데, 즉 첫 번째 이중결합이 메틸기 쪽의 끝에서 6번째에 있으므로 ω-6 지방산이라고 부른다.

3 지질의 분류

지질은 그 구조에 따라 아래와 같이 분류할 수 있다.

1. 단순지질(simple lipids)

지방산과 글리세롤의 ester이며 유지와 등이 있다.

왁스는 자연계에 광범위하게 분포되어 있으며 체내에서 분해되지 않으므로 영양학적 가치는 없으나 동·식물체의 보호 물질로서 표피에 존재하며 해충이나 미생물의 침입과 수분의 증발 및 흡수를 방지한다. 동물성 왁스는 밀랍과 경랍이 있으며 식물성 왁스는 carnauba wax, japan wax 등이 있다.

2. 복합지질(compound lipids)

단순지질에 다른 성분이 결합된 것으로 인지질(phospholipid), 당지질(glycolipid), 아미노지질(aminolipid), 유황지질(sulfolipid) 등이 있다.

인지질은 한 분자 내 글리세롤과 두 분자의 지방산 이외에 인산과 질산을 함유하고 있으며 뇌, 심장, 신장, 난황, 대두에 많이 함유되어 있다. 종류로는 레시틴(lecithin), 세팔린(cephalin), 스핑고마이엘린(sphingomyelin) 등이 있다. 레시틴은 난황과 대두에 많이 들어 있으며, 친수성이 강하고 물에 잘 분산되어 교질을 형성하는 성질이 있으므로 콩 레시틴은 마가린, 초콜릿, 아이스크림 등에 이용되며 난황 레시틴은 마요네즈의 유화제로써 사용된다.

당지질은 지방산과 sphingosine 및 당질로 구성되어 있으며, cerebroside는 스핑고마이엘린(sphingomyelin)과 함께 뇌와 신경조직에 많이 함유되어 있다.

3. 유도지질(derived lipids)

각 지질의 분해물 및 유도체로서 지방산, 고급 알코올, 스테롤류(sterols), 스쿠알렌(squealene), 카로틴(carotene), 스테로이드(steroid), 탄화수소(hydrocarbon) 등이 있다.

4 유지의 일반적 성질

1. 용해성(solubility)

유지는 극성 용매인 물에는 녹지 않고 에테르(ether), 벤젠(benzene), 사염화탄소, 클로로포름(chloroform) 등과 같은 비극성 유기용매에 잘 녹는다.

글리세롤은 한 분자 내 3개의 -OH기를 가지고 있으므로 수용성이 매우 높고 지방산의 탄화수소, 직쇄상 구조는 물에 대한 친화력이 매우 낮으며 또 카르복실기는 물에 녹지만 에스테르 결합을 이루고 있으므로 소수기인 탄화수소만이 남게 되어 물에 불용성이 된다. 따라서 탄소의 수가 적은 저급지방산은 수용성이나, 탄소의 수가 많아지면 수용성이 저하된다.

동일한 용매에서도 탄소 수가 많은 지방산을 갖는 유지일수록, 불포화지방산을 적게 갖고 있는 유지일수록 그 용해도는 감소한다.

지질의 물에 대한 낮은 친화력은 식품 중의 성분을 보유하게 되는데 이용된다. 즉 조리 과정 중 이들 수용성 성분이 조리용기나 기구에 붙지 않게 하기 위해서 프라이팬에 기름을 두르거나 구울 때 석쇠에 기름칠을 하여 피막을 형성해 주는 것이다.

2. 융점(melting point)

고체가 액체로 변할 때의 온도로서 고형 지방의 함유 비율이 지방산의 직쇄상 결합구조의 길이, 포화도, 이중결합의 형태 및 분자량에 영향을 받는다. 즉 탄소 수가 많을수록 포화도가 높을수록 융점은 높아지고 저급지방산 및 불포화지방산이 많을수록 융점은 낮아진다. 다시 말해서 융점이 낮은 유지는 입속에서 쉽게 녹기 때문에 맛을 느낄 수 있고 소화되기도 쉬우며 혈관에 침착되는 양도 감소한다.

일반적으로 동물성 유지는 탄소의 사슬이 긴 포화지방산의 함량이 많아 융점이 높고, 식물성 유지는 불포화지방산의 함량이 많기 때문에 융점이 낮다.

3. 비중(specific gravity)

지방의 비중은 평균 0.92~0.94로서 물과 함께 존재하면 물 위로 떠오른다. 식용유와 식초로 만든 샐러드 드레싱과 냉국의 기름, 생우유의 크림이 상층에 뜬다.

표 9-2 각종 유지의 비중

종 류	비 중	온 도 (℃)
버터	0.905	40
면실유	0.917~0.918	25
옥수수 기름	0.919~0.921	25
라드	0.931~0.932	25
올리브유	0.916~0.918	15

4. 비열(specific heat)

물의 비열이 1인데 비하여 유지의 비열은 0.47cal/g deg이다. 따라서 유지는 온도가 쉽게 상승하고 쉽게 저하할 수 있으므로 튀김 시 두꺼운 용기의 사용을 권한다.

5. 발연점(smoke point)

발연점이란 유지를 가열했을 때 유지의 표면에서 엷은 푸른 연기가 나기 시작하는 온도로서 연기의 주성분은 아크롤레인(acrolein), 알데하이드(aldehyde), 케톤(ketone), 알코올(alcohol) 등이다. 특히 아크롤레인은 자극성이 강한 냄새와 맛을 가지게 된다. 또한, 유지 가열 시 생성되는 증기와 공기가 혼합되어 점화하는 온도를 인화점(flash point), 인화된 후 연소하는 온도를 연소점(fire point)이라고 한다.

따라서 음식을 튀길 때는 발연점이 높은 유지를 택하고 튀김유가 발연점에 도달하지 않도록 유의한다.

표 9-3 유지의 발연점

기름의 종류	발연점(℃)	기름의 종류	발연점(℃)
면실유	233	올리브유	175
버터	208	낙화생유 I	162
라드	194	낙화생유 II	149
사용한 라드	190	코코넛유	160
콩기름	210	옥수수유	227
피마자유	200	아마인유	160

◐ 발연점에 영향을 주는 인자

(1) 유리지방산(free fatty acid)의 함량

발연점은 기름의 종류에 따라 다르기는 하나 발연점이 높은 유지는 모두 유리지방산 함량이 낮고 발연점이 낮은 기름은 유리지방산 함량이 높다. 기름을 여러 번 반복하여 사용하면 가열할 때마다 유리지방산이 생겨 발연점이 낮아지므로 기름이 타기 쉬워지며 튀긴 음식은 맛이 없어진다.

(2) 그릇의 표면적

동일한 유지일지라도 기름을 담은 그릇의 넓이가 발연점에 영향을 미친다. 그릇의 표면적이 넓을수록 발연점이 낮아져 쉽게 연기를 내므로 음식을 튀길 때는 되도록 좁고 오목한 용기를 사용해야 한다. 용기의 넓이가 1.5인치씩 넓어질수록 발연점이 2℃씩 낮아진다.

(3) 불순물의 혼입

유지에 불순물이 섞여 있으면 발연점이 낮아진다. 그러므로 음식을 튀길 때는 밀가루나 빵가루 등의 튀김옷이 기름에 떨어져서 열에 의해 타게 되어 발연점이 낮아지므로 튀기는 도중 이러한 불순물을 걷어내 주어야 한다. 그리고 일단 사용하고 나면 식힌 후 반드시 걸러서 불순물을 제거해서 사용해야 한다.

(4) 사용 횟수

동일한 유지라도 가열 횟수가 증가함에 따라 발연점이 낮아져 기름이 타기 쉬우며 튀긴 음식은 맛이 없어진다. 한 번 사용할 때마다 발연점이 10~15 ℃ 정도씩 낮아진다.

(5) 유지의 정제도

유지의 정제도나 순도가 낮으면 발연점은 낮아진다. 예컨대 참기름은 향기 성분을 높이기 위해 완전히 정제하지 않기 때문에 발연점이 낮으므로 튀김 유지로써는 적절하지 않다.

(6) 가수분해도

유지의 가수분해도에 따라 발연점이 달라진다.

트리글리세라이드(triglyceride)보다 모노글리세라이드(monoglyceride)나 디글리세라이드(diglyceride)가 열에 의해 더 쉽게 가수분해된다. 예컨대 유화제로 모노·디글리세라이드를 첨가한 쇼트닝을 종종 튀김기름으로 사용하는 경우가 있으나 이는 발연점이 낮아 튀김용으로는 적합하지 않으며, 또한 튀긴 음식이 식었을 때 쇼트닝의 굳힘성으로 인하여 입 안에서의 촉감도 좋지 않게 된다.

6. 점도(viscosity)

유지의 점도는 분자량에 의하여 영향을 받으며 공기와의 접촉 면적이 넓어질수록, 고온으로 가열할수록, 산화 중합되기 때문에 점도가 증가한다.

7. 산가(acid value)

산가란 유지 1g 중에 함유된 유리지방산을 중화하는 데 필요한 KOH의 mg 수로 나타낸다. 유지의 정제가 불충분하거나 사용횟 수가 많거나 오래된 기름은 산가가 높다. 정제 식용유의 산가는 통상 1.0 이하이다.

표 9-4 유지의 산가

유지의 종류	산가	유지의 종류	산가
소 기 름	0.25	팜 야 자 유	10
버터기름	0.45~35.4	낙 화 생 유	0.8
피마자유	0.12~0.80	참 기 름	9.8
코코넛 야자유	2.5~10.0	대 두 유	0.3~1.8
옥수수유	1.37~2.02	평지씨기름	0.36~1.0
면 실 유	0.6~0.9	해바라기기름	11.2
아마인유	1.0~3.5	돼 지 기 름	1.56
올리브유	0.3~1.0	간 유	5.6
동 유	2.0	고 래 기 름	1.9

8. 수소화(hydrogenation)

실온에서 액체인 유지는 수소화에 의해 가소성인 유지로 변환하게 된다. 수소화 과정 동안 이중결합의 수는 감소하여 이동한다. 예컨대 대두유나 옥수수유와 같은 식물성 액체 유지를 니켈의 촉매로 수소화시키면 마가린과 쇼트닝과 같은 고체유를 얻을 수 있다.

5 유지의 조리적 성질

1. 유화(emulsion)

유지는 물에 녹지 않으나 물과 혼합하여 저어주면 일시적으로 분산되지만 교반을 멈추면 비중이 가벼운 기름은 즉시 물 위에 뜨면서 두 층이 형성된다. 이때 유화제가 존재하면 지방구는 미세한 상태를 유지하면서 분산된 상태로 남게 된다. 이처럼 성질이 전혀 다른 두 종류의 액체가 서로 분리되지 않고 잘 분산되어 콜로이드(colloid) 상태로 된 것을 유화(emulsion)라고 한다.

이와 같이 한 분자 내에 친수기와 소수기를 동시에 갖고 있어서 기름과 물에 다 녹을 수 있으며 일종의 계면활성제로서 역할을 하는 물질을 유화제라고 한다. 이는 식품공업에서 광범위하게 이용되며 천연유화제는 레시틴(lecithin), 스테롤(sterol), 모노글리세라이드, 디글리세라이드, 담즙산, 단백질 등이 있으며 합성 유화제로는 솔비톨 지방산에스테르(sorbitan fatty acid ester), 모노·디글리세라이드(mono & diglyceride), 슈크로즈(sucrose), 지방산 에스테르 등이 있다.

유화제의 존재하에서 지방구 또는 물의 안정화는 유화제가 지방구 또는 물의 표면에 흡착되어 일종의 보호막을 만들어 주는 것에 기인한다.

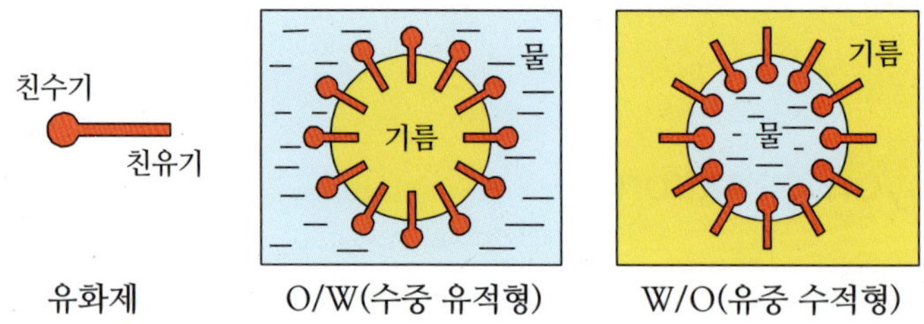

그림 9-2 유지의 유화 형태

유화액에는 우유, 크림, 버터, 난황처럼 지방구가 미세하여 자연적으로 유화 상태에 있는 자연 유화액과 샐러드 드레싱, 각종 소스처럼 기름과 물을 혼합하여 흔들거나 젓거나 하여 인공적으로 유화액을 형성시켜 이용하는 인공 유화액이 있다. 그중 가장 기본이 되는 유화액은 아래와 같다.

1) 프렌치 드레싱(french dressing)

프렌치 드레싱의 주재료는 샐러드 오일과 식초의 비율을 3 : 1로 하는 것이 기본적이지만 식성에 따라 비율을 조절할 수 있다.

표 9-5 프렌치 드레싱의 응용

종류	재료의 분량 (드레싱 100g 기준)	적합한 음식
라비고트 소스 (ravigote sauce)	양파, 파슬리, 피망을 곱게 다져 20%를 섞는다. 녹색을 띠고 신맛이 나는 소스가 된다.	샐러드, 육류, 어류의 냉 음식
서양고추냉이 프렌치 드레싱 (horse-radish french dressing)	서양 고추냉이나 일본 고추냉이를 10% 정도 섞는다.	오이, 셀러리 등의 샐러드
생강 프렌치 드레싱 (ginger french dressing)	생강을 곱게 갈아서 10% 정도 섞는다.	정어리, 고등어, 전갱이 등의 생선요리
토마토 프렌치 드레싱 (tomato french dressing)	토마토를 삶아서 체로 거른 것을 30% 정도 섞는다.	삶은 달걀, 감자, 생선찜
마늘 프렌치 드레싱 (garlic french dessing)	마늘을 곱게 갈아 10% 정도 섞는다.	샐러드, 육류, 어류의 냉 음식
키위 프렌치 드레싱 (kiwi french dressing)	키위를 곱게 갈아 30% 정도 섞는다.	채소 등의 샐러드

이외에도 파인애플, 사과, 딸기 등의 과일을 이용하여 여러 가지 프렌치 드레싱을 만들 수 있다.

2) 마요네즈(mayonnaise)

마요네즈는 난황에 식초와 기름을 넣어서 만든 대표적인 수중 유적형의 유화식품이다. 마요네즈의 일반적인 배합비는 실온에 둔 난황 1개, 샐러드오일 1C, 식초 1t.s, 발효시킨 겨자 1t.s이다. 여기에 소금, 후추, 설탕은 기호에 따라 가감한다.

기름이 주성분이므로 기름은 냄새와 색이 연하며 동유 처리(winterization)한 정제도가 높은 순수한 제품이 좋다. 식초는 마요네즈에 산미를 더해 주고 입에서의 촉감을 좋게 해주며 방부 효과뿐만 아니라 유화를 용이하게 하여 마요네즈를 안정화시킨다. 유화액이 형성된 후에 식초를 넣으면 유화액이 묽어지고 신맛이 강해진다.

조미료로서 소금과 설탕을 첨가하는데 소금은 짠맛의 부여 이외에도 유화를 안정화시키는 역할을 하거나 그 양이 지나치면 오히려 유화를 방해한다. 향신료로는 겨자와 후춧가루를 사용하는데 겨자는 난황의 유화력을 증가시키며 방부의 효과도 있다.

마요네즈 제조 시 분리되는 경우는 ① 처음 넣은 기름의 양이 많았거나 ② 난황의 선도가 낮은 것을 사용하여 유화제로서의 역할을 다하지 못했거나 ③ 기름의 온도가 너무 낮아서 제대로 분산되지 않았거나 ④ 넣는 기름의 양과 젓는 속도의 균형이 잡히지 않았을 때이다.

저장 중에 분리되는 경우는 마요네즈의 보관 온도가 너무 차가웠거나 또는 너무 더운 곳에 두었거나, 마개를 잘 봉하지 않아 공기가 들어간 경우이다.

표 9-6 마요네즈 드레싱의 응용

종류	재료의 분량 (드레싱 100g 기준)	적합한 음식
사우전드 아일랜드 드레싱 (thousand islands dressing)	마요네즈에 토마토케첩 10%, 삶은 달걀 20%, 피클 10%, 양파 10%, 파슬리 2% 정도를 각각 다져 섞어 만든 엷은 분홍색 소스이다.	샐러드, 채소요리
녹색 마요네즈 (green mayonnaise)	시금치, 완두콩 등 녹색 채소를 삶아서 거른 것을 마요네즈에 10~15% 정도 섞어서 만든 녹색 소스	전채요리, 샌드위치, 샐러드
서양 고추냉이 마요네즈 (horse-radish mayonnaise)	마요네즈에 서양 고추냉이 10% 정도 섞어 만든 소스이다.	채소요리, 다랑어, 가다랭이 등의 생선요리
타타르 소스 (tartar sauce)	마요네즈에 삶은 달걀 20%, 양파 10%, 피클 10%, 파슬리 2% 정도를 곱게 다져 섞어 만든 소스	생선 및 고기요리, 튀김요리
크림 마요네즈 (cream mayonnaise)	마요네즈에 거품을 내 생크림 40~50%와 레몬즙을 약간 섞어 만든 소스	담색 채소 요리

분리된 마요네즈를 재생하려면 신선한 난황이나 신선한 약간의 마요네즈(1큰술)에 분리된 마요네즈를 조금씩 첨가하면서 계속 저어준다. 마요네즈를 이용하여 [표 9-6]과 같이 여러 가지 소스를 만들 수 있다. 이외에도 안초비, 겨자, 고추냉이, 들깻가루, 인삼가루 등을 섞어 응용한 독특한 고유의 드레싱을 만들 수 있다.

유지의 미세한 입자가 물속에 분산되어 있는 수중유적형(O/W)과 유지 속에 물이 분산되어 있는 유중수적형(W/O)이 있다. 전자는 우유, 생크림, 아이스크림, 마요네즈, 잣죽 등이며 후자는 버터나 마가린을 들 수 있다. 조리에서 가장 많이 이용되는 유화제는 난황과 대두, 인지질인 레시틴이다. 수중유적형(O/W) 유화는 수분이 증발되어 분리되는 경우에는 연속상인 물을 가해주고 교반해 주면 다시 유화 상태로 돌아간다.

2. 크리밍성(creaming prorperty)

버터, 마가린, 쇼트닝과 같은 고형 지방을 교반해 주면 속에 공기가 들어가면서 부드러운 크림 상태로 되는데 이러한 성질을 크리밍성이라 한다. 이는 버터크림이나 파운드케이크의 제조 시 이용한다. 기름 양에 비하여 공기를 많이 품는 유지일수록 크리밍성이 크며 마가린이나 쇼트닝은 지방 입자가 작으므로 크리밍성이 크다. 또한, 크리밍성이 큰 유지일수록 밀가루 제품의 팽창을 돕고 품질도 향상된다.

크리밍은 온도에 의해서도 변화되므로 최적 온도에서 크리밍해 주어야 한다. 버터는 20℃, 쇼트닝은 25℃에서 가장 좋은 크리밍성을 나타낸다. 또한, 크리밍해 주는 시간이 부족하거나 지나치면 케이크의 부피는 작고 경도가 높아진다.

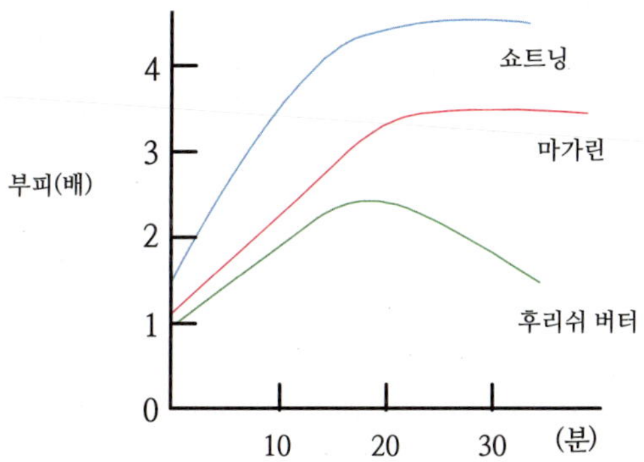

그림 9-3 유지의 종류와 크리밍성

3. 튀김(frying)

튀김은 유지가 열전달 매체로서 물의 비점보다 더 높은 온도까지 가열될 수 있으므로 물에서보다 조리 시간이 짧고, 동시에 단단한 식품의 조직을 연하게 해주며 풍미와 색을 증진시켜 식욕을 돋우어 준다.

튀김은 유지를 주로 150~200℃의 발연점 이하의 온도에서 가열 조리하는 방법으로 식품 중의 수분과 기름의 교환 반응에 의하여 탈수, 흡유 등에 의해서 독특한 맛을 내며 영양가의 손실도 적다. 튀김이 잘된 것은 우선 튀김옷이 질기지 않고, 두껍지 않으며 기름이 되도록 적게 흡수되어 있어야 한다. 이러한 튀김을 만들기 위해서 다음과 같은 조건이 필요하다.

1) 튀김옷의 재료

(1) 밀가루

튀김옷이 얇고 질기지 않으려면 글루텐 함량이 낮은 박력분을 사용하는 것이 바람직하다. 글루텐은 물을 빨리 흡수하며 흡수된 물은 글루텐망 구조 내에 결합되어 있어서 튀김 시 물의 증발이 곤란하여 탈수되기 어렵다. 글루텐이 너무 많으면 튀김 시 물과 유지의 교환이 적게 일어나게 되어 튀김옷이 두꺼워지고 질겨지며 내부 재료에서 수분이 증발하지 못하므로 바삭하게 튀겨지지 않는다. 따라서 중력분을 사용할 경우에는 밀가루의 10~15%를 전분으로 대치하여 박력분과 비슷한 비율로 글루텐 함량을 희석시키는 것이 좋다. 튀김옷은 주로 밀가루를 사용하거나 쌀가루, 전분을 섞어서 사용하기도 한다.

(2) 달걀

튀김옷을 만들 때 밀가루를 물로만 반죽하는 것보다 물의 1/4~1/3을 달걀으로 대체하면 튀김이 연해지고 맛도 향상된다. 달걀은 물에 쉽게 용해되고 단백질과 지질이 존재하므로 글루텐의 형성이 잘 안 되며 단백질이 열에 의해서 응고될 때 수분을 방출하므로 튀김이 더욱 바삭하게 튀겨진다.

(3) 중조

튀김 시 튀김옷에 중조를 0.2% 정도 첨가하면 가열에 의하여 탄산가스(CO_2)가 발생되면서 동시에 수분도 다량 증발되고 튀김옷의 표면적을 넓혀 주어 기름과 물의 교환이 더욱 잘 일어나게 되어 가볍게 튀겨진다. 달걀을 넣었을 때보다 튀김옷이 다소 단단해지는 경향이 있다.

(4) 설탕

튀김옷에 설탕을 넣으면 고온에서 캐러멜화 반응이 일어나 튀김옷의 색이 적당하게 갈색으로 변하여 식욕을 증진시킨다. 또한, 첨가한 설탕이 글루텐을 군데군데 짧게 끊어버림으로써 물의 증발을 용이하게 하므로 튀김옷이 연해지고 바삭바삭하게 된다.

(5) 물

밀가루 반죽에 글루텐이 생기는 양에 영향을 미치는 것으로 물의 온도가 중요하다. 일반적으로 수온이 15℃ 정도이면 글루텐이 쉽게 수화되지 않고 글루텐 형성도 잘 안 되어 자유수가 많고 튀길 때 탈수가 잘되므로 빨리 떠오르고 연하게 튀겨진다.

한편 튀김옷의 농도가 너무 묽으면 튀길 때 풀어지고 너무 되면 두껍고 질겨짐으로 밀가루 무게의 1.7~1.8배의 물을 사용하는 것이 알맞은 농도의 튀김옷이 된다.

(6) 튀김옷의 종류

① 서양식 튀김옷

서양식 튀김옷은 과실을 튀길 때와 육류나 어패류를 튀길 때 사용된다. 과실을 튀길 때는 프리터(fritter)라고 하여 달걀의 흰자를 거품이 나도록 저은 것에 체로 친 밀가루, 우유, 버터, 소금, 베이킹파우더를 넣고 반죽하여 사과, 바나나, 오렌지, 파인애플 등의 과일을 담가서 튀겨낸다. 반면 육류나 어패류는 튀길 때는 프라잉(frying)이라고 하며 튀길 재료에 마른 밀가루를 묻힌 후 잘 풀은 달걀에 담갔다가 부드러운 빵가루를 묻혀서 튀겨 내는 것이다. 이는 재료의 신선도도 중요하지만 빵가루의 부드러운 정도가 품질을 좌우한다.

빵가루는 2~3일 경과한 식빵을 부스러뜨려서 굵은 체로 친 것이 가장 좋다. 빵가루는 튀기기 직전에 묻혀야 폭신하게 잘 튀겨진다.

② 일본식 튀김옷

덴뿌라라고 하며 밀가루를 물에 타서 재료에 씌워서 튀기는 방법이다. 튀김옷의 점도가 낮을수록 가볍게 튀겨지므로 되도록 박력분을 사용하고 글루텐의 형성을 방지하기 위하여 물은 얼음물을 사용한다. 생선을 튀길 때에는 대개 달걀을 섞는데 달걀과 얼음물의 비율은 물 5~6에 대해 달걀 1이 적합하다. 밀가루와 액체를 섞을 때에는 액체에다 체로 친 밀가루를 넣고 굵은 나무젓가락으로 가볍게 섞는다. 이 반죽을 오래 저으면 밀가루 단백질이 글루텐을 많이 형성하여 튀김옷이 질겨진다. 튀김옷의 농도는 박력분일 경우 밀가루 1에 대하여 물 1.5(중량), 중력분일 경우 1:1.7~1.8이 적당하다.

③ 중국식 튀김옷

녹말가루와 밀가루를 물과 전란(全卵)에 섞어서 만들거나 거품을 일으킨 난백(卵白)에 밀가루와 녹말가루를 섞어서 반죽하여 튀기는 두 가지 방법이 있다. 중국식 튀김옷은 우선 녹말가루를 섞어서 글루텐이 많이 형성되는 것을 방지하고 달걀을 섞음으로써 단백질의 응고로 인하여 탈수를 쉽게 하려는 과학적인 방법이다.

④ 한국식 튀김옷

튀김이라는 조리법은 원래 우리나라에서 많이 이용되지 않는 조리법이다. 튀각이라 하여 주로 마른 재료에 옷을 입히지 않고 튀겨 내는 것으로 튀긴 음식은 바삭바삭하고 맛이 농축되어 더 좋아진다. 대개 말린 작은 생선이나 다시마, 미역 등을 이 방법으로 튀긴다.

한편 부각은 찹쌀풀을 쑤어 재료에 발라서 건조시킨 후 튀겨 내는 조리법이다. 감자, 김, 다시마, 참죽, 깻잎, 쑥 등은 이 방법으로 튀기는데 사찰에서는 일종의 저장 음식으로, 민가에서는 술안주나 밥반찬으로 많이 이용하였다.

(7) 튀김옷 만들기

튀김옷을 반죽할 때는 글루텐이 최소 생성되도록 하여야 한다. 즉 밀가루에 물을 붓고 젓가락으로 저을 때 밀가루 덩어리가 조금 남아 있을 정도로 섞는다. 덩어리가 하나도 없이 매끈하게 반죽하게 되면 글루텐이 형성되어 튀김이 질겨진다. 반죽한 직후 재료를 담가 집어 올려 여분의 튀김옷을 적당히 떨어뜨린 후 튀기며 튀기는 중간 중간 찌꺼기를 건져내야만 깨끗한 기름을 유지할 수 있다. 반죽한 후 시간이 경과하면 글루텐이 생성되므로 반죽은 즉석에서 해야 한다.

2) 튀김기름의 종류

튀김기름은 무엇보다 발연점이 높은 액체유를 사용하는 것이 중요하다. 일반 식용유보다 한 번 더 정제한 샐러드유가 발연점이 높다. 흔히 고체유인 쇼트닝을 튀김유로 사용하는데 이때 쇼트닝은 유화제로 모노 또는 디글리세라이드가 첨가되어 있다.

이들은 열에 의하여 쉽게 분해되어 발연점을 낮추므로 튀김용으로 적합하지 않다. 또한, 쇼트닝으로 음식을 튀겼을 때 식으면 다시 고체화하므로 입 안에서의 질감이 떨어진다.

3) 튀김기름의 온도와 시간

튀김 음식은 재료의 종류에 따라 튀기는 온도가 달라진다.

포테이토칩(potato chip)이나 생선을 그대로 튀길 때와 같이 탈수를 목적으로 할 때에는 재료에 튀김옷을 씌우지 않거나 전분을 약간 발라서 튀겨야 한다.

반대로 재료의 수분을 증발시키지 않음으로써 질을 유지하고 또 다량의 수분으로 인하여 그 음식 고유의 맛을 유지하려고 할 때에는 수분이 많은 튀김옷을 입혀 열의 내부 재료까지 전달되어 재료는 익으면서 튀김옷의 수분만이 증발하도록 해야 한다.

(1) 튀김기름의 온도

기름의 온도가 너무 낮으면 재료로 기름이 많이 스며들어 가고 수분의 증발이 일어나지 않으므로 튀겨 놓은 음식이 질척거린다. 반대로 기름이 너무 뜨거우면 속이 익기 전에 겉이 탄다.

가장 적당한 튀김 온도는 180℃ 정도이다. 기름에 재료를 넣으면 온도가 내려가므로 튀김기름의 양이 적거나, 한 번에 너무 많은 양을 넣으면 온도가 다시 올라오는데 시간이 걸려 튀긴 후 질척거린다. 따라서 한 번에 4~5쪽 이상 튀기지 않도록 한다.

그리고 200~250℃짜리 온도계를 준비하면 실수하는 일이 없다. 튀김 시 적온(適溫)을 알기 위해서는 온도계를 사용하는 것이 정확하지만 온도계가 준비되지 않았을 경우는 튀김옷을 기름에 조금 넣어 떠오르는 상태로 온도를 판단할 수 있다. 기름의 온도가 150~160℃일 경우는 튀김옷이 냄비 밑까지 일단 가라앉았다가 떠오르고, 170~180℃일 경우는 냄비의 중간까지 가라앉았다 떠오르며 190~200℃ 정도에서는 바로 떠오른다.

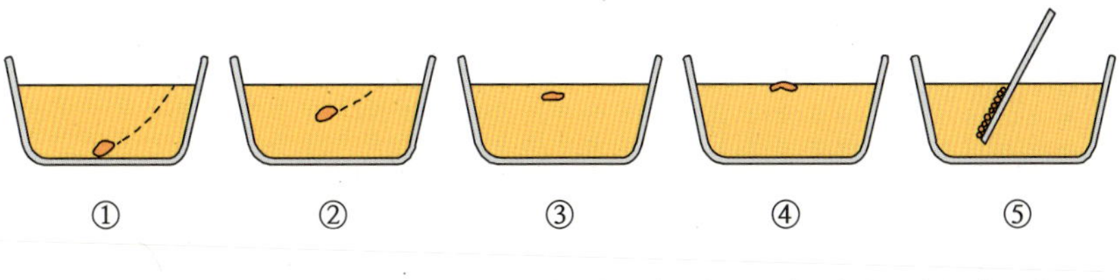

① 160℃ 이하 : 바닥까지 가라앉았다가 천천히 떠오른다(깻잎, 파슬리, 미츠바, 도넛, 프리터).
② 170~180℃ : 중간 정도까지 가라앉았다가 떠오른다(일반 튀김, 프라이).
③ 190℃ : 아주 조금 가라앉았다가 떠오른다(오징어, 패류, 크로켓).
④ 200℃ : 가라앉지 않고 표면에 흩어진다(크루톤, 해초).
⑤ 젓가락에 거품이 일어나면 170℃이다.

그림 9-4 튀김기름 온도 측정법

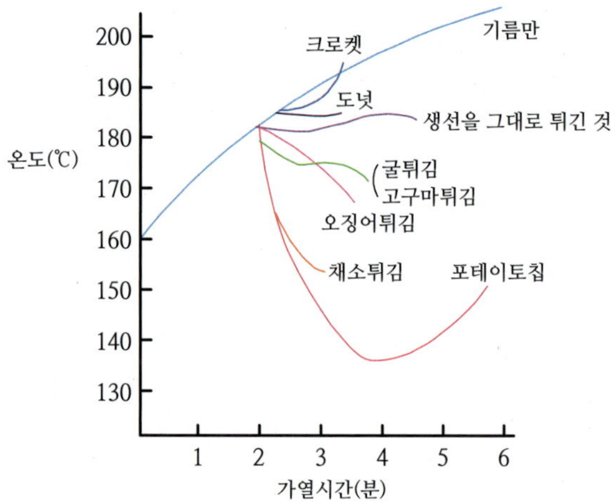

그림 9-5 음식을 튀길 때 기름의 온도 변화

표 9-7 음식의 튀김 시 최적온도와 시간

조리의 종류	온도(℃)	시간(분)
어패류의 튀김(튀김옷 입힌 것)	180~190	1~2
고구마, 감자, 연근 두께 0.7cm(튀김옷 입힌 것)	160~180	3
굴튀김(빵가루를 씌운 것)	180	2~3
커틀렛(빵가루 씌운 것)	180	3~4
닭튀김(마른 밀가루를 씌운 것)	180	7~8
크로켓	190~200	1~1.5
도넛	180	3
포테이토 칩	130~140	8~10
생선튀김(마른 밀가루를 씌운 것)	140~150 180(두 번째)	5~10 30초

4) 튀김기름

튀긴 음식은 입에 넣었을 때 가볍고 바삭바삭해야 하는데 실내온도에서 고체 기름인 돼지기름이나 쇼트닝을 튀김기름으로 사용할 경우 튀긴 음식이 식으면 입에 넣었을 때 고체 기름의 끈적하고 무거운 느낌이 들므로 반드시 식물성 기름을 사용해야 한다.

기름은 튀김 이외에 볶음이나 지짐에도 사용되며 볶음이나 지짐을 할 때 기름을 프라이팬에 얇은 층으로 가열함으로써 기름의 산패가 급격하게 일어나 이때의 과산화물가(POV)는 [표 9-8]과 같다.

표 9-8 얇은 층의 기름 가열 시 과산화물가(POV)

가열 시간(초)	가열 전	30	60	120
POV	1	97	104	189

다시 말해서 기름을 얇은 층으로 5분간 가열했을 때의 산패도는 180℃에서 10시간 이상 튀김 시 가열했을 때와 맞먹는다고 한다. 따라서 볶음이나 지짐 시 프라이팬에 기름을 먼저 넣고 달구지 말고 프라이팬을 뜨겁게 달군 후 기름을 넣고 재빨리 재료를 넣어 처리하면 산패도는 훨씬 떨어질 수 있다.

5) 기름의 관리

기름에 식품을 튀기면 식품에서 떨어진 여러 가지 불순물과 지방의 열분해로 인하여 생긴 물질들 때문에 기름의 색이 차차 갈색으로 변한다.

이와 같이 산화된 기름에서 음식을 튀기면 색이 검어질 뿐 아니라 맛과 질이 떨어진다. 기름의 산화가 심하면 건강을 해치는 수가 있다. 더구나 어패류에는 고도의 불포화지방산이 존재하는데 튀기는 과정에서 이들 지방산이 튀김기름으로 용출되어 기름의 산화를 촉진한다. 따라서 튀김기름은 여러 번 사용하면 안 된다.

4. 쇼트닝성(shortening)

밀가루에 유지를 혼합하여 반죽하였을 때 더욱 부드럽고 연해지는 것은 물에 용해되지 않는 지방이 밀가루 단백질인 글루텐 표면에 흡착된 수분 위에 얇은 막을 형성하거나 작은 덩어리로 흩어져서 글루텐이 길게 성장하거나, 형성된 글루텐이 서로 맞닿아 단단하고 질긴 망상구조를 형성하는 것을 방해하기 때문이다.

이와 같이 유지가 글루텐을 짧게 한다는 뜻에서 쇼트(short)라는 말을 사용하고 이러한 용도로 사용하는 유지를 쇼트닝(shortening), 쇼트닝성의 능력을 쇼트닝 파워(shortening power)라고 한다.

쇼트닝성은 쿠키, 크래커, 비스킷, 파이 등의 제조에 요구되는 성질로서 케이크나 도넛, 쿠키 같은 반죽에는 유지를 비교적 적게 넣어 이들 음식을 연하게 하고 파이나 크래커 같은 음식에는 유지를 많이 넣고 물을 적게 넣으므로 켜가 많이 생기고 아삭아삭해지게 한다.

1) 쇼트닝 파워에 영향을 주는 요인

소량의 액체 기름을 맑은 물에 떨어뜨리면 일정한 넓이를 덮을 때까지 즉시 퍼지고 일정한 넓이를 덮은 후에는 그 이상 더 퍼지지 않는다.

기름이 물 위에서 퍼지는 이유는 지방을 구성하고 있는 글리세롤에 존재하는 OH기가 물에 끌리기 때문이다. 만일 지방 분자의 전부가 물에 끌리면 기름은 물에 용해될 것이다. 하지만 지방에는 소수기인 메틸기(CH_3)를 비롯한 탄소의 사슬이 많기 때문에 물에는 절대로 용해되지 않는다. 반대로 지방에 OH기나 COOH기와 같은 친수기가 전혀 없다면 지방은 물에서 쉽게 분리할 수 있을 것이다.

지방에는 친수기가 조금 존재하므로 액체 유지는 물에 완전히 용해되지도 않고 완전히 분리하기도 힘들다. 이 때문에 기름을 물에 떨어뜨리면 물 표면에 즉시 넓게 퍼진다. 기름이 물위에서 얼마나 넓은 면적을 덮는가가 기름의 쇼트닝 파워이다. 밀가루 반죽에서는 첨가된 지방이 반죽 안에 형성된 글루텐 표면에 흡착되어 있는 수분 위에 퍼져서 막을 형성하기 때문에 글루텐 분자 상호 간의 결합을 방해한다.

(1) 지방 자체의 성질

모든 불포화지방산은 같은 길이의 포화지방산보다 더 넓은 면적을 덮는다고 한다. 이는 탄소 사이에 있는 이중결합이 물에 의하여 끌려 물과 접촉되어 공중에 뜬 포화지방산보다 넓게 퍼질 수 있기 때문이다.

지방의 가소성(plasticity)은 외부의 응력이 어느 크기를 넘을 때는 응력을 제거하여도 원상태로 회복되지 않는 성질을 말하며 이는 쇼트닝 능력과 관계가 깊은데 돼지기름인 라드와 식물성유를 수소 처리하여 고체로 만든 쇼트닝과 같이 유연성 있는, 즉 모양을 형성할 수 있는 지방에는 고체 유지와 액체 유지가 함께 섞여 있다. 유지의 약 70~85%가 액체이고 15~30%가 고체이다. 액체유의 함량이 높은 유지가 가소성이 더 큰 유지이며 밀가루 반죽 내에서 글루텐의 표면에 보다 쉽게 또한 더 넓게 퍼지는 성질을 가지고 있으므로 쇼트닝 능력이 더 크다고 할 수 있다.

(2) 기름의 양

기름의 종류, 기름의 온도, 반죽의 정도, 반죽에 함유되어 있는 다른 물질의 종류와 양과 같은 여러 가지 조건이 같을 때에는 기름의 양을 증가시키면 쇼트닝 파워는 증가된다. 불포화도가 높은 지방산을 많이 함유하고 있는 식물성 유지가 포화지방산을 많이 함유하고 있는 동물성 유지보다 쇼트닝 파워가 크더라도 식물성유를 소량 넣었을 때보다는 동물성 유지를 다량 넣었을 때 쇼트닝 파워가 더 커진다. 따라서 크래커나 파이 껍질에 다량의 유지를 첨가하면 켜(crust)가 많이 생기고 도넛이나 약과 같이 튀기는 음식일 경우는 쉽게 부스러지게 된다.

(3) 기름의 온도

고체 유지나 액체 유지 모두 온도에 의하여 유동성이 달라진다. 즉 온도가 낮으면 고체 지방은 더 단단해지고 액체 유도 질어져서 잘 흐르지 않게 된다. 반대로 온도가 높아지면 고체 유지는 부드러워지고 액체 유지도 유동성이 높아져서 물과 비슷한 속도로 흐르게 된다. 밀가루 반죽 내에서도 기름의 온도가 낮으면 잘 퍼지지 못하고 한데 뭉치기 때문에 쇼트닝 파워는 낮아지고 기름의 온도가 높으면 밀가루 반죽 내에서 쉽게 더 넓게 퍼져서 글루텐의 표면을 덮어 쇼트닝 파워는 커진다. 이 경우는 음식은 연해지고 켜도 많이 생기게 된다.

(4) 반죽의 정도

연고체 유지를 설탕과 함께 저어서 크리밍을 하거나 마른 밀가루에 그대로 넣고 잘라 작은 덩어리로 만들거나 또는 연고체 지방을 젓거나 물리적 힘을 더해주면 유지는 더 부드러워지고 밀가루 반죽에서 더 잘 퍼진다. 반죽의 쇼트닝 파워는 크리밍(creaming), 커팅(cutting)

과정을 거친 후 밀가루와 우유를 넣고 반죽하는 과정에 의해서 크게 영향을 받는다. 이때 크리밍을 철저히 하여 기름이 골고루 섞이게 하면서 공기가 많이 들어가서 튀길 때 잘 부풀 수 있도록 한다. 또한, 크리밍 한 것에 밀가루와 우유를 넣고 섞는 것이다.

(5) 밀가루 반죽에 넣는 다른 물질의 영향

밀가루를 재료로 하여 만드는 음식은 밀가루뿐만 아니라 지방, 설탕, 우유, 달걀, 소금, 베이킹파우더 등을 넣어서 만든다. 특히 달걀은 쇼트닝 파워에 영향을 미치는데 달걀은 묽은 반죽에서 지방과 섞여 유화액을 형성할 가능성이 있는데 이는 달걀노른자가 유화제의 역할을 하여 수중유적형의 유화액을 형성하도록 돕기 때문이다. 다시 말해서 유지의 일부가 유화액을 형성하면 쇼트닝 파워는 감소한다. 액체 유지는 유동성이 크므로 고체 유지를 사용했을 경우보다 달걀 첨가에 의한 쇼트닝 파워의 감소는 현저하다.

6 식용유지의 종류

식용유지는 식물의 종자나 배아에서 분리하여 탈검, 탈산(중화), 탈색, 탈취, 동유 처리 등의 처리를 하여 만든다. 참기름, 들기름, 올리브유를 사용하여 볶거나 그대로 압착하여 사용한다. 원료에 따라 채취, 정제하여 그대로 사용하는 경우와 그것을 가공하여 2차 제품으로 만들어 사용하는 경우가 있다. 튀김용 샐러드유, 우지, 돈지, 콩기름, 참기름, 유채유, 면실유, 미강유, 올리브유 등은 전자의 예이고 버터, 마가린, 쇼트닝 등은 후자의 예이다.

1. 동물성 유지

(1) 우지(beef tallow)

우지는 소의 내부 지방조직을 낮은 온도로 녹여 얻은 것으로 32℃에서 수일간 방치하면 액체

의 올레오 오일(oleo oil)과 고체인 올레오 스테아린(oleo stearin)으로 분리된다. 올레오 오일은 올레오 마가린, 비스킷, 크래커 등의 제조에 쓰이고, 올레오 스테아린은 다른 지방과 섞어서 쇼트닝이나 특수한 마가린 제조에 이용한다.

우지를 60~65℃의 물로 용출하여 정제한 것을 가용성 우지(edible fat)라고 하는데 이는 특유의 풍미를 가지며 유리지방산 함량이 1.5% 이하이다. 아주 질이 낮은 우지는 비누나 세척제의 원료로 쓰인다.

(2) 라드(lard, 돼지기름)

라드는 돼지의 복부나 다른 지방조직으로부터 얻어지며 가정에서 식용유지로 가장 먼저 사용되었다. 라드의 품질은 돼지의 사료, 용출 처리 과정 및 지방조직의 부위에 따라 달라지며, 질이 좋은 라드는 색이 희고 냄새가 나지 않고 콩팥이나 복부 부위의 지방이 이에 속한다. 특히 복부 부위에서 얻어진 지방은 풍미가 온화하고 산가는 0.8 이하로 베이컨 제조에 주로 이용된다. 일반적으로 융점은 우지보다 낮다.

라드는 다른 유지보다 쇼트닝성(shortening power)이 크고 음식을 부드럽게 하는 힘이 크기 때문에 예전에는 제과용으로 많이 이용되었으나 요즘에는 식물성 기름으로 만든 쇼트닝이 더 많이 이용되고 있다. 또한, 라드는 다른 유지에 비하여 발연점이 낮기 때문에 튀김용의 기름으로는 부적당하고 크리밍성이 약하여 케이크 등에 사용하는 것은 바람직하지 않다.

(3) 어유(fish oil)

어유에는 물고기에서 얻어지는 기름으로 EPA, DHA와 같은 이중결합이 5~6개가 있는 고도불포화지방산이 다량 함유되어 있다. 따라서 자동 산화가 대단히 쉽게 일어나기 때문에 어유는 직접 식용유지로 사용되지 못하고 수소를 첨가한 경화유로 만든 다음에 사용한다.

어유와 고래기름 등은 이용 가치가 높은 마가린, 쇼트닝을 제조하는 데 쓰이며, 고등어유는 우유 등에 DHA의 식품첨가물로써 이용되기도 한다.

(4) 버터(butter)

버터는 우유를 원심 분리하여 얻은 상층의 크림을 살균하여 지방 분해효소인 리파제(lipase)를 불활성화시키고 대부분의 미생물을 사멸한 다음 혼합 세균 배양으로 발효 숙성시킨 후 교반하여 만든 우유 중 지방을 주성분으로 한 유제품이다.

교반 과정을 통하여 수중유적형 유화액(O/W emulsion)이 유중수적형 유화액(W/O emulsion)으로 전환되며 이때 지방 덩어리에서 유지방이 분리되어 나오면 물로 세척하고 균일하게 착색시켜 가열한다. 소금을 2% 정도 첨가하기도 하며 최종 제품의 지방 함량은 80~85%이다.

버터의 풍미는 디아세틸(diacetyl), 초산(acetic acid), 프로피온산(propionic acid) 등에 의한 것으로 특유의 풍미가 기호도를 높여서 각종 조리에 많이 이용되고 있다. 또한, 버터는 비타민 A의 좋은 급원식품으로서 소화율이 97%에 이르며, 색소는 우유지방 카로틴(carotene)에 의한 것으로 그 함량은 소의 품종이나 사료의 종류에 따라 달라질 수 있다.
버터의 점성과 조직감은 크림의 지방산 함량과 냉각, 교반 방법 및 과정에 따라 결정된다.

표 9-9 식용유지의 분류와 구성 지방산 및 용도

유지의 분류와 종류		주로 함유된 지방산	용 도
식물성유	대두유	*oleic acid, linoleic acid*	튀김, 볶음, 구이, 샐러드
	옥수수유	*oleic acid, linoleic acid*	튀김, 샐러드, 볶음, 구이
	해바라기씨유	*oleic acid, linoleic acid*	튀김
	참기름	*oleic acid, linoleic acid*	튀김, 양념
	미강유	*oleic acid, linoleic acid, palmitic acid*	튀김, 샐러드, 볶음, 구이
	채종유	*oleic acid linoleic acid*	튀김, 샐러드
	야자유	*lauric acid, palmitic acid*	튀김, 제과
동물성유	돈지	*stearic acid, palmitic acid*	튀김, 제과
	우지	*stearic acid, palmitic acid*	튀김, 제과
	버터	*oleic acid, butyric acid caproic acid*	볶음, 구이, 제과, 식탁
	간유	고급 불포화 지방산	약용, 건강식품용

표 9-10 용도에 따른 유지의 종류

유지의 용도	유지의 종류
튀 김	대두유, 채종유, 면실유, 참기름, 미강유, 낙화생유, 쇼트닝, 돈지
볶 음	버터, 마가린 및 식물성유
구 이	버터, 마가린 및 식물성유
샐러드	올리브유, 대두유, 채종유, 면실유, 미강유, 옥수수유 등을 정제한 것
제 과	버터, 마가린, 쇼트닝, 돈지, 우지
식 탁	버터, 마가린
양 념	참기름, 대두유, 면실유

2. 식물성 유지

(1) 대두유(soybean oil)

대두유는 세계에서 가장 많이 생산되고 있는 기름으로 대두는 미국, 브라질, 중국에서 재배되고 있으며, vitamin E(tocopherol)이 100mg%나 함유되어 있어 미용과 노화 방지의 효능이 큰 것으로 알려져 있다.

대두유에 함유되어 있는 불포화 지방산류는 콜레스테롤과 중성지방의 체내 침착을 저해하는 것으로 알려져 있다. 정제된 대두유는 연한 황색으로 풍미가 온화하나 조성 지방산 중 변향(reversion flavor)의 원인 물질인 리놀렌산(linolenic acid)의 함량이 높아 이취 현상(off-flavor)이 나타난다. 변향을 억제하고 저장 기간을 늘이기 위하여 리놀렌산 함량이 낮은 품종은 개량하여 재배하고 있으며 또한 대두유는 마가린과 쇼트닝의 원료로 이용된다.

(2) 옥수수유(corn germ oil)

옥수수유는 배아를 분리하여 압착하고 용매로 추출한 것을 정제하고 동유 처리(winterization)하여 왁스 성분을 제거한 것이다. 동유 처리란 옥수수유, 면실유, 콩기름 등을 7.2℃까지 냉각시켜

고체화된 지방을 여과한 것이다. 동유 처리하게 되면 융점이 높은 지방을 제거하였으므로 냉장온도에서도 기름이 혼탁하지 않아 샐러드유로 많이 이용된다. 그리고 마요네즈 중 결정이 형성되기 시작하면 유화액이 분리되는 현상 등을 막을 수도 있다.

옥수수유는 조리용, 튀김유, 샐러드용으로 이용되며 마가린, 쇼트닝, 마요네즈의 원료로 이용되고 있다.

(3) 미강유(rice bran oil)

미강유는 쌀의 도정 중에 나오는 부산물인 미강(7~8%)의 지질(14~18%)에서 추출되는 기름으로 별도의 경작이 필요없이 우리의 식생활 환경에서 쉽게 얻어질 수 있다는 점과 국내 생산 식용유의 자원개발이라는 점에서 미강유에 대한 인식이 날로 높아지고 있다. 현재 현미유라는 제품명으로 생산되고 있다.

그러나 도정 후 미강 자체에 함유된 효소에 의하여 변패가 쉽게 일어나며 다른 식물유에 비하여 왁스, 검질(gum) 등을 다량 함유하고 있다. 합리적인 수집 체계, 적절한 착유 및 정제기술의 개발로 리놀렌산(linolenic acid) 함량을 낮추고 있다. 지질의 천연 항산화 물질인 토코페롤(tocopherol), 오리자놀(oryzanol)이 함유되어 있으므로 산패를 지연시킬 수 있다.

한편, 미강유 중의 오리자놀은 항산화작용뿐만 아니라 방취, 방부작용도 있으므로 건강증진을 돕는 건강식품, 약품, 천연식품 첨가물로서 각광을 받고 있다.

(4) 면실유(cotton seed oil)

인도가 원산지며 목화는 섬유용으로 재배하고 부산물로 얻어지는 종실을 유지 원료 및 단백사료로 이용한다. 면실유는 정제되기 전에는 암적색을 띠며 불쾌한 냄새가 나고 강력한 항산화력이 있으나 독성이 강한 페놀성 물질인 고시폴(gossypol)을 함유하고 있으므로 반드시 정제해서 사용하여야 한다.

면실유의 주요 지방산인 리놀렌산을 부분 경화하여 그 양을 감소시켜 변향을 줄이고 산화안정성을 높여 튀김유나 쇼트닝 재료로 이용된다. 또한, 고형 지방을 분리 및 제거하는 동유처리과정을 행하여 샐러드유 및 일반 조리용으로 널리 이용되고 있다.

(5) 유채유(rape seed oil, canola oil)

유채유에는 천연의 배당체는 해롭지 않으나 그 분해물이 영양적 해를 주는 에루신산(erucic acid, C22 : 1)이 50% 정도 함유되어 있다. 이에 육종학적으로 에루신산의 함량이 5% 이하인 품종을 개발한 것이 카놀라유(canola oil)이다. 우리나라에서도 최근 에루신산 함량이 2% 이하인 카놀라유를 생산하고 있다.

유채는 제주도에서 다량 재배되고 있으며 어린 잎과 줄기는 식용 및 사료로 쓰이고 종실에서 착유한 카놀라유는 올레인산 함량이 보통의 유채보다 높으며 샐러드유, 쇼트닝, 마가린의 제조에 이용되고 있다.

(6) 참기름(sesame oil)

참깨는 우리나라뿐만 아니라 인도, 중국, 아프리카 전 지역, 멕시코 등에서 재배된다. 45~55%의 지방질이 함유되어 있고 단백질, 당질, 비타민 A, B_1, B_2, C 등이 풍부하다.

참기름은 항산화성이 있는 토코페롤과 세사몰(sesamol)을 함유하고 있어 산화방지 역할과 향미를 부여하며 저장성이 좋은 반건성유이다. 세사몰은 고소한 맛과 향을 주며 세사몰린(sesamolin)으로부터 가수분해되어 생성된다.

(7) 코코넛유(coconut oil), 팜유(palm oil)

코코넛유는 열대식물인 코코넛을 건조시켜 수분 함량을 50%에서 10% 이하로 줄인 것이다. 이때 건조하여 부수어 놓은 코코넛 배유를 코프라(copra)라 하며 전 세계에 코코넛유의 재료로 판매되고 있다. 코코넛유는 상온에서 반 고형 상태이나 입속의 온도에서 녹으며 마가린, 제과용 등의 원료로 사용된다.

팜은 아프리카, 인도네시아, 말레이지아, 나이지리아 등에서 주로 재배되며 팜유는 카로틴 함량이 0.02~0.2%로 진한 오렌지 적색을 띤다. 팜씨에서 얻어지는 팜 커넬유(palm kernel oil)와 팜과육에서 추출되는 palm oil이 있다.

팜 커넬유는 중간사슬의 포화지방산 함량이 높은 데 비해 팜유는 포화지방산과 불포화지방산과의 비율이 거의 동일하게 함유되어 있다. 팜유는 생산성과 경제성이 우수하며 앞으로도 그 증산이 가능하므로 대두유와 더불어 세계 2대 유지로서 이용이 기대된다.

(8) 올리브유(olive oil)

올리브나무 열매에서 압착한 기름으로 지방산의 조성은 올레산(oleic acid) 83%, 리놀산

(linoleic acid) 39%의 불건성유이다. 발연점이 낮고 독특한 향과 색이 있어 샐러드 드레싱, 무침 등으로 이용된다.

올리브유는 산도에 따라 등급이 나뉘어진다.

① 엑스트라 버진(extra virgin) : 산가 1% 미만으로 최상급의 올리브를 처음 짜내 올리브의 향과 색을 그대로 간직한 순수한 기름으로 샐러드, 드레싱 등의 열을 가하지 않는 요리에 주로 사용한다.
② 파인 버진(fine virgin) : 산가 2% 미만으로 엑스트라버진을 짜고 남은 올리브를 한 번 더 짜낸 기름으로 일반 요리에 사용한다.
③ 레귤러 버진(regular virgin) : 산가 3.3% 이하의 기름으로 맛이 좋음
④ 퓨어(pure) : 엑스트라 올리브오일과 정제된 올리브오일을 혼합하여 순도가 떨어지며 식용유처럼 사용한다.

(9) 들기름(perilla oil)

들깨의 종자에서 짠 기름으로 지방산의 조성은 리놀렌산(linolenic acid) 63%, 올레산(oleic acid) 14%, 리놀산(linoleic acid) 13%의 건성유이다. 발연점이 낮아 부침용, 소스 등의 비가열 조리에 적합하며 오메가3지방산으로 건강에 아주 유익하다.

(10) 포도씨유(grape seed oil)

포도씨에서 추출 정제한 기름으로 지방산의 조성은 올레산(oleic acid) 25%, 리놀산(linoleic acid) 65%, 팔미트산(palmitic acid) 8% 리놀렌산은 거의 없는 반건성유이다.

발연점이 높아 튀김 등의 가열 조리에 안전하고 기름 특유의 향미가 없어 모든 조리에 적합하다.

3. 가공유지

1) 마가린(margarine)

1869년 프랑스의 화학자 Mege Mouries에 의해 발명되었는데 마가린은 희랍어의 진주를 뜻하는 'margarite'에서 그 이름을 따서 명명하였다. 버터 대용품으로 보다 싼 값으로 버터와 비슷한 지방을 얻을 목적으로 만들어졌다.

원료는 면실유, 대두유 등 식물성유를 96% 사용하고 그외 라드, 올레오 오일(oleo oil) 등의 동물성유를 혼합하며, 마가린 역시 버터와 성분이 같도록 80%의 지방과 약 20%의 수분을 함유하도록 규정하고 있으며 그 영양가는 버터와 유사하고 소화, 흡수가 용이하도록 유화되어 있다. 이들의 원료 유지는 융점이 그 계절에 적합한 온도가 25~30℃ 정도이며 이외에 식염, 유화제, 보존료, 산화방지제, 향료, 착색료 등이 혼합되어 있다. vit A·D, β-carotene을 강화시켜 맛과 색, 영양가를 높인 강화 마가린뿐만 아니라 필수지방산인 리놀산(linoleic acid), 아라키돈산(arachidonic acid)과 같은 필수지방산을 많이 함유한 옥수수유, 해바라기씨유 등을 사용하여 만든 연질의 소프트 마가린도 시판되고 있다. 이것은 매우 부드럽고 불안정하기 때문에 냉장이 필요하고 취급하기 까다롭지만 종래의 경질 마가린보다 좋은 반응을 얻고 있다.

마가린의 제조는 먼저 식물성 유지를 탈지 및 탈색, 수소 처리하여 적당한 경도를 가진 고형 지방으로 만든 후 저온 살균하고 발효한 탈지유를 혼합하여 교반한다. 여기에 적당량의 소금을 첨가하고 수분을 제거시킨 후 포장한다. 버터의 사용량이 감소하고 있는데 비하여 마가린의 소비가 현저히 증가하고 있는 것은 마가린의 가격이 저렴할 뿐만 아니라 품질도 개선되고 식사에서 콜레스테롤 함량을 줄이려는 노력이 부합되기 때문이다. 열량을 줄인 diet 마가린은 종래 stick 마가린보다 2배 이상의 물을 함유하며 지방 함량은 39~41%이다. whipped 마가린은 stick 마가린에 거품을 기계적으로 혼입시켜 부피를 증가시킨 것으로 동일한 부피당 생성되는 칼로리량이 stick 마가린보다 적다.

2) 쇼트닝(shortening)

쇼트닝은 마가린이 발명되고 약 10년 후 라드 대용품으로 미국에서 만들어졌다. 동물성 유지와 수소 처리한 식물성 유지를 혼합하여 만든 compound 쇼트닝과 식물성 유지에 수소

를 첨가하여 만든 쇼트닝이 있다. 이는 마가린처럼 수분을 함유하지 않고 정제유지 100%로서 제조되며 그 원료인 배합유지와 다른 점은 급랭으로 반죽되어 가소성이 부여된다는 것이다. 쇼트닝은 제과, 제빵에 쓰이고 이 용도로 상용될 때 질소가스는 제품의 가소성(plasticity)을 강화하고 도우(dough) 중에 분산한 가스, 미립자를 바탕으로 발효 CO_2가 모이기 때문에 빵의 질이 좋고 제품의 외관을 좋게 한다. 쇼트닝에 이용되는 유지는 대체로 마가린의 원료에 사용되는 기름과 같다.

쇼트닝의 특징은 무미, 무취, 무색이고 쇼트닝성, 크리밍성이 크기 때문에 빵, 쿠키, 비스킷, 케이크 등에 보편적으로 이용된다. 이외에도 산화에 대한 저항력이 크고 밀가루 반죽 때 효과적인 유화제 작용을 하고 또 라드 특유의 냄새가 나지 않는 장점 등이 있다.

3) 땅콩버터(peanut butter)

견과류로 만든 유일한 butter이다. 볶은 땅콩에 소금을 첨가하고 갈아서 만든다. 기름이 분리되지 않게 하기 위하여 안정제를 첨가하며 식탁용이나 제과용으로 많이 이용된다.

4. 기능성 유지

건강기능성 식품으로 대표적인 것은 다가불포화지방산(polyunsaturated fatty acid, PUFA)의 일종인 EPA(eicosapentaenoic acid, C20 : 5), DHA (docosahexaenoic acid, C22 : 6) 등이다. 이들은 종실유나 생선간유 등에 많이 존재하며 세포막 구성 물질, 뇌세포 기능 증진, 피부병 예방, 체지방 용해 등의 작용으로 동맥경화를 예방하는 것으로 알려져 있다.

최근 지방산 중 특별한 기능성 식품 소재로서 각광을 받고 있는 공액화 리놀산(conjugated linoleic acid, CLA)이 관심의 대상이 되고 있다. CLA는 원래 반추동물의 제1위 내 미생물이 불포화지방산을 포화지방산으로 전환시키는 수소화 과정(hydrogenation) 중의 대사산물로써 생성된다. CLA는 소고기, 우유 및 유가공품 동물성식품에서 발견되었는데 대부분의 단백질 유래 성분이 열변성 과정을 거쳐서 돌연변이 유발물질로 변화하는 것에 비하여 소고기 육류의 열변성 과정을 거친 분획 중에는 항돌연 성분이 있으며 전체 지방산 조성 중 0.2~0.5%로 아주 소량 함유되어 있다.

리놀산이 풍부한 홍화유, 해바라기씨 등을 사용하여 만들어진 CLA의 주요 이성체는 cis-9, trans-11 및 trans-10, cis-12 isomer가 1 : 1.2 정도의 비율로 함유되어 있다. 자연적으로 축산식품에 존재하는 CLA는 주로 cis-9, trans-11 isomer가 많이 함유되어 있다.

대부분의 동물성 식품이 각종 성인병과 암 발생의 주요 원인 인자로 간주되는 것에 반하여 CLA는 오히려 피부암, 유방암, 대장암 등의 암 예방 효과 및 면역계 증진, 체지방 감소 및 체성분의 조성 변화 가능, 당뇨병 및 심혈관계 질환의 치료 효과 등이 탁월하다고 보고되고 있는 획기적인 유지의 발견이다. 따라서 합성된 CLA는 앞으로 건강식품용 소재로서 음식에서의 활용이 기대된다.

7 조리에 있어서 유지의 역할

유지는 조리 과정에서 다양하게 이용될 수 있는 성질을 가지고 있다.

1) 부드러운 맛의 첨가

음식을 볶는다든가, 양념해서 굽는다든가, 튀긴다든가, 상추를 마지막 헹굴 때 참기름을 한 방울 떨어뜨리고 헹군다든가 또는 나물을 무칠 때 기름을 넣으면 음식이 부드럽고 매끄러워지며 때에 따라서는 구수한 유지미를 낸다.

2) 향미의 첨가

참기름과 버터는 특유의 향미를 가지고 있어서 소량이나마 조리할 때 첨가하면 만든 음식의 향미를 돋운다.

우리나라에서는 나물을 무칠 때, 고기를 굽거나 찜을 할 때 또는 감자, 고구마, 마른 생선 등을 조릴 때 참기름을 넣는다. 참기름의 향미 성분은 휘발성이므로 조리의 마지막 단계에서 참기름을 첨가해야 강하게 향미를 돋을 수 있다.

버터는 서양 음식을 만들 때 빵에 바르거나 채소를 볶을 때 사용하여 음식의 향미를 돋운다.

3) 음식물의 용기에 부착 방지

단백질이나 전분 함량이 높은 식품을 프라이팬이나 mold같은 용기에서 가열하면 단백질은 즉각 변성, 응고되고 전분은 호화되므로 활성기가 외부로 노출되어 용기와 반응을 일으켜 음식물이 들러붙기 쉽다. 이때 용기 안쪽에 적당량의 기름을 바르면 음식물과 용기 사이에 기름막이 형성되어 음식물이 들러붙지 못한다.

4) 열전도체로서의 작용

물은 상압에서 가열하면 100℃에 도달했을 때 끓기 시작하며 계속 가열해도 온도는 올라가지 않으며 물만 증발한다. 반면 기름은 가열하면 쉽게 온도가 올라가고 가열을 계속하면 물과는 달리 100℃ 이상으로 온도가 올라가서 어느 온도에 달했을 때 푸른 연기를 내기 시작한다. 이 온도를 발연점이라고 하는데 이 온도는 기름 분자가 열에 의하여 분해되기 시작하는 온도이다.

기름의 발연점은 기름의 종류에 따라 다르나 일반적으로 정제된 기름은 200℃가 넘는다. 그러므로 200℃ 이하의 온도에서 식품을 조리하면 단시간 내에 익어 음식이 되므로 좋은 열의 전도체라고 말할 수 있다. 그러므로 세계 각국에서는 기름에 튀기는 조리법이 널리 이용되고 있다.

8 유지의 변화

1. 가열에 의한 변화

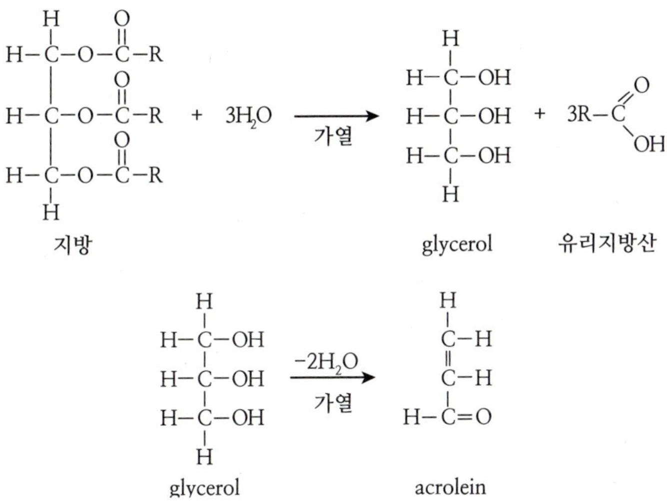

그림 9-6 아크롤레인(acrolein)의 생성 과정

(1) 중합(polimerization)

중합은 지방 분자가 농축됨으로써 보다 큰 지방 분자를 형성하는 것이다. 이러한 현상은 유지를 사용해서 조리할 때 어떤 온도에서도 일어날 수 있다. 중합이 일어나면 유지의 점성이 높아지고 영양가의 손실이 발생하며 특히 불포화도가 높은 기름이나 튀김용으로 반복하여 사용한 기름에서 중합이 흔히 발생한다.

(2) 산화(oxidation)

산화는 유지가 공기와 접촉하여 일어나는 변화로 튀기는 작업 등의 높은 온도에서 촉진되며 영양 가치가 떨어진다.

(3) 가수분해

물과 지방이 반응하여 유리지방산과 유리글리세롤을 형성하는 것으로 음식을 튀기기 위해 기름을 고온으로 가열할 때 나타나는 현상으로 유리글리세롤이 분해하여 점막 자극작용을 가진 아크롤레인(acrolein)이 생성된다. 기름은 거품이 나고 색이 짙어지며 강한 냄새가 심하게 나게 된다.

(4) 거품

튀김 시 냄비 주위에 비교적 큰 거품이 생기기 시작하고 그릇의 벽 쪽에 작은 거품이 많이 생기기 시작하여 음식을 꺼낸 후에도 한동안 거품이 없어지지 않으면 기름이 피로하게 시작된 증거이다. 기름이 차차 피로해지면 음식을 기름에 넣었을 때 작은 거품이 기름의 전면에 퍼지면서 부글부글 끓어오르고 음식을 꺼낸 후에도 거품이 한동안 없어지지 않는다.

이것은 기름이 완전히 피로한 증거이고 이 거품을 지속성 거품이라고 한다. 작은 거품이 계속해서 많이 일어나는 것은 기름을 가열하는 중에 생긴 산화 중합물이 축적되었기 때문이다. 기름의 피로는 기름의 면적이 넓을수록, 가열 온도가 높을수록 쉽게 일어난다.

(5) 점도

온도를 달리하면서 대두유를 가열하였을 때 점도의 변화와 음식을 튀김기름에 넣었을 때, 작은 거품이 일기 시작한 시점을 표시한 것이 그림 9-7과 같다. 화살표는 잔거품이 일기 시작한 때를 나타낸다. 가열 시간이 증가할수록 점도가 높아지고 또한 작은 거품이 생기기 시작하는 시간이 빨라져 기름의 피로가 쉽게 온다.

기름을 가열하면 지방 분자들이 결합하여 긴 사슬을 만들어 중합체를 형성하므로 기름의 점도가 증가하고, 불포화지방산은 고리 화합물을 형성함으로써 거품을 일게 하므로 튀김기름은 적온을 유지하고 필요 이상으로 온도를 올리지 않게 하는 것이 바람직하다.

(6) 산패

산패(rancidity)란 지방을 장기간 저장했을 때 산소, 광선, 효소, 미생물, 금속 등의 작용에 의해 불쾌한 냄새, 착색, 맛의 지하 등이 일어나 는 유지의 품질저하 현상을 말한다. 산패는 그 원인에 따라 가수분해에 의한 산패, 외부의 나쁜 냄새를 흡수함으로 일어나는 산패, 산화에 의한 산패 등으로 나눌 수 있다.

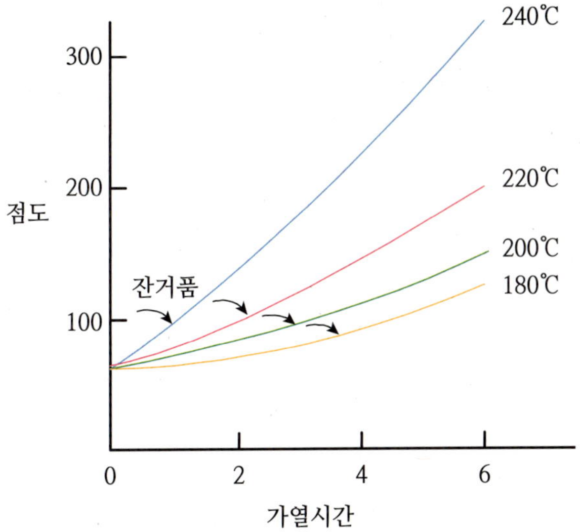

그림 9-7 가열 시간에 따른 대두유의 점도 변화

① 가수분해에 의한 산패

가수분해에 의한 산패는 식품 중의 리파제(lipase) 또는 미생물에 존재하는 lipase 등에 의한 경우로 산화에 의한 것보다 드문 변화이다. 지방이 물과 접촉하는 동안 triglyceride가 화학적으로 가수분해되거나 효소에 의하여 가수분해되는 경우이며 육류, 육류 가공품, 냉동식품 등의 저장과 관계가 깊다.

저급지방산인 butyric acid, caproic acid, capric acid 등 휘발성 지방산을 생성하기 때문에 나쁜 냄새가 난다. 또 리파제는 곡식의 저장 중에 도 지방을 가수분해시킨다. 가수분해성 산패가 진행되면 다른 좋지 않은 냄새 변화가 동시에 일어난다.

② 케톤(ketone) 산패

곰팡이가 분비하는 효소의 작용으로 유리 저급지방산이 되고, 케톤산을 거쳐 탄소 수가 적은 메틸케톤($RCOCH_3$)이 생겨 산패취를 낸다. 수분, 단백질, 지방을 적당히 함유한 버터, 치즈, 육제품 등에서 일어난다.

③ 산화에 의한 산패

유지가 공기 중의 산소에 의하여 산화되면 하이드로퍼옥사이드(hydroperoxide)가 생성되어 유지의 산화가 서서히 시작되면서 반응이 자동적으로 진행되기 때문에 이러한 산화를 유지의 자동산화(auto oxidation)라고 한다. 일반적으로 자동산화에 의한 산패를 산화에 의한 산패라고 한다.

2. 유지의 산패에 영향을 미치는 인자

(1) 온도

온도가 낮으면 모든 화학반응은 속도가 저하되므로 유지의 산패를 방지할 수 있다.

(2) 효소의 작용

① 지방질의 가수분해효소에 의해 유리지방산을 형성하고 이들 유리지방산은 일부 휘발성을 가지고 있어서 유지에 비정상적인 냄새와 맛, 유지의 자동산화를 촉진한다.

② Lipoxidase는 유지의 자동산화를 촉진한다. Lipoxidase는 linoleic acid, linolenic acid, arachidonic acid, ester에는 작용하여 산화시킬 수 있지만 oleic acid에는 작용하지 않는 특이성이 있다.

(3) 공기의 양

소량의 공기만으로도 유지는 산패된다.

(4) 지방산의 불포화도

지방산의 불포화도가 크면 클수록 유지의 산패는 더욱 활발하게 일어난다.

(5) 광선

광선 및 자외선에 가까운 파장의 광선은 유지의 산패를 강하게 촉진시킨다.

(6) 항산화제

항산화제란 식용유지나 식품 중의 지방질 성분의 산화를 억제하여 주는 물질로서 산화에 의한 향미 성분의 감소 및 지용성 비타민류의 파괴 등 영양 성분의 피해를 일정 기간 방지할 수 있다. 식물성 기름은 천연 산화방지제를 함유하고 있으므로 산패를 일으키기가 어렵다.

유지에 존재하는 대표적인 천연 항산화제로는 동식물체에 널리 존재하는 토코페롤류(VitE, tocopherols), 아스코르브산(VitC, ascorbic acid)와 인지질의 하나로서 대두유와 옥수수유에 있는 레시틴(lecithin), 참깨기름의 세사몰(sesamol), 면실유의 고시폴(gossypol) 그리고 강력한 항산화작용을 가진 것으로 알려진 향신료의 일종인 로즈메리 추출물인 로즈메놀(rosemenol) 등이 있다.

동물성 지방이나 동물성 혼합유에 허가된 항산화제는 과이액 수지(resin guaiac), propylgallate, NDGA(nordihydroquaiaretic acid), BHA(butylated hydroxyanisole), BHT(butylated hydroxytoluene) 등이나 인체에 미치는 독성이 문제시되고 있다.

(7) 산화 촉진제(prooxidants)

가공처리 중 기구, 기계에서 묻어 나온 금속 및 금속 화합물은 기름의 산패를 촉진시켜 산패의 시작이 빨라진다. 지방의 산화는 반응물, 산도, 불포화지방산의 농도와 온도가 상승함에 따라 촉진되며 빛 특히 자외선은 산화를 촉진시킨다.

(8) 금속이온

Co, Cu, Fe, Mn, Ni 등과 같은 금속은 자동산화 과정 중 생성된 과산화물의 분해 과정을 촉진시켜 준다.

3. 과산화유지의 독성

1) 상온에서 자동산화한 유지

불포화지방산의 자동산화에 의해 과산화물이 생성되며 산화가 진행되면 과산화물은 분해해서 각종 저급 산화물로 변화한다. 과산화물을 먹이에 첨가하여 동물실험을 한 결과 성장이 저해되고 결국에는 죽음에 이르렀다는 보고도 있으며 이때 독성의 강도는 과산화물 함량에 비례하였다.

동물에 대한 과산화물의 독성은 먹는 양이 문제가 된다. 어떤 한계량까지는 매일 과산화물을 먹어도 문제가 없으나 한계량을 넘었을 때는 장해가 일어난다. 이는 생물의 체내에 과산화물을 분해하고 혹은 무독화하는 반응계가 있어서 한계량 이내의 과산화물의 섭취는 허용되지만 한계량을 넘으면 처리할 수 없기 때문이다.

생체 각 조직에는 필수지방산을 주로 하는 불포화지방산이 널리 분포하고 있으므로 체내에서도 자동산화가 끊임없이 일어나서 과산화물이 만들어지고 있다.

2) 유지를 함유한 가공식품의 산화

유지를 함유한 가공식품으로는 건어물, 훈제류, 견과류, 포테이토 칩, 유부, 도넛, 튀김과자, 마요네즈가 있으며 인스턴트식품의 보급으로 염화비닐, 셀로판 등의 투명한 간이 포장 재료의 소비가 크게 촉진되었지만 식품에 함유된 유지에 있어서는 바람직하지 않은 조건이 증가한 결과가 되었다. 건어물이나 튀김 제품은 가공 도중에 수분을 증발시키므로 식품의 조직이 팽화해서 다공질화 하여 공기와의 접촉 면적이 아주 커져 있다. 더구나 투명한 포장 주머니에서는 직사광선에 계속 노출되게 되므로 자동산화를 촉진하는 조건이 가중된다.

3) 고온 가열로 산화된 유지

유지를 200℃ 이상의 고온으로 장시간 가열하면 중합물이 생성되며 이들은 독성을 가지고 있다. 동일한 기름을 수회 반복해서 사용해서 점도가 증가한 것은 사용하지 않아야 한다. 특히 단체급식에서는 다량의 재료를 연속해서 튀겨 내므로 기름의 감소가 빠르고 국부적으로 과도하게 가열되면 기름의 열화가 현저하게 촉진되므로 가열 방법에는 주의를 요하여야 한다.

산패된 유지는 냄새, 색깔, 맛 등의 저하뿐만 아니라 독성을 나타내어 중독 사건을 일으키기도 한다. 이 독성의 본체는 기름에 공기가 작용해서 생성된 과산화 물질로 알려져 있다.

과산화물이 많이 생성된 유지를 섭취하면 설사, 장카타르 등을 일으키기 쉽고 동물실험에서는 간장, 심장, 신장의 비대, 간경화, 지방간 등의 증상이 나타난다고 보고되어 있다.

제10장
육류

1. 단백질의 구조
2. 단백질의 분류
3. 단백질의 성질
4. 수조육류의 조리

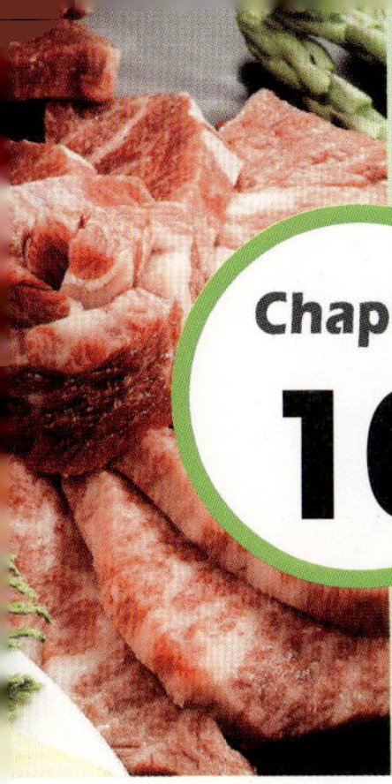

Chapter 10

육류

1 단백질의 구조

단백질은 생명 현상에 중요한 영양소로서 고유한 아미노산의 배열로 구성된다. 즉, 각종 단백질은 amino acid polymer로 구성 아미노산의 종류, 수 및 그 결합 순서는 [그림 10-1]에 보이는 바와 같이 각각의 단백질들에 의해 일정하다(1차 구조). 이들 아미노산은 polypeptide 사슬로 나선상으로 연결되고 수소결합으로 일정한 형을 유지하고 있다(2차 구조). 더욱이 아미노산 사슬 간의 S-S결합, 수소결합, 이온결합 등이 있다. 단백질 분자는 섬유상이기도 하고 구상이기도 하다(3차 구조). 생체 내에서는 이러한 단백질 분자가 어떤 정해진 수만 집합되어 큰 집합체를 이룬다(4차 구조).

단백질 분자의 이러한 결합 상태는 열, 산, 염, 효소 등의 영향을 받아 결합이 파괴되어 약해지기도 하고 변형되어 원래의 성질을 잃게 한다.

◐ 아미노산(amino acids)

단백질의 최소단위인 아미노산은 분자에 아미노기($-NH_2$)와 카르복실기($-COOH$)를 공유하며 R-group의 종류에 따라 고유의 성질을 갖는다. 자연계에 존재하는 아미노산은 약 20여 종이며 peptide 결합을 한다.

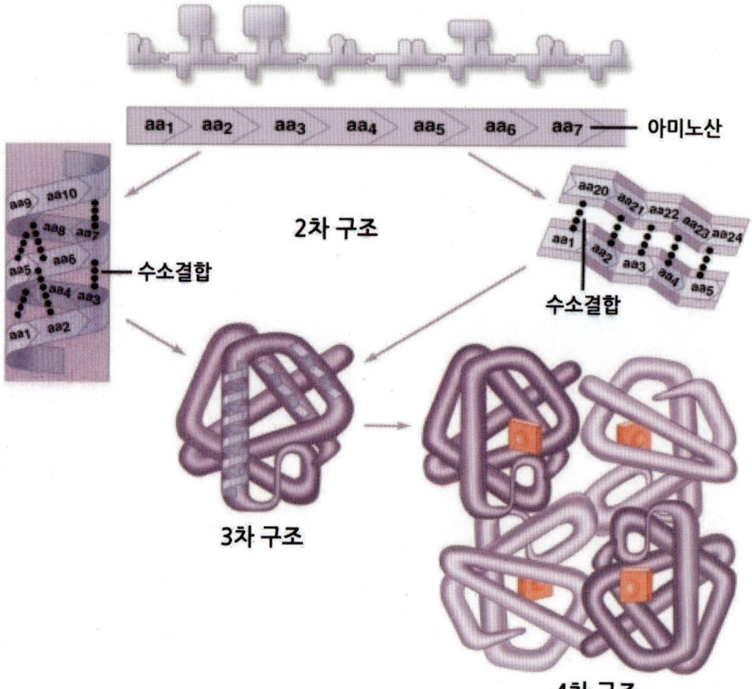

그림 10-1 단백질의 구조

2 단백질의 분류

인체의 성장 발육에 필요한 필수아미노산이 충분히 존재할 때 생물가(biological value)가 높다고 한다. 단백질은 L-α-amino acid로 이루어진 단순단백질과 단순단백질에 핵산, 당, 색소 성분, 인지질 등이 결합되어 있는 복합단백질, 단순단백질과 복합단백질이 물리 화학적으로 조금 변화가 일어난 유도단백질 3가지로 크게 나누어진다(표 10-1).

표 10-1 단백질의 분류 및 소재

① 단순단백질(simple protein)

분류 \ 용해성	물	0.8% 식염수	소 재 예
• *albumin*	용해	용해	난백(ovalbumin · conalbumin), 우유(lactalbumin), 근육(myogen), 콩류(legumelin)
• *globulin*	불용	용해	육류(myoglobulin), 난백(ovoglobulin), 근육(myogen), 우유(lactoglobulin), 난황(vitellin), 콩(glycinin)
• *glutelin*	불용	불용	밀(glutenin), 쌀(oryzenin)
• *prolamin*	불용	불용	옥수수(zein), 밀(gliadin), 보리(hordine)
• *albuminoid*	불용	불용	뼈, 연골, 결체조직(collagen), 손톱(keratin), 머리털, 피부, 건(elastin)
• *histon*	용해	용해	혈액(globin), 흉선(histone)
• *protamin*	용해	용해	연어의 정낭(salmin), 상어의 정낭(sturin), 청어(culpein)

② 복합단백질(conjugated protein)

• 핵단백질	세포핵, 효모(nucleohiston, nucleoprotamin)
• 당단백질	난백(ovomucoid · ovomucin), 혈청(seromucoid)
• 인단백질	우유(casein), 난황(ovovitellin · ovovitellenin)
• 색소단백질	혈액(hemoglobin), 근육색소(myoglobin) hemocyanin, chlorophyllprotein, astaxanthin
• 지단백질	난황(lipovitellin · lipovitellenin) 혈액(thromoplastin)

③ 유도단백질(derived protein)

• 변성단백질	gelatin, protean, metaprotein
• 제2차 유도단백질	proteose, peptone, peptide

3 단백질의 성질

1. 단백질의 등전점

단백질은 용액 중에서 양성 전해질로 말단기의 아미노기(-NH^{2+}), 카르복실기(-$COOH^{-}$) 외에 측쇄 아미노기, 구아니딜기($NHNH_2C$), 티로신의 페놀성 하이드록실기 등을 가지므로 각각 고유의 전리점수를 가진다.

산성 측에서는 산으로, 알칼리 측에서는 염기로 작용하고 어떤 특유의 pH에서는 양전화와 음전하의 하전량이 똑같이 되면서 단백질은 전기적으로 0이 된다. 이 pH를 단백질의 등전점이라 한다. [그림 10-2]와 같이 등전점에서는 단백질의 수화가 적어지며 분자가 응집하고 침전이 된다.

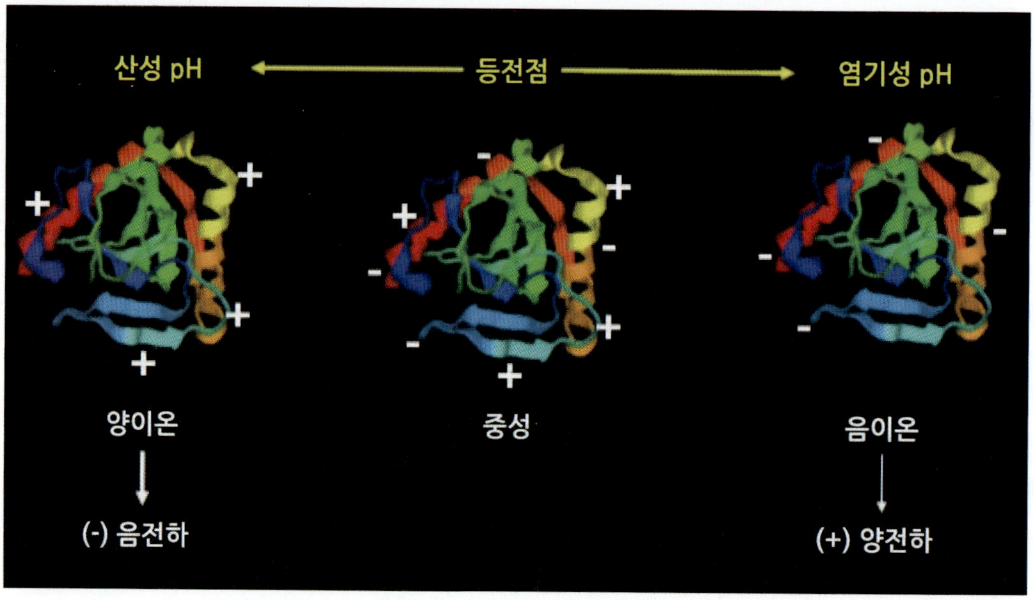

그림 10-2 단백질의 등전점

2. 변성

생단백질을 교반하거나 가열하면 원래의 성질은 잃어버리고 포립하여 응고한다. 이것은 단백질의 구조를 유지하고 있는 여러 가지 결합이 기계적 혹은 환경적 자극을 받아 분리되어 새로운 결합을 만들어 생구조를 유지할 수 없게 된다. 이것을 단백질의 변성이라 한다.

변성에는 자극을 없애면 원래의 상태로 되돌아가는 가역적 변성과 되돌아가지 못하는 불가역적 변성이 있다. 난백을 포립하여 교반력이 지나치게 강해지면 불용성의 작은 응고물이 생기는데 이는 후자의 예이다. 변성의 원인에는 열, 건조, 교반, 진탕, 동결, 산화 외에 강산, 강알칼리, 알코올, 염류, 효소에 의한 것 등이 있다. 변성은 단백질의 등전점 부근에서 가장 일어나기 쉬우며 조리에서는 정도의 차이가 있지만 단백질의 변성이 일어난다.

단백질 식품을 조리할 때는 열, 산, 교반에 의하여 갈색화(browning), 수화(hydration), 응고(congulation), 가수분해(hydrolysis) 등의 다음과 같은 변화가 일어난다.

(1) 갈색화 반응 (browning reaction)

고온에서 단백질과 당질은 상호작용하여 특유의 갈색, 향미, 냄새를 생성한다. 이를 단백질의 갈색화 반응(amino carbonyl 반응, maillard 반응)이라 한다.

(2) 수화(hydration)

단백질은 수소결합에 의하여 물을 흡착하는 성질을 가진다. 이를 수화라 부른다. 예를 들면, 밀가루의 밀단백질인 glutenin과 gliadin은 물과 결합하여 gluten 단백질을 형성한다.

(3) 응고(coagulation)

우유 단백질인 casein은 산에 의하여 응고되며 이는 요구르트 제조에 응용된다. 효소 rennin에 의한 응고는 치즈를 만드는 데 응용되는데, 이것은 식품 속의 단백질이 열, 산, 알칼리에 의하여 원래의 단백질 분자가 다시 배열되어 침전, gel 등의 형성을 위해 덩어리가 되는 원리를 이용한 것이다.

(4) 가수분해(hydrolysis)

단백질이 가수분해되면 용해도는 증가하며 농후제로서의 가치는 떨어진다. 또한, 가수분해는 물을 첨가시키므로 단백질은 보다 작은 분자로 분해된다.

3. 기능적 성질

식품의 기능적 성질이란 식품 중의 어떤 성분의 효용 가치를 좌우하는 성질을 말한다.

단백질 식품의 조리성은 단백질의 물리적, 화학적 성질에 기인된다. 단백질은 고분자 물질이므로 물에 용해되지 않고 무맛이다. 용액 중에서는 콜로이드 상태로 존재하고 점성을 가지며 포립이 쉽다.

표 10-2 식품에 이용되는 단백질의 기능적 성질의 예

식품군	기능적 성질
음 료	여러 식품에서의 용해성, 열 안정성, 점성
수프, 소스	점성, 유화성, 보수성
빵, 케이크	점탄성, 필름 생성, 응집성, 열변성, 겔화, 흡수성, 유화성, 거품 생성, 갈색화
과자류	분산성, 유화성
우유 제품	유화성, 지방 보유, 점성, 거품 생성, 겔화, 응집성
육 제품	유화성, 겔화, 응집성, 물·지방의 흡수 및 보유
육 보충제	물·지방의 흡수 및 보유, 불용성, 경도, 씹힘성, 응집성, 열변성

4 수조육류의 조리

육류는 대개 20%의 단백질을 함유하며 단백가가 높고 비타민 A, B_1, B_2의 급원 식품이다. 육류 단백질은 성질에 따라 표 10-2와 같이 나눌 수 있으며 나머지는 지방과 수분을 합한 양이다.

지방과 수분은 서로 반비례하는 현상을 보인다. 그외 동물의 성별, 연령에 따라서도 성분 함량이 달라진다. 어린 동물의 고기에는 수분 함량이 많고 결체조직이 적으므로 고기는 연하나 지방함량이 낮아 독특한 맛은 적다(송아지 고기). 반대로 늙은 동물의 고기는 결합조직이 많고 근육간 지방함량이 낮으며, 근육섬유의 길이가 길어져서 전체적으로 고기가 질기고 맛이 없다. 따라서 소의 경우 영양 상태가 좋은 5~7세의 새끼를 낳지 않은 암소고기가 가장 질이 높게 평가되며 다음으로 3~4세의 거세한 황소고기, 그리고 2~3세의 어린 황소고기의 순으로 평가된다.

1. 근육

1) 근육의 구조

우리나라에서 식용으로 하는 고기는 축육(畜肉 : 소고기, 돼지고기, 양고기, 개고기 등)과 가금(家禽)및 야생 수육류(닭고기, 오리고기, 참새고기, 꿩고기, 기러기고기, 토끼고기 등)가 있다.

가금, 수조육류의 식용 부위는 주로 골격근의 부위로 근육조직(muscle fibers), 결합조직(결체조직, connective tissue), 지방조직(adipose tissue)의 세 가지로 구성되어 있으며 골격과 연결되어 있다.

(1) 근육조직

근육조직은 길이 2인치, 직경 1/200인치 이하의 세포로 구성되어 있으며 직경에 비하여 길이가 길어 근육섬유라고 한다. 식용으로 하는 고기는 대부분 횡문근으로 동물체의 30~40%를 차지한다.

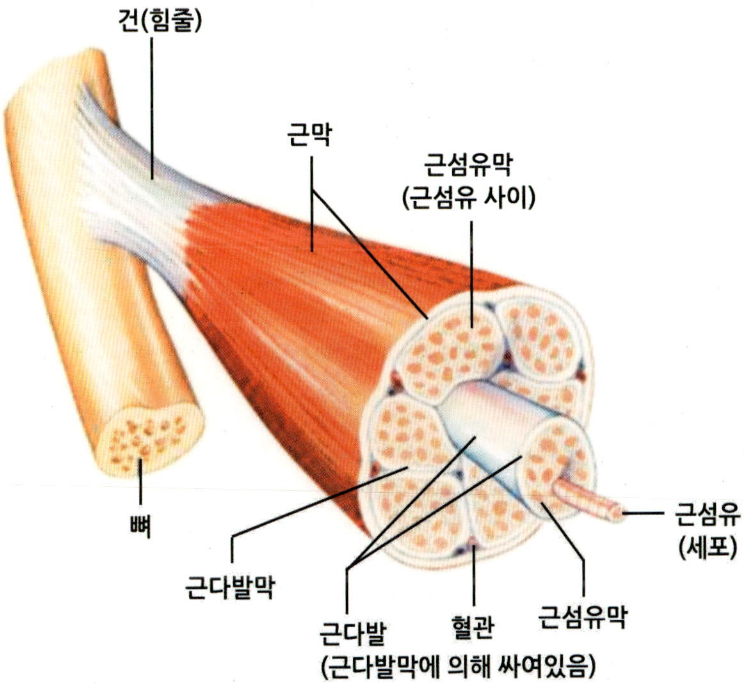

그림 10-3 근육의 구조

(2) 결합조직

근섬유와 지방조직을 둘러싸고 있는 결합조직은 근육이나 장기를 다른 조직과 결합하는 힘줄 등을 일컬으며, 다량의 콜라겐(collagen)과 엘라스틴(elastin), 그리고 소량의 레티큘린(reticulin)이 함유되어 있다. 운동을 많이 하거나 나이가 많이 들면 결합조직이 발달하게 되며, 암컷보다 수컷, 돼지고기와 닭고기보다 소고기에 많다.

콜라겐은 백색의 교원질 섬유로서 주로 비필수아미노산인 프롤린과 하이드록시 프롤린으로 이루어져 있어서 영양적으로 우수한 단백질은 아니다. 콜라겐은 3개의 폴리펩타이드로 이루어진 삼중 나선 구조를 갖고 있다. 콜라겐은 물과 함께 가열하면 65℃ 부근에서 수용성의 젤라틴이 되며, 다시 온도가 내려가면 굳어져 젤화가 된다. 족편은 이러한 원리를 이용한 것이다. 젤라틴은 수용성이며 약산과 약알칼리에 용해된다.

엘라스틴은 황색의 탄력성 섬유로 혈관과 인대에 들어 있고, 가열해도 변하지 않으므로 조리해도 먹을 수 없다. 식육의 두께를 좌우한다.

레티큘린은 근섬유막의 주성분을 이룬다.

(3) 지방조직

육류의 지방은 작은 입자 또는 큰 덩어리로서 산재하고 있으며, 조직에 따라 50~80%에 이르기까지 매우 다양하다. 소고기는 돼지고기나 닭고기에 비해 불포화지방산 매우 적고 포화지방산이 많기 때문에 고기를 구워 뜨거울 때는 부드러우나 식으면 뻣뻣해져서 맛이 없어진다.

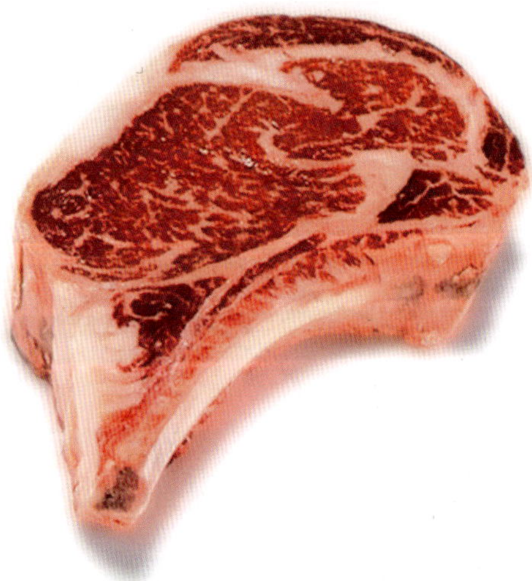

그림 10-4 지방조직과 마블링

사료가 좋고 비육한 가축의 근육에는 대리석과 같은 마블링(marbling)이 산재하고 있으며, 이는 육질을 연하게 하여 품질을 높여 준다. 특히 근육의 사이에 축적된 지방은 고기의 맛과 질을 높여준다. 갈비 주위의 살, 안심, 또는 등심 등 마블링이 잘되어 있는 부위는 구울 때 기름이 빠져나오면서 조직이 부드러워지므로 건열 조리법인 구이용으로 적합하다.

지방의 양은 동물의 성별, 나이, 식이, 운동량 및 부위에 따라 다르다. 암컷이나 운동량이 적은 부위의 고기에 지방 함량이 많은 편이다.

(4) 뼈

어린 동물의 뼈는 연하고 분홍색을 띠며, 성숙한 동물의 뼈는 단단하고 희다. 뼈를 이용하여 국을 끓일 때는 찬물에 담가서 핏물을 충분히 우려내고 다시 뜨거운 물로 한 번 데쳐 낸 후 끓이는 것이 맛이나 색깔이 좋다. 성숙한 동물의 뼈나 앞다리뼈가 어린 동물이나 뒷다리 뼈에 비해 운동량이 많고 골격의 조직이 치밀하며 인지질이 많아 진하고 맛있는 국물이 우러난다.

표 10-3 육류 단백질 종류

소재	종류	용해성	함유하는 단백질	특 징
세포 내	근형질 단백질 (근장 단백질)	수용성	*myogen* *myoalbumin* *myoglobin* *hemoglobin*	근육 전체 단백질의 약 30% 차지, 구상단백질, 동결에 의해 변성되기 쉽다. 55~62℃에서 응고 시작, 근섬유의 세포질에 붙은(쇄), 미토콘드리아, 근소포체, 골기체, *glycogen*, 지방질을 함유, 정미 성분이 존재, 수프, 소시지
세포 내 (근섬유)	근원섬유 단백질	염용성	*myosin*(50%) *actin*(20~25%) (*actomyosin*) *tropomyosin* (10~12%)	근육의 약 50% 차지, 섬유상 단백질. 물에 난용, 45~52℃에서 응고하기 시작. myosin의 작용 (actomyosin → 근수축, ATP → ADP +P) 육 제품의 사후경직, 보수성, 결착성과 관련이 있어 소시지 가공에 중요하다.
세포 외 (결합 조직)	육기질 단백질	난용성	*collagen* (*pepsin* 으로 소화) *elastin* (*trypsin* 으로 소화)	근육의 약 20% 차지, 섬유상단백질, 물에 난용, 열에 강하게 수축, *collagen*, 건, 피부근막에 함유되어 장시간 가열에 의해 가용화(*gelatin*, 찜), *elastin* 은 인대, 혈관벽에 함유되어 가열에도 불용, 식육의 두께를 좌우한다.

(5) 부산물과 내장

소고기의 부산물인 소머리, 양은 탕류에 이용되고, 간, 위(막창), 소장(곱창), 허파(부아), 염통(심장) 등은 구이에 많이 이용되며, 뇌는 전이나 찜 등에, 소 혀는 편육과 전골에 많이 사용한다. 이들은 특유의 냄새가 나므로 이를 제거하기 위해 소금이나 밀가루를 이용하여 문질러 씻거나 우유 등을 이용하여 냄새를 제거한다.

■ 소 위의 명칭

첫 번째 위는 '양'(tripe-scaled), 두 번째 위는 '벌집 위'(honey comb), 세 번째 위는 보통 간과 같이 날로 먹는 '처녑'(omasum), 네 번째 위는 막창(abomasum)이다.

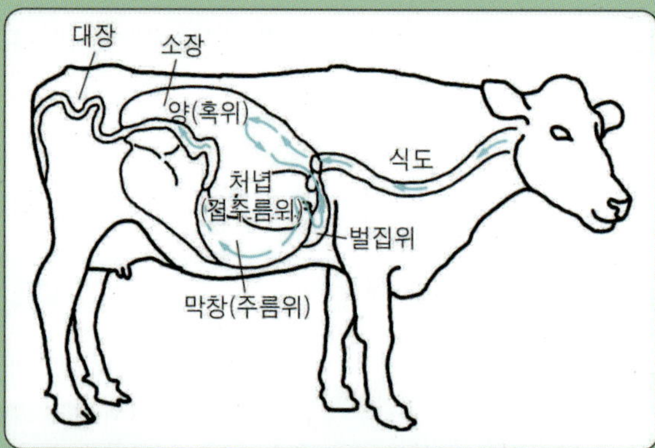

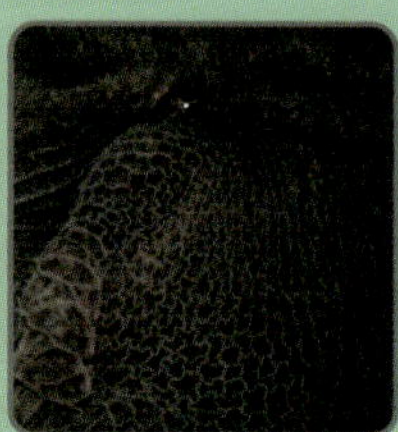
양

벌집위

처녑

막창(홍창)

2) 근육의 성분

(1) 단백질의 종류

근육에는 75%가 물, 25%가 고형질인데 고형질의 80%가 단백질이고 그밖에 지방, 인지질, 무기질, 비타민으로 되어 있다. 단백질의 조성은 성질에 따라 [표 10-3]과 같이 나눌 수 있다.

(2) 육엑기스(ex)

육류를 열탕으로 추출하여 농축한 물질을 엑기스라 하며 전체 고형분의 약 2% 정도 된다. Paste상이나 분말화한 것은 스프(soup), 스톡(stock)의 재료로 쓰이고 액체 상태인 것은 육즙이라 부른다.

정강이나 꼬리와 같이 운동량이 많은 부분은 지방량이 적고 ex분(숙성 중에 증가한 비단백태 질소가 주성분으로 크레아틴, 크레이티닌, 퓨린 염기, 히폭산틴, 이노신산 등)이 풍부하나 결합조직이 많고 질기므로 물과 함께 장시간 가열하면 결합조직이 젤라틴화되어 연하게 된다.

2. 소고기의 부위별 특징과 조리

1) 소고기의 부위별 특징

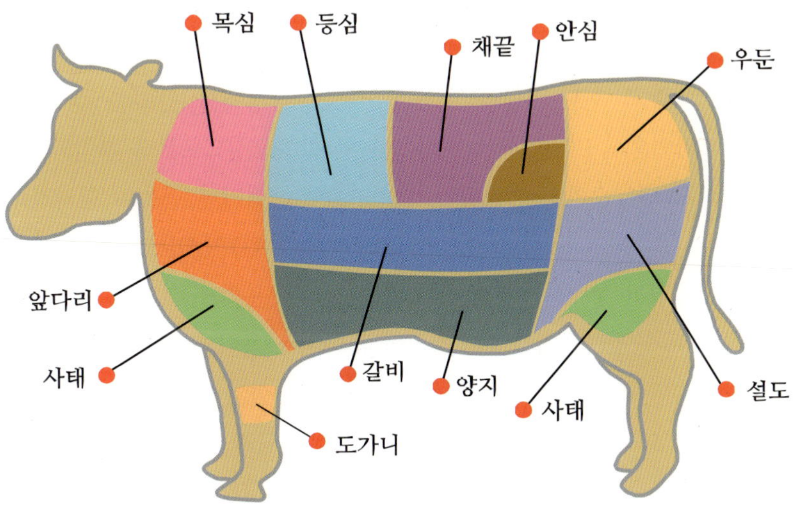

그림 10-5 소고기 부위별 명칭

한국식 소의 부위별 명칭은 [그림 10-5]와 같고, 소고기의 부위별 조리법은 [표 10-4]와 같다.

① 토시살(thick skirt) : 특등육으로 안심의 끝부분에 달린 부드러운 부위로 소 한 마리에서 600~800g 정도이다.
② 안창살(thin skirt) : 특등육으로 갈비의 안쪽에 달린 횡격막살로 양면으로 질긴 피막을 제거해야 한다. 소 한 마리에서 2개 나오며 약 1000g 정도이다.
③ 제비추리(neck chain) : 상등육으로 등심과 등뼈 사이의 부분으로 쫄깃쫄깃하면서 부드럽고 감칠맛이 난다. 500kg의 소 한 마리에서 800~1000g 정도이다.
④ 차돌박이 : 특수 부위로 가슴 부분의 갈비 사이의 살로 고소하며 부드러운 맛이다. 1000g 정도이다.
⑤ 아롱사태 : 특수 부위로 우둔육의 뭉치살 속에서 나오는 부위로 2개 나오며 중량은 600~700g 정도이다.
⑥ 치맛살 : 소의 횡격막 연결 근육이다.
⑦ T본 스테이크 : 안심과 채끝을 골발하지 않고 냉동된 상태에서 뼈와 함께 약 1.5cm의 두께로 톱으로 골절하면 T자형의 모양이 된다.
⑧ L본 스테이크 : 안심 채끝 중 안심을 발골하고 채끝과 뼈를 냉동시킨 다음 냉동된 상태에서 톱으로 약 1.5㎝의 두께로 절단하면 L형의 스테이크가 된다.

2) 육류의 사후경직(rigor mortis)과 숙성

동물은 도살된 후 시간이 지나면 근육이 단단하게 굳어지는데, 이것을 사후경직 또는 사후강직(rigor mortis)이라고 한다. 근육의 수축·이완 과정에서 새로운 ATP(Adenosine triphosphate)가 마이오신 머리에 결합해야 액틴이 마이오신으로부터 분리되어 근육이 이완된다. 그러나 도살 후 혈액순환이 중지되어 산소공급이 끊어지면 근육이 혐기적 상태가 되면 ATP 생성이 급격히 저하된다. ATP가 결핍된 상태에서는 ADP(Adenosine diphosphate)가 마이오신 머리에 결합한 상태로 마이오신과 액틴 사이에 분리할 수 없는 강직 복합체가 형성되어 근육이 경직 상태가 된다. 이를 사후경직이라 하며 근육이 수축되어 질기고 단단해진다. 또한, 도살 직후 근육의 pH는 중성(pH 7.0~7.4)이지만 혐기적 해당작용으로 생성된 젖산과 ATP 분해효소의 작용으로 생성된 인산으로 인해 근육의 pH가 6.3 이하로 저하되면 근섬유의 보수성이 크게 낮아져 육류의 질이 저하된다. 이 상태에서는 조리하여도 연해지지 않으므로, 시간이 더 경과하여 사후경직이 풀리고 숙성되어 연해지면 조리한다.

일반적으로 도살 후 사후강직이 시작되기까지의 시간 및 사후강직이 지속되는 시간은 동물의 종류에 따라 다르다. 동물이 크면 사후강직도 더디게 오고 경직이 지속되는 시간도 긴편이다. 도살 후 사후강직이 개시되는 시간은 소고기의 경우 2~9시간, 돼지고기는 30분~2시간, 닭고기는 수분~1시간으로 다양하다.

표 10-4 소고기의 부위별 조리법

부위명	세부명칭	특징	조리법
목심, 장정육 (chuck) 	목심살 어깨살 (장정육)	다양한 근육이 모여 있고, 운동량이 많아 지방이 적고, 결체조직이 많아 약간 질기며, 젤라틴이 풍부하다.	스튜, 편육 스테이크나 구이(고급육) 불고기, 장조림(2등급이하)
등심 (loin) 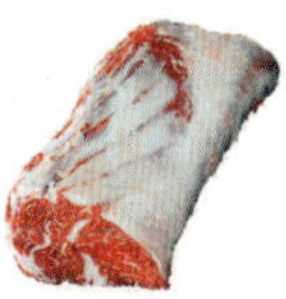	윗등심살 꽃등심살 어깨등심살 살치살	살이 두껍고 마블링이 잘 발달되어 있어 육질이 곱고 연하며, 지방이 적당히 섞여 있어 맛이 좋다.	불고기, 전골 (저급육) 구이나 스테이크(고급육)
채끝살 (striploin) 	채끝살	등심과 비슷한 모양으로 등심보다는 지방이 적고, 살코기가 많으며, 육질이 연하고 지방이 적당히 섞여있다.	로스구이 · 샤브샤브(고급육) 불고기와 국거리(저급육)
안심 (tenderloin) 		육질이 부드럽고 연하며, 육즙이 많고 고기두께가 얇으며, 저지방으로 담백하다.	로스구이 고급 스테이크 및 구이용
우둔 (round) 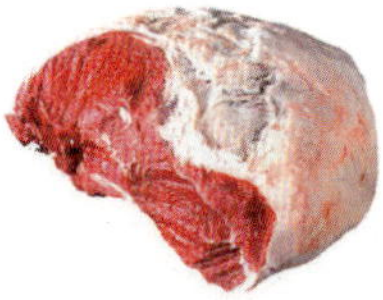	우둔살 홍두깨살	다리살 바깥부분으로 약간 질기고, 지방이 적고 살코기와 젤라틴이 많다.	산적, 육포, 불고기용 육회나 장조림

앞다리 (plate flank) 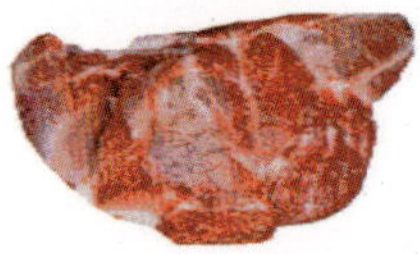	앞다리살 갈비덧살 꾸리살 부채살 부채덮개살	갈비 바깥쪽에 위치하며 지방층과 근막이 많아 연한 부위와 질긴 부위가 서로 섞여 있으며, 운동량이 많아 육색이 짙다. 설도, 사태와 비슷한 특징이 있다.	부채살, 갈비덧살 : 구이용 꾸리살 : 육회 그 외는 불고기, 장조림용
갈비 (rib) 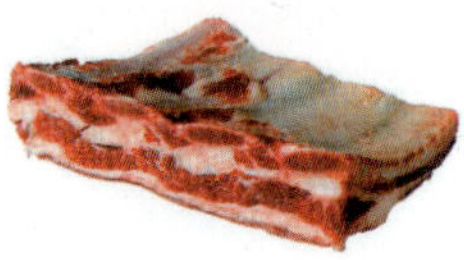	불갈비 갈비살 꽃갈비 참갈비 마구리 토시살 안창살 제비추리	근막이 많아 단단하지만 근내지방이 많아 맛이 있으며, 육즙과 골즙이 어우러진 부위로 풍미가 있다.	갈비살, 토시살, 안창살, 제비추리 : 구이용 마구리살, 통갈비, 상하단 부위 : 갈비탕용 그 외에는 찜갈비, 갈비구이
설도 (flank steak) 	도가니살 설깃살 설깃머리살 보섭살 삼각살	결이 거칠고 질긴 편으로 우둔과 비슷하며, 부위별 육질차가 크다. 도가니살은 가장 근육이 얇고 가늘고 부드럽고, 설깃살은 가장 운동량이 많은 부위이며, 보섭살은 막이 적고 맛이 좋다	도가니살 : 육회, 불고기 설깃살 : 산적, 편육, 불고기 설깃머리살과 삼각살 : 구이, 불고기, 전골 보섭살 : 스테이크
양지 (brisket) 	양지머리 차돌박이 업진살 업진안살 치마양지 치맛살 앞치마살	결합조직이 많아 육질이 질기며, 지방과 근막이 많다. 업진살과 치마살은 양지의 뒤쪽 부분으로 지방과 살코기가 교차하여 풍미가 좋다.	양지 : 국거리, 장조림 차돌박이 : 구이 업진안살, 치마양지, 치마살 : 구이
사태 (fore shank) 	앞사태 뒷사태 뭉치사태 아롱사태 상박살	근막이 많으며 운동량이 많아 근육이 모여 있으며, 콜라겐이나 엘라스틴이 들어 있어 질기나 물에 넣어 가열하면 젤라틴이 되어 연해진다.	탕, 장조림, 찜, 육회

자료 : 축산물등급판정소

근육은 pH 5.5 정도에서 최대 사후경직에 이르며, 근육 내 젖산 생성이 정지되고, 그 이후 숙성(ripening)이 일어난다. 내부에서 분비된 자체 단백질 분해효소인 카텝신에 의해 액토마이오신이 분해되고, 또한 외부의 세균에 의해 부패가 일어난다. 그러나 고기를 냉장실에 저온 저장하면 세균에 의한 부패는 일어나지 않고 내부에서의 화학적 분해 과정만 일어나서 연하고 감칠맛 성분이 많이 생겨 먹기에 좋은 상태가 되는데 이를 숙성(ripening)이라고 한다. 소고기는 4~7℃에서 7~10일, 2℃에서 2주가 숙성에 적당하며, 돼지고기는 2~4℃에서 3~5일, 닭고기는 2일이 적당하다. 최근에는 숙성 기간을 단축하기 위해 자외선을 쬐면서 저장 온도를 높여주는 hot aging이라는 방식을 이용하기도 한다. 숙성이 되면서 근육 내에 있던 ATP가 분해되면서 핵산계 맛 성분도 증가되므로 숙성시킨 고기가 맛도 더 좋다.

3) 소고기의 조리

(1) 습열 조리

① 편육

결합육이 많은 양지육, 사태육, 우설, 소머리, 콩팥, 장정육, 족 등의 부위를 사용하며, 고기의 맛난 맛이 물에 우러나오지 않도록 물을 끓이다가 고기를 넣어 익힌다. 2~3시간 익힌 후 삼베보자기에 싸서 돌이나 무거운 것으로 눌러 놓았다가 결과 반대로 썰어 준다.

② 장조림

지방분이 적은 우둔육, 대접살, 아롱사태, 홍두깨살을 사용한다. 고기를 물만 붓고 끓여서 연하게 한 후 간장과 설탕을 넣고 양념한다. 처음부터 간장과 설탕을 넣고 끓이면 콜라겐이 젤라틴화하기 전에 삼투압 현상으로 고기의 수분이 빠져나와 근육섬유가 응고, 수축하여 고기는 질겨지게 된다.

③ 탕

결합조직이 많은 양지육, 사태육, 꼬리 등을 사용한다. 먼저 찬물에 담가 핏물을 제거하고 고기 속의 맛있는 성분이 많이 우러나오도록 찬물에서부터 넣고 끓이기 시작한다. 끓기 시작하면 끓는 것이 멈추지 않을 정도로 불을 줄여 콜라겐을 최대한 젤라틴화 시키면서 근육단백질 섬유가 최소한 수축되도록 해야 고기가 연하고 국물이 맛이 있게 된다. 끓이는 도중에 떠오르는 불순물이나 거품은 건져낸다.

④ 수프스톡(soup stock)

수프스톡의 재료는 수조류의 고기 및 뼈, 어류의 고기 및 뼈, 패류, 채소류, 향신료 등을 사용한다. Jellied soup은 뼈와 결합조직이 많은 육류를 끓여서 만드는데 콜라겐 성분이 수용성이 되어 국물로 용출되어 젤라틴이 된다. 식으면 젤라틴이 겔을 형성하여 jellied soup이 된다.

수프스톡에는 맑은 육수(white stock)와 갈색 육수(brown stock)가 있다. 맑은 국물은 엷은 색의 채소와 고기를 그대로 끓여서 만들고 갈색 국물은 고기와 뼈를 노릇노릇 볶아서 색을 내고 진한 색의 채소를 넣고 끓인 것이다. 탕처럼 국물이 끓기 시작하면 불을 약하게 하여 4~5시간 끓여 지미 성분이 많이 우러나오도록 한다.

⑤ 스튜(stew)

스튜는 서양 음식으로서 우리나라의 고기찜 또는 찌개와 유사한 것이다. 고기로는 엉덩잇살, 다리살, 옆구리살, 꼬리, 혀, 어깨살, 목, 뱃살, 가슴살 등 결합조직이 많은 부위가 적합하다. 가끔 돼지고기나 양고기를 섞기도 한다. 스튜에도 갈색 스튜(brown stew)와 색이 연한 스튜(light stew)가 있는데 갈색 스튜는 고기를 먼저 노릇노릇 익힌 후 물을 붓고 끓이는 것이고 색이 연한 스튜는 그대로 물을 넣고 익히는 것이다.

스튜를 만들 때에는 고기를 3~5cm 입방체로 썰고 소금과 후추로 조미한 밀가루에 굴려서 칼등으로 두들겨 연하게 한 후 익힌다. 고기가 단단하지 않게 푹 물러야 잘된 스튜이다. 채소는 고기가 어느 정도 익은 후에 넣어야 한다.

⑥ 찜

소갈비, 등골, 소혀, 사태, 돼지갈비 등을 사용한다. 양념에 미리 재우지 말고 고기를 삶아서 익힌 다음에 양념과 고명을 넣고 끓인다.

(2) 건열 조리

물을 사용하지 않고 조리하기 때문에 질긴 부위가 연해질 기회가 없으므로 등심, 안심, 갈비 등 살이 연한 고기를 사용한다.

① 불고기

불고기는 본래 너비아니로 부르던 것으로 우둔육과 같이 기름기가 적으며 비교적 연한 부위인 안심, 등심, 대접살, 채끝살 등이 사용된다. 고기를 약간 두툼하게 썰어, 앞뒤로 잔칼질을 한 후 갖은 양념을 하는데 간장에 오래 재워두면 염분 때문에 고기의 즙액이 빠져 나와서 질겨지므로 고기를 수 분간 설탕에 먼저 버무렸다가 양념을 하면 연해진다. 요즈음 불고기용으로 가장 좋은 것은 고기 사이에 지방이 골고루 끼어 있어 마치 대리석같이 생긴(marbled) 등심과 안심이 가장 좋다. 살 사이에 끼어 있는 지방은 고기를 구웠을 때 녹아 고기를 부드럽게 해준다.

② 브로일링

등심, 안심, 갈비, 염통, 간, 콩팥, 돼지고기 등의 연한 부위가 사용된다. 브로일링(broiling)이란 음식의 이름이 아니라 건열 조리법의 하나이다.

고기를 직접 불에 노출시켜 굽는 방법을 브로일링이라 한다. 우리나라에서는 숯불, 전기, 가스 불 위에서 고기를 굽는데 서양에서는 오븐의 하부에 전기나 가스의 불꽃 가까이에 고기를 놓을 수 있게 되어 있다. 물론 야외에 나갔을 때에는 숯불로 브로일링할 수 있는 시설도 있다. 서양 음식에서 브로일링으로 조리하는 음식의 대표적인 것은 스테이크와 바베큐(barbecue)이다.

스테이크(steak)는 1인치(2.5cm), 1.5인치(3.8cm), 2인치(5cm) 두께로 썰어서 판매하며 먹는 사람의 기호에 따라 굽는 정도를 달리한다. 스테이크의 두께와 익히는 정도에 따라 레어, 미디움, 웰던의 세 단계로 구분한다.

레어(rare)로 구운 고기의 내부는 선명한 붉은색이고 표면의 얇은 층은 변성되어 회갈색이다. 그러나 썰면 붉은 핏물이 나오는데 고기는 가장 연하다. 미디움(medium)으로 구운 고기의 내부는 선명한 붉은색이라기보다는 연분홍색인데 그것은 많은 양의 미오글로빈이 변성되었고 표면의 갈색도 진하다. 그러나 즙의 함량은 레어로 익힌 것보다는 적다. 완전히 구운 고기(well-done)는 속까지 모두 회갈색이고 수분이 많이 빠져나가 빡빡하다.

브로일링으로 고기를 구우면 고기 표면의 단백질이 응고되어 내부 성분의 유실을 막기 때문에 맛이 좋다. 또한, 표면 단백질이 미량 존재하는 당과 반응을 일으켜 좋은 색과 향기를 낸다.

바베큐(barbecued meat)는 고기를 큼직하게 썰어 쇠꼬챙이에 끼거나 석쇠에 올려놓고 서서히 굽는다. 천천히 구우며 가끔 바베큐 소스(barbecue sauce)를 고기 표면에 바른다. 바베큐 소스는 토마토케첩, 식초, 설탕, 소금, 고춧가루 또는 후춧가루, 셀러리씨 등의 자극성이 강한 조미료를 섞어서 만든다. 토마토케첩에 있는 산과 식초가 고기에 연육작용을 하기 때문에 바베큐된 고기는 연하다.

표 10-5 비프스테이크의 내부 온도

구이 정도		내부 온도(℃)
rare	생(덜 구운 단계)	55~65
medium	중간 정도 구움	65~70
well-done	완전히 구움	70~80
very well done	아주 완전히 구움	90~95

③ 팬브로일링(pan broiling)

고기를 가열된 냄비나 팬에서 굽는데, 냄비나 프라이팬은 두꺼운 것이 좋다. 고기가 타는 것을 방지하기 위하여 소기름을 먼저 바른다.

스테이크를 브로일링 대신 팬브로일링하기도 하는데 이 방법으로 구우면 시간이 절약된다. 처음에는 강한 불로 고기의 표면이 눋게 한 후 불을 약하게 하여 속으로 열이 전달되도록 한다. 뚜껑을 덮으면 고기가 익는 것을 단축시킬 수 있다.

④ 로스팅(roasting)

로스팅은 큰 덩어리의 고기를 오븐 속의 뜨거운 열로 익히는 방법이다. 고기를 기름칠한 팬에 기름기가 많은 쪽을 위로하여 177℃ 정도의 오븐에서 속이 익을 때까지 서서히 굽는다. 이 방법으로는 콜라겐이 물과 열에 의하여 젤라틴화할 수 없기 때문에 어깨살, 갈비, 엉덩잇살 등 비교적 연한 부위의 고기를 사용한다.

(3) 건조 조리

육고기의 건조 조리는 지방분이 적고 살코기가 많은 우둔육, 대접살 등을 이용하며 육포(약포), 편포, 대추편포, 염포 등이 있다.

3. 돼지고기의 부위별 특징과 조리

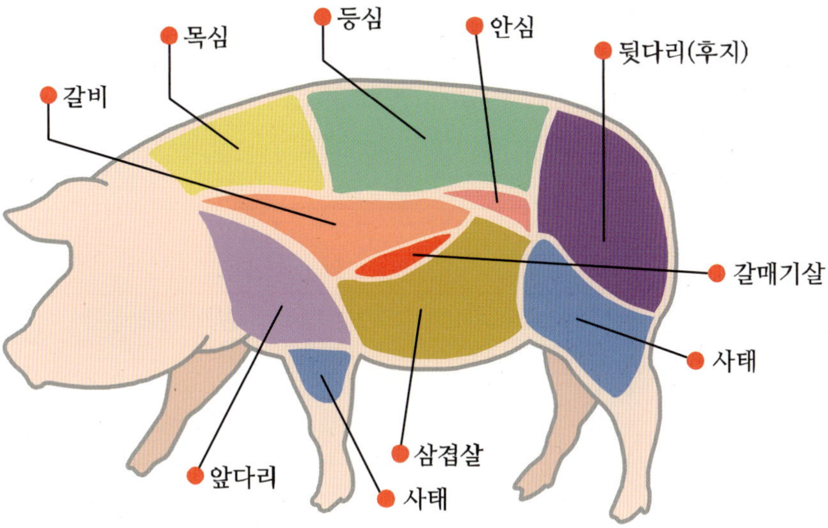

그림 10-6 돼지고기 부위별 명칭

돼지고기는 소고기에 비하여 결합조직이 적어 고기가 연하고 소화가 잘되며 색상은 연한 회홍색(grayish pink)이다. 조직이 대단히 유연하고 지방 축적이 현저히 많으며 피하와 신장 주변에 지방층이 두텁게 형성되어 있다.

우리나라는 조리법이 발달하지 못하여 편육, 불고기, 찜요리를 만들지만 서양에서는 지방이 적고 살이 많은 다리살은 햄으로, 지방 함량이 많은 복부살은 베이컨 등 가공용으로 많이 이용하고 있다.

◐ 돼지고기 가공육

돼지고기의 가공은 식염을 주체로 하며 염지는 육색을 고정하고 고기에 보수성과 결착성을 주어 가공한다. 고기의 보수성과 결착성의 주체는 myosin이다.

표 10-6 돼지고기의 부위별 특징과 조리법

부위명	특징	조리법
목심 (Boston butt) 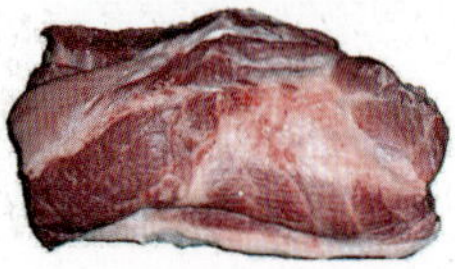	등심에서 목으로 이어지는 부위로서 여러 개의 근육 사이에 지방이 있어 맛이 좋다.	구이, 수육, 찜, 김치찌개용
항정살 	목과 앞다리 사이의 근육으로 섬세한 지방이 근육 내에 고르게 분포되어 아주 부드럽다.	로스, 수육용
가브리살 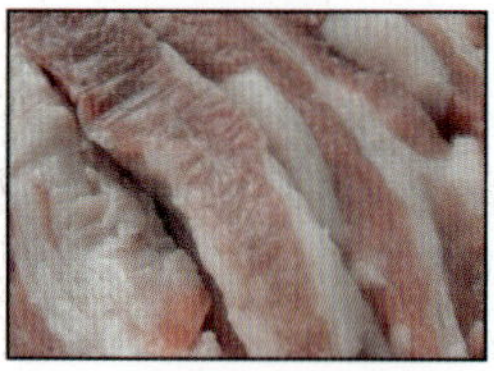	일명 '황제살'이라고도 하며, 목심과 등심 사이의 근육으로 고기의 결이 곱고 지방도 적당하여 부드러울 뿐만 아니라 풍미가 좋다. 미식가들이 즐겨 찾는 가브리살은 돼지 특유의 비린 맛이 없다.	구이
등심 (loin) 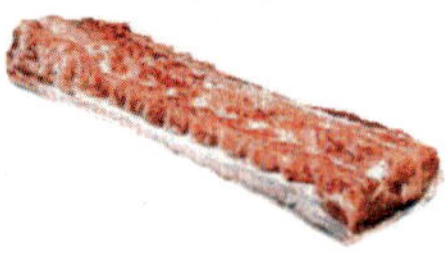	두꺼운 지방층이 덮인 단일 근육으로 결이 곱고 부드러우며, 지방이 적어 담백하다.	스테이크, 구이, 돈가스
안심 (tenderloin) 	갈비 안쪽에 있으며, 약간의 지방과 근막이 있어 육질이 부드럽고 연하다.	탕수육, 돈가스, 스테이크,
갈비(rib) 	늑골(갈비)부위이며, 근육 내 지방이 있어 향미가 좋다.	찜, 구이, 바비큐

삼겹살 (pork belly) 	갈비를 떼어낸 부분에서 복부까지의 넓고 납작한 모양의 부위로 살코기와 지방이 3겹의 막을 형성하는 특징이 있으며, 약간 거칠지만 향미와 맛이 우수하다.	구이, 수육, 베이컨
앞다리 (shoulder) 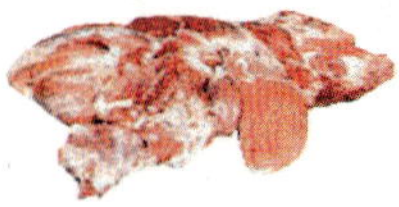	앞다리 위쪽으로 어깨부위의 고기로 색이 진하며, 약간 질기지만 지방이 적다.	장조림, 불고기, 찌개, 수육
뒷다리 (ham) 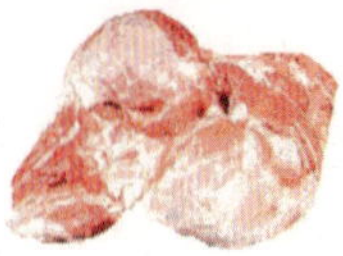	볼기부분의 고기로 두껍고 지방이 적다.	구이, 햄, 장조림

(1) 햄

돼지의 뒷다리 부분 또는 둔부, 등심육을 정형하여 혼합염(식염, 질산염, 방부제, 향신료, 설탕, 조미료, 물)을 첨가 또는 염지하여 포장한 후 훈연하거나 열처리한 것이다.

햄의 종류에는 레귤러햄, 본레스햄, 로인햄, 숄더햄, 프레스햄, 혼합햄 등이 있다.

(2) 소시지

소시지(sausage)는 원래 값싼 고기에다 부산물들을 이용하여 만든 가공품으로 소시지의 명칭은 암돼지고기인 소우(sow)에 세이지(sage)라는 약초를 넣은 데서 비롯되었으나, 최근에는 다양한 종류의 소시지가 개발되어 보편적으로 사용되고 있다.

소시지의 종류는 더메스틱 소시지, 신선 소시지, 훈연 소시지, 가열 소시지, 건조 소시지 등이 있다.

① 더메스틱 소시지·신선 소시지 : 수분이 많고 저장성이 적은 포크, 비엔나, 프랑크푸르트 등의 소시지가 여기에 속한다.

② 훈연 소시지·가열 소시지 : 훈연 소시지의 종류에는 프랑크푸르트 소시지, 보로나 소시지(소의 소장, 대장, 맹장 등을 사용함), 가열 소시지(고기 이외의 혈액이나 간장 등을 첨가하므로 부패하기 쉬워 미리 가열살균하여 사용한다), 간·혀 소시지 등이 있다.

③ 건조 소시지 : 가열하지 않고 장기간 건조 숙성시켜 만들거나 훈연한 후 건조 숙성시켜 저장성을 높인 것으로 살라미(salami) 소시지가 여기에 속한다.

(3) 베이컨

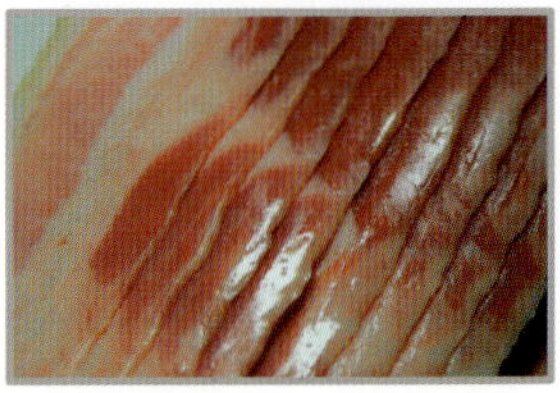

베이컨은 돼지 복부살의 기름진 부위를 소금에 절여서 절단한 다음 건조하고 훈연한 것으로 만드는 방법은 햄과 비슷하다. 햄보다 지방이 많다.

4. 닭고기의 부위별 특징과 조리

식용으로 이용되는 조육류에는 닭, 칠면조, 오리, 거위, 꿩, 메추리 등이 있으며 우리나라에서는 닭고기를 가장 많이 사용하며, 중국에서는 오리고기를 미국에서는 칠면조고기를 많이 이용한다. 조육의 영양가는 육류와 비슷하며 소고기, 돼지고기에 비하여 지방이 적고 융점도 낮으며 맛도 담백하다. 가슴살 고기는 지방이 적으며, 맛이 담백하고 다리살은 ex 성분이 많아서 풍미가 있다. 단백질과 비타민 B_1·B_2, 나이아신 등의 급원이며 흰 살 부위보다 붉은 살코기가 영양분이 더 많다. 다른 육류에 비하여 숙성이 빠르므로 냉장한 고기는 바로 식용으로 하는 것이 좋다. 체중 500g 전후의 것은 병아리, 1kg 전후의 것은 햇닭, 그 이상의 것은 노계로 불린다.

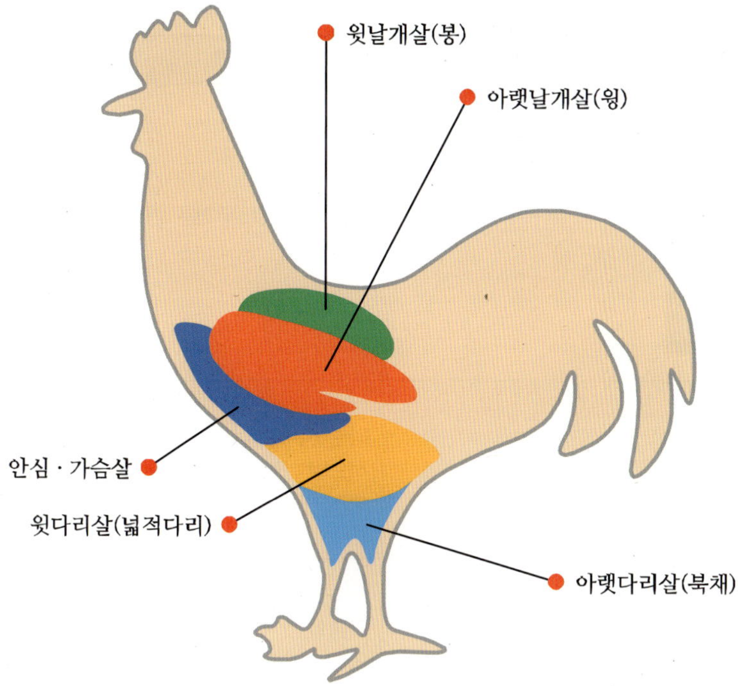

그림 10-7 닭고기 부위별 명칭

닭은 가슴 부위와 넓적다리의 근육이 잘 발달되어 있는데 닭고기의 육색은 부위에 따라 다르게 나타난다. 다리와 목은 적색, 가슴살은 백색이다. 칠면조의 육색도 닭과 같지만, 오리와 거위의 근육은 모두 적색이다.

닭의 지방은 불포화지방이 65% 이상으로 육축 중에서 가장 많으며 융점이 20℃ 부근이라 실온에서 굳어지지 않는다. 닭고기는 다른 고기와 달리 지방이 피하에 있을 뿐 근육층에는 적기 때문에 맛이 담백하고 연하므로 저지방식 조리를 하기에 적합하다.

그러나 닭 껍질은 결체조직이 주를 이루고 있으나 지방이 풍부하고 연하다. 어리고 연한 닭은 건열 조리법을 이용한 튀김, 구이, 로스트를 하고 질기고 성숙한 닭은 백숙, 닭찜, 탕 등의 습열 조리법을 이용한다.

표 10-7 닭의 부위별 특징과 적합한 조리법

부위명	소분류	특 징	조리법
근위 		모래주머니로 두꺼운 근육과 강한 점막이 있다.	구이 조림 볶음
가슴살 - 가슴살 		다른 부위보다 지방이 적어 열량이 적으며, 맛이 담백하고 근육섬유로만 되어 있어 색이 희다	튀김 볶음 조림
가슴살 - 안심 		가슴살 안쪽의 고기로 지방이 거의 없어 부드러우며 담백하다.	튀김 육개장
날개살 	통날개 닭봉 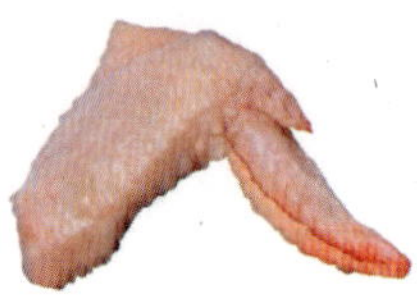	어깨에서 연결된 날개부위로 윗부분은 살이 많고, 지방이 많아 맛이 부드럽다 날개아래는 살은 적으나 콜라겐 성분이 다량 함유되어 있으며 뼈 주위에 펙틴질이 많아 육수를 만들면 감칠맛이 있다.	튀김 볶음 조림
다리살 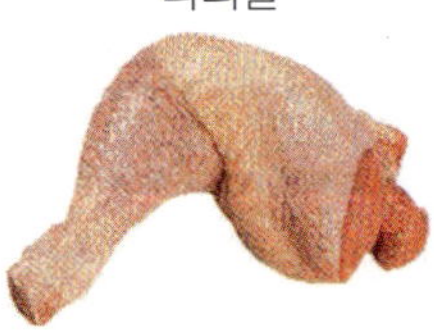	통다리 넓적다리 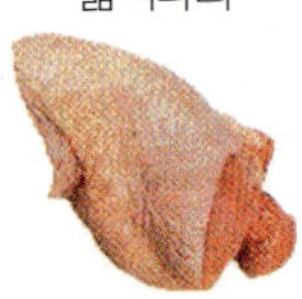 북채 	다릿살은 운동을 많이 하는 부위로 근육이 많으며 색과 맛이 진하고 육질이 단단하다.	튀김, 볶음, 찜 조림, 구이용

표 10-8 닭의 크기와 월령, 성별에 따른 명칭 및 특징

구분	명 칭	중 량	월 령	성 별	특 징	조리용도
1년 이하	브로일러 (broiler)	1.13kg 이하	2~3개월	숫·암 병아리	고기가 연하고 지방이 거의 없다.	프라잉(frying) 브로일(broil)
	프라이어 (fryer)	1.13~1.6kg	3~5개월		피하지방이 약간 있다.	프라잉(frying) 브로일(broil)
	로스터 (roaster)	1.6kg 이상	5~10개월	수탉	피하지방이 있다.	로스팅 (roasting)
	케이폰 (capon)	1.8kg 이상	7~10개월	거세한 수탁	연하고 맛있는 살을 가지고 있으며 가슴 고기가 많다.	로스팅 (roasting)
	푸리트 (pullet)	1.12~2.48kg	4~9개월	암탉	몸이 작고 통통하다.	스튜(stew) 브레이징(braising)
1년 이상	스테그 (stag)	로스터와 코크의 중간		수탉	피부가 거칠고 살이 질기다.	스튜(stew) 브레이징(brasing)
	파울 (fowl)	1.8~2.7kg	1년 이상	암탉	지방이 많고 살코기가 두껍다	브레이징(brasing) 수프(soup)
	코크 (cock)	1.8~3.15kg	1년 이상	수탉	살색이 맑지 못하고 질기며 조직이 거칠다.	수프(soup) 스튜(stew)

5. 식육의 조리 특성

육류의 단백질은 가열에 의해 변성되므로 고기의 질긴 정도에 영향을 준다. 50℃ 내외에서 응고하기 시작하여 온도가 높아짐에 따라 용해성이 떨어지고 고기는 더욱 굳어진다. 그러나 결합조직 중 콜라겐은 물과 함께 가열하면 65℃ 이상에서 트로포콜라겐의 수소 결합이 파괴되어 3중 나선구조가 폴리펩타이드 사슬 한 가닥씩 풀어져 수용성의 젤라틴이 되므로 연해진다. 즉 육류를 가열할수록 근육조직은 수축되어 질겨지고, 결합조직은 부드러워진다.

돼지고기는 소고기보다 연하므로 가열에 의한 질감의 변화는 크게 고려할 필요가 없으나, 선무충과 유구촌충이라는 기생충의 감염을 우려하여 고기의 내부 온도를 77℃ 이상으로 조리하도록 권장하고 있다.

식육은 근내막에 지방이 침착되고 상강육처럼 근섬유의 주위에 지방이 들어 있는 부분이 근육의 수축이 적고 연해져 텍스처와 풍미가 좋다. fillet(돼지의 등심살)과 닭의 가슴살 고기는 지방분과 결합조직이 적어서 연하다. 복부의 살은 지방층과 근육부가 층으로 되어 있어(돼지의 삼겹살), 결합조직이 많아서 푹 익히는 요리에 적합하다.

내장류는 심근을 제외하고는 평활근이 많고 결합조직 부분을 제하면 육질은 연하지만 특유의 냄새를 가지고 있으므로 조리 전에 우유 또는 소량의 식염과 향미 채소를 사용하여 냄새를 제거하여 이용한다.

1) 고기의 가열에 의한 변화

(1) 중량, 보수성의 감소

수조육은 생식할 수도 있지만 가열 조리하는 것이 식품위생상 안전하고, 풍미가 증가하고, 소화성도 향상되며, texture도 개선된다.

가열에 의해 근육 단백질의 응고 온도에 가까워지면서 근섬유는 수축한다. 45℃ 부근에서는 크기가 약 15% 수축하고 60℃ 이상에서는 길이가 약 25% 수축한다. Collagen 섬유는 58℃에서 약 75% 수축한다. 근육이 수축하면 고기의 연한 것과 보수성이 급격히 감소하여 중량으로는 20~40% 감소하는데 이는 지방과 육즙이 용출되기 때문이다.

고기를 급속히 가열하면 탈수가 심해져서 질겨진다. 완만하게 온도를 상승시키면 단백질 분해효소의 작용과 collagen의 gelatin화가 이루어져 육질은 연해진다. Roast와 같이 장시간 가열은 고기의 수분과 지방분의 손실을 일으키므로 미리 식염을 가해 육 표면의 수화성을 잘 유지시키고 나서 고기 주위를 가열 응고시켜 내부의 육즙의 유실을 방지하도록 한다. 그림 10-8은 생육을 가열할 때 고기 내부의 온도를 나타낸 것이다.

로스트는 굽기가 끝나고 나서 실온으로 꺼내서 덮개를 해서 고기 내부의 온도 차를 줄여서 육즙의 유동성을 감소시키고 나서 제공한다(여열이 있는 오븐에 방치해 두면 과열하게 된다). 고기 내부의 온도가 60℃(rare), 70℃(medium), 80℃(well done)로 높아지는 만큼 식감은 질겨지지만 양념이나 소스 등을 곁들여 수분 증발을 막음으로 개선된다.

송아지, 돼지, 닭 등 색이 연한 고기는 특유의 냄새가 나기도 하고 기생충의 위험과 변질이 빨리 일어나므로 충분히 가열한다. 소와 양, 오리고기는 진한 적색으로 육질이 담색의 고기보다 질기므로 가열의 정도를 rare로 하는 편이 연하다.

고기의 지방 함량은 고기 내부의 온도 상승에 영향을 주어 저온에서는 근수축을 억제하여,

수분의 손실을 적게 하지만 내부 온도가 80℃ 이상이 되면 온도 상승이 급격해져서 지방의 효과는 없어진다.

Black and Blue	내부 온도 100°F 38℃	
Very Rare	내부 온도 100°F 38℃	
Rare	내부 온도 120°F 49℃	
Medium Rare	내부 온도 126°F 52℃	
Medium	내부 온도 135°F 57℃	
Medium Well	내부 온도 145°F 63℃	
Well Done	내부 온도 160°F 71℃	

그림 10-8 고기 구울 때의 내부 온도

(2) 풍미의 변화

고기의 가열은 생고기의 냄새를 휘발시키고 새로운 향미를 부여하는데 이는 숙성 중에 증가한 아미노산과 당, 그 외에 성분 간의 상호작용, 아미노-카보닐 반응 등에 의한다고 생각된다. 미림과 간장 등의 조미 국물이 있으면 향미의 발생은 한층 강해진다. 조리에 의한 향미는 가열 온도가 높은 만큼 잘 발생한다.

(3) 고기의 색소

고기의 붉은색은 육색소의 myoglobin과 혈색소의 hemoglobin에 유래한다. myoglobin은 공기나 열로 인하여 heme부분의 철의 산화 상태의 변화와 단백질 부분 globin의 열변성이 일어나 변색한다. 가열에 의한 변색은 65℃에서 시작하여 75℃에서 끝난다. 질산염으로 처리한 고기는 75℃에서도 분홍색(복숭앗빛 적색)을 나타낸다. 이는 아질산염과 heme과의 반응이며 ascorbic acid가 있으면 색이 한층 더 안정된다.

이 원리는 햄, 베이컨 등의 식육가공품에 사용되고 있는데 아질산염은 식품위생상 문제는 있으나 채소 등에 본래 함유되어 있는 성분이어서 고기와 백색 채소를 익혀서 공기에 접촉하지 않는 상태에 두면 분홍색을 내는 일이 가끔 있다. 또 파 등 향미 채소를 넣은 조미 국물을 사용해서 구운 고기는 캐러멜화 반응이 더해져 심홍색을 나타낸다.

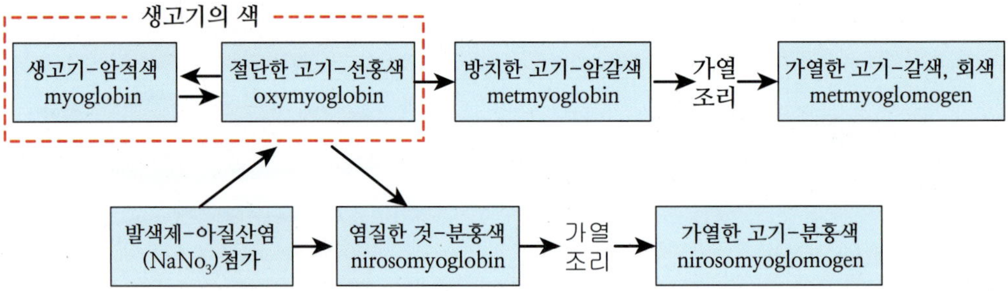

그림 10-9 육류의 가열에 따른 색의 변화

고기에 함유된 단백질의 과열은 변이원성 물질을 생성하고 peptide 결합이 소화효소의 작용을 받기 어려운 형태로 변하는 등 단백질의 영양가를 현저히 저하시킨다.

2) 육류의 연화

(1) 고기의 경도에 영향을 주는 요인

육질의 질기고 연함은 부위, 동물의 크기, 지방의 함량, 동물의 연령, 암수, 숙성의 정도에 따라 다르다.

① 근육 중의 결체조직이 많은 고기는 질기므로 적당한 수분을 가하는 습열 조리를 하는 것이 좋다,
② 경직 중이거나 오래되어서 근육단백질의 수화량이 적은 고기도 질기며 또 운동량이 많은 목, 다리의 부분은 근섬유의 결이 굵어져서 질기다.
③ 근육섬유 간의 지방량이 적은 고기는 질기다.
④ 늙은 동물의 고기는 대체로 질기다.
⑤ 높은 온도에서 장시간 가열하면 근육섬유는 질기고 목면실을 씹는 것과 같은 질감을 내게 되므로 건열 조리를 할 때는 적당한 시간을 사용하여야 한다.

(2) 육류의 연화 방법

① 기계적인 방법 : 고기를 섬유 방향에 직각으로 얇게 썰거나, 갈거나 칼로 다지거나, 칼집을 넣은 고기는 근육과 결합조직 사이가 끊어져 연해진다.
② 수화에 의한 방법 : 1.3~1.5%의 식염은 단백질의 수화력을 증가시켜 가열하는 도중에 수분의 손실을 적어져서 연하지만 식염의 양이 많으면 탈수로 인하여 고기가 질겨진다.
③ 단백질 분해효소의 첨가 : 배즙, 생강의 프로테아제(protease), 파인애플의 브로멜린(bromelin), 무화과의 피신(ficin), 동물 위의 펩신(pepsin), 파파야의 파파인(papain), 키위의 액티니아딘(actiniadin) 등의 단백질 분해효소는 근육 단백질과 결합조직의 단백질을 분해하여 고기를 연화시킨다. 이들은 실온에서 서서히 작용하므로 첨가한 후 잠깐 동안 방치하는 것이 좋다.
④ pH의 변화 : 고기가 사후경직 중인 pH 5~6 사이일 때 질기므로 숙성 과정을 거친 고기를 사용한다.
⑤ 조미료의 첨가 : 향미 채소로 marinade 하거나 식초, 레몬, 소금, 간장, 설탕, 술 등의 양념을 첨가하면 고기가 연해진다.
⑥ 냉동 : 고기를 얼리면 세포의 수분이 단백질보다 먼저 얼어서 용적이 팽창하여 세포가 파괴되므로 고기가 연해진다.
⑦ 연육소(meat tenderizer) : 연육소는 단백질 분해효소를 염과 같이 혼합하여 분말 상태로 만들어 상품화한 것으로 스테이크를 할 때 많이 사용한다. 연육소는 뿌린 표면만 연육 효과가 있으므로 얇게 저민 고기는 그냥 뿌려도 되지만 두꺼운 고기는 뿌린 후 포크로 쿡쿡 찔러서 연육소가 속으로 스며들게 하여야 한다.

제11장 어패류

1. 어류의 근육
2. 계절에 따른 어패류의 맛과 선도
3. 조리 과정 시 일어나는 생선의 변화
4. 어패류의 조리
5. 어패류의 가공품

Chapter 11 어패류

수산동물은 척추동물인 어류, 연체동물인 문어, 오징어, 낙지, 패류, 극피동물인 성게, 해삼, 척색동물인 멍게, 공장동물인 해파리 등으로 종류가 많다.

수조육류에 비하여 결합조직이 적어서 근육이 연하고, 저지방, 저콜레스테롤의 동물성 단백질 급원이다. 또한, lysine 함량이 많아 lysine이 부족한 곡류 위주의 우리나라 식생활에 있어서 영양적으로 중요한 위치에 있다.

어류는 해수어와 담수어로 나뉘며, 물의 온도가 낮고 맑으며 깊은 곳에서 서식하는 생선이 물의 온도가 높고 얕은 곳에서 서식하는 생선보다 맛이 좋으며 지방 함량에 따라서도 맛의 차이가 생긴다.

보통 지방 함량이 2% 이하인 흰살생선은 도미, 대구, 민어, 가자미, 광어, 명태, 넙치, 복어 등으로 구분되며, 5~20%의 지방을 함유하고 어육이 갈색, 노란색, 분홍색, 회색을 띠는 붉은살생선에는 고등어, 방어, 꽁치, 연어, 참치, 멸치, 정어리, 준치, 정어리, 청어 등이 포함된다.

이들은 사는 곳도 달라서 흰살생선은 해저의 깊은 바다에 살며 운동도 별로 하지 않는 정착성 어류이지만, 붉은살생선은 바다 표면 가까운 곳에서 살며 활동도 심한 외양성 회유어류가 많다. 붉은살생선은 생육 중의 효소 활성이 강하기 때문에 사후강직 시간이 짧고 단시간에 상하기 쉬운 반면 흰살생선은 사후강직 시간이 길어 붉은살생선에 비하여 신선도를 오래 유지할 수 있다.

1 어류의 근육

어류는 머리, 몸체, 꼬리의 세 부분으로 나누어지며, 헤엄을 치는 지느러미가 있다. 어류의 근육은 등뼈 양측에 1cm 전후의 짧은 근절이 서로 겹쳐져 있고 비늘을 가진 피부로 덮여져 있다.

껍질은 색소세포 등으로 침착되어 있는 색소와 점막에 의해 각종 어류 특유의 색을 나타내고 있다. 껍질의 단백질은 collagen 성분이다.

그림 11-1 생선의 부위별 영양소

1) 어패류의 구성 성분

(1) 단백질

어패류의 근육 단백질의 조성은 수육에 비해 육기질 단백질이 적은 편이다(표 11-1).

(2) 지방

어육의 지방 함량은 수조육류보다 대체로 낮으나 연어, 가자미, 메기는 20% 내의 지방을 함유하고 있다. 갑각류는 어류보다 지방 함량이 훨씬 적다. 붉은살생선이 흰살생선보다, 큰 생선이 작은 생선보다, 산란기 직전이 산란기 이후보다, 배 쪽의 살이 등 쪽의 살보다, 껍질 쪽의 살이 안쪽의 살보다 지방 함량이 많다.

표 11-1 어육 단백질의 조성(%)

어 종	근형질 단백질	근원섬유 단백질	육기질 단백질
도 미	31	67	2
대 구	21	76	3
잉 어	23~25	70~72	5
가자미	18~24	73~79	3
날 치	29	69	2
고등어	30	68	2
방 어	32	65	3
가오리	26	64	10
오징어	10~20	77~85	2~3
대 합	50	33	11
토끼고기	28	52	20
소고기	24	51	25
돼지고기	20	51	29
닭고기	33	62	3

(3) 당질

생선의 당질량은 대체로 0.3% 내외이고 성분은 glycogen이다. 패류는 2%, 굴은 5~10%의 당질을 포함한다. 갑각류의 달큰한 맛은 glycogen이 효소의 작용으로 포도당이 되기 때문이다.

(4) 냄새 성분

어류의 비린내 성분은 해수어인 경우 trimethylamine과 암모니아가 주성분이며 상어고기는 요소가 많아서 요소의 분해에 의한 암모니아가 강한 냄새를 낸다.

해수어는 신선할 때는 비린내가 약하지만 담수어는 강하다. 메기나 잉어 같은 민물고기의 비린내는 peperidin과 acetaldehyde가 축합된 냄새이다. 선도가 떨어진 생선은 암모니아, TMA, 유화수소, methylmercaptane, indole, skatole, 지방산이 많아지면서 심한 비린내를 낸다.

(5) 색

어류의 수용성 색소는 myoglobin이지만 혈액의 색은 hemoglobin이다. 연어, 송어, 새우, 게 등의 육색소는 carotenoid 계인 astaxanthin 이며 적색의 어피도 함유한다.

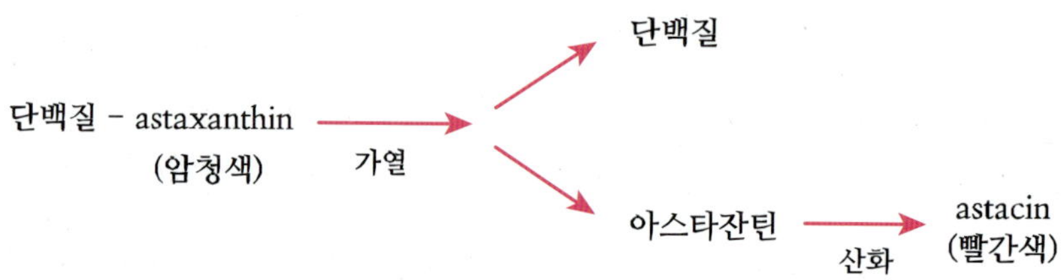

그림 11-2 새우와 게의 색 변화

도미의 피부도 carotenoid 계 색소이며 오징어, 문어, 새우, 게 등의 혈액에는 Cu를 함유하는 hemocyanin(피조개는 hemoglobin 함유)이 들어 있다. 이들은 환원형일 때는 무색, 산화형일 때는 청색을 띤다.

2) 오징어

(1) 오징어의 껍질

오징어의 몸체는 길이에 대해 가로무늬로 뻗어 있고 근육과 그것을 덮고 있는 껍질 부분으로 구성되어 있다(그림 11-3).

껍질은 세로무늬로 4층으로 구성되어 1층과 2층 사이에 색소층이 존재한다. 오징어의 껍질을 벗기면 2층과 3층 사이가 분리되어 색소포가 제거되며 3층과 4층은 잘 제거되지 않는다. 제 4층의 콜라겐 섬유는 가늘지만 질기고 이것이 몸의 길이로 존재하여 근육섬유와 직각으로 교차하여 근육을 고정시킨다. 오징어를 가열하면 수축하거나 둥글게 말리는 것은 근육섬유와 콜라겐섬유 때문이다. 즉 표피의 제 4층의 결체조직의 콜라겐이 근육섬유보다 더 수축하므로 껍질 쪽에 체축 방향으로 말려 올라오는 것이다.

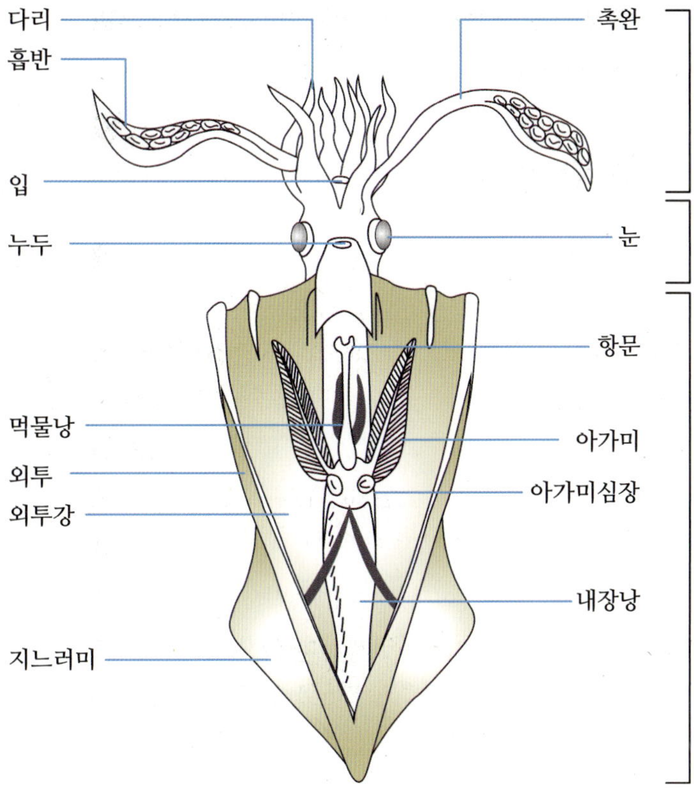

그림 11-3 오징어의 구조

(2) 가열에 의한 오징어의 수축

오징어를 익히면 수축의 방향이 껍질과 근육이 직각으로 되어 있어 말리게 된다. 껍질을 벗긴 오징어 안쪽에 두께의 반 정도까지 칼집을 넣으면 뒤에 구울 때 칼집을 내지 않은 쪽은 둥글게 줄어드는 데 비해 덜 줄어든다.

또 오징어를 둥글게 말리도록 완성하고 싶으면 가로로 칼집을 넣고, 평평하게 하게 만들고 싶으면 세로로, 솔방울 무늬를 만들려고 할 때는 45° 각도로 비스듬히 칼집을 교차로 넣으면 원하는 모양이 만들어진다. 반대로 튀김요리에서는 둥글게 말려 들어가면서 줄어들어 껍질이 벗겨진다. 이것이 곤란한 경우는 양쪽으로 칼질해 놓으면 전체가 동일하게 줄어 둥글게 말리지 않게 된다.

(3) 오징어의 색과 맛

신선한 오징어는 무색투명하고 껍질에는 짙은 적갈색의 색소포를 가지고 있다. 신선도가 떨어짐에 따라 색소포가 터져 전체가 붉은색을 띠게 되며 부패하면 색소가 살로 스며들어 오징어는 붉은색이 된다.

근육은 평활근으로 색소를 가지지 않으므로 껍질을 벗긴 오징어는 가열하면 백색이 된다.

다른 생선에 비하여 오징어가 달고 구수한 맛을 내는 것은 트리메틸아민 옥사이드(TMAO), 베타인, 타우린, 프롤린 등의 추출물이 많기 때문이고, 오징어 특유의 냄새는 함황 아미노산의 분해에 의해 생성된 황화수소와 암모니아, 피페리딘, 트리메틸아민의 혼합된 냄새이다.

3) 조개류

조개류는 생선보다도 세균의 부착률이 높으므로 생식하면 식중독의 위험이 있으므로 가열하여 먹는다. 조개류에는 독특한 맛을 내는 호박산이 들어 있으므로 국물을 이용하는 찌개나 젓갈을 만드는 데 이용된다. 조개는 가열하면 탈수되면서 수축하고 단단해진다. 그러므로 단시간에 조리하거나 아니면 장시간 가열하여 결합조직을 연화시켜서 사용한다.

2 계절에 따른 어패류의 맛과 선도

1) 제철

물고기의 맛은 기후, 수온, 식이의 영향을 받지만, 지방 함량이 증가하는 산란기 전이 맛이 좋은 종류(붉은살생선)와 산란기 후에도 지방이 적어지지 않는 담백한 맛이 있는 종류(주로 흰살생선)가 있다.

계절에 따른 지방량의 변화가 심한 것에는 정어리, 고등어와 같이 수면 가까이 사는 활동성인 붉은살생선이 여기에 속한다. 바다 깊이 살면서 운동량이 적은 흰살생선은 연중 지방량의 변화가 없다. 굴처럼 산란기에는 독소가 있어서 식용으로 적합하지 않는 경우도 있다. 어패류의 맛이 좋은 시기를 그 생선의 제철이라 부르며 산란을 위해 집단으로 근해에 모여들기 때문에 어획고도 높아진다. 제철은 지역적으로도 다르지만 가다랭이처럼 제철보다 먼저 나온 만물을 선호하는 것도 있다. 최근 냉동기술이 발달하여 제철이 없어지는 경향이다.

2) 신선도와 사후경직

어패류는 선도가 높을수록 맛이 좋고 위생적으로도 안전하다. 어패류의 사후경직은 수 분에서 수 시간 만에 시작하여 지속 시간은 짧고, 숙성, 변질의 속도가 빠르다. 생선은 사후 1~4시간 동안에 최고로 단단하다. 등푸른생선은 흰살생선보다 경직이 빨리 시작되며 경직 시간도 짧다.

물고기를 살아 있을 때에 후두부에 칼집을 넣으면 조직에 잔존하는 효소와 ATP의 소비를 억제하여 경직 시간을 늦출 수 있다. 이 방법을 활체(活締)라 부르며 물고기는 활어라 부른다. 활어는 1~5℃, 습도 80% 이상으로 보관한다. 어육의 자기소화는 높은 온도에서 빨리 진행하기 때문이다.

자기소화와 함께 어육에 부착된 미생물이 번식하여 악취를 내면서 부패하게 된다. 담수어가 해수어보다, 토막친 생선이 전체어보다 어획할 때 활동을 많이 한 고기가 빨리 변패한다.

고기의 선도는 안구와 아가미, 피부, 복부의 상태, 육질의 탄력성 등 외관으로 보는 방법과 화학적인 신선도 판정 방법이 있다. 내장의 효소 활성이 강한 고등어 등은 외관상 신선해도 변질이 진행되는 일도 있다.

◐ 신선도 측정 방법

어패류의 신선도 측정 방법으로는 육안적인 신선도 측정 방법(표 11-2)과 화학적인 신선도 판정 방법이 있다.

표 11-2 어류의 육안적인 검사 방법

	신선한 것	선도가 떨어진 것
피 부	광택이 있고, 특유의 색채가 있으며 탄력이 있다.	광택이 없으며 복부부터 점차 변색이 된다.
비 늘	윤기가 나며 고르게 밀착되어 있다.	떨어져 있거나 떨어지기 쉽다.
눈	맑고 투명하며 정상 위치에 있다.	혼탁하며 탈락하기도 한다.
아가미	담적색 또는 암적색이며 조직은 단단하며 악취가 없다.	회녹색을 띠며 악취가 난다.
냄 새	해수나 담수의 냄새가 난다.	비린내가 많이 난다.
복 부	내장이 단단히 붙어 있으며, 탄력성이 있다.	장의 내용물이 흘러나오며, 풀어져 있다.

화학적인 측정 방법의 특징을 보면 다음과 같다.

① 암모니아, 아미노산의 증가 : 상어는 예외이지만 암모니아 30mg%, 아미노산 80mg% 이상의 생선은 부패한 것이다.
② TMA의 증가 : 질소 4~6mg 이상은 부패한 것이다.
③ 휘발성 염기질소, 휘발성 지방산이 증가한 생선은 선도가 떨어진 것이다.
④ 생선의 선도가 떨어지면 pH가 7~8에서 6.2~6.5로 저하한다.

3) 우마미[旨味, palatable taste]

어패류의 우마미는 사후 변화에 의해 생긴 단백질과 핵산 등의 분해물과 그들의 상승작용에 의한다. 어육의 맛은 glutamic acid와 ATP, AMP, IMP(inosine monophosphate)가 맛의 중심을 이루고, 여기에 다른 아미노산과 유기산이 합해져서 상승 효과를 보이는 것이다.

오징어, 패류, 새우, 게 등은 중핵에 IMP는 없지만 betaine(오징어), succinie acid(패류) 외에 감미가 강한 glycine, alanine, proline 등을 물고기보다 많이 함유한다. 그 외에도 TMAO(trimethyl amine oxide)도 맛에 영향을 주고 methionine은 성게의 맛에 영향을 준다고 알려져 있다. 이런 성분의 비와 양이 개개의 어패류의 맛을 좌우한다.

3 조리 과정 시 일어나는 생선의 변화

1) 식염에 의한 변화(소금절이)

물고기에 식염을 1~2%을 뿌리면 처음에는 수분이 침출하고 뒤에는 어육의 표면이 투명감을 증가시켜 탄력을 띠며 살이 단단해진다.

실제로는 어육에 일정량의 식염을 가해도 물고기의 종류, 신선도, 어육의 pH, 절단의 정도, 바닷물 농도의 소금물인가, 소금을 직접 뿌리는 것인가 등의 조건에 의해 침출되는 액과 침출액의 양과 살의 단단함이 다르다. 소금절임 시간은 소금 사용량이 많으면 단시간이 좋다.

식염의 효과는 아래와 같다.

① 육질이 연한 어종(예 : 옥돔, 삼치 등)에는 되도록 빨리 소금을 쳐서 살을 단단하게 한다.
② 선도가 떨어진 생선은 어육이 알칼리성이 되어 단백질 팽윤성이 높아지므로 소금 농도를 높여야 살이 단단해진다.

표 11-3 소금에 의한 어육 단백질의 용해도

소금 농도	어육의 변화	비 고
1% 이하	근원질 단백질의 용출	생선구이
1~5%	근원섬유 단백질인 actin과 myosin의 용출 → 망상의 actomyosin 형성(수화도 안정) → 침출액의 점조도가 크다.	생선살에 3%의 소금을 첨가하여 생선묵을 제조한다.
5~12%	단백질의 용출량은 거의 일정 → 단백질의 수화성 저하	
12% 이상	단백질의 용출량은 급격히 감소 → 단백질의 탈수 침전(염석)	자반 고등어, 자반 멸치 (단백질 변성)

③ 고기의 표면적당 소금량이 많은 것이 침출액량도 크다.
④ 수분의 침출과 함께 비린내 성분도 제거된다.
⑤ 어육 단백질의 수화성을 높여 분리액이 적으면 식감이 좋게 된다.
⑥ 열응고점이 낮아져서 고기 내부의 지미의 유실을 막는다.

그 외에도 갈은 고기에 소금을 가해서 방치하면 탄력이 강한 젤리상이 되는데, 이것을 가열하면 이장(離漿)이 적은 고기단자가 된다

2) 식초에 의한 변화

어육에 직접 식초를 가하면 탈수되어 백색이 되지만 미리 소금절이한 것을 식초절이하면 탄력이 좋은 식감을 갖는다. 이것은 어육의 근원섬유 단백질이 등전점(pH 5.5 부근)에서 단단해지지만 식초가 가해지면 산성 측에서 단단해지기 때문이다.

또 아민류와 산이 결합하여 비린내도 제거되므로 생선요리에 초나 감귤류의 즙이 흔히 사용된다. 소금절임 후 식초절이 하는 동안에 표면의 소금 농도가 낮아져서 어육 내부의 소금의 농도차도 적어지게 되어 맛이 좋게 된다.

3) 가열에 의한 변화

어육은 가열하면 응고하여 보수력과 탄력성을 잃는다. 가열에 의한 중량 감소는 20~30%, 오징어와 패류에서는 30~40%이다. 고기를 응고점 이상 가열하면 육질은 일단 질겨져서 단단해지지만 근섬유가 끊기거나 결합조직이 가용화되어 풀리기 쉽게 된다.

생선, 해초, 조개 등의 조림이나 애초 잉어처럼 시간이 걸리는 요리는 고기의 내부 온도가 70℃ 이상이 되면서 육질의 식감이 변하지만 조리에 의해 새롭게 생긴 맛이 좋아진다.

생선살 찐 것을 물에 씻어 지방분과 작은 뼈를 제거한 후 압착하여 부풀려서 미림, 간장, 설탕 등을 넣고 볶아 말린 것을 소보로(soboro)라 한다. 이것은 근원섬유 단백질이 많은 대구, 도미 등 흰살생선이 적합하지만 붉은살의 다랑어도 사용되며, 새우로도 만든다.

어육을 2% 식염을 넣어 갈아서 으깨면 근원섬유 단백질이 해교되어 졸(sol)이 된다. 이를 방치하거나 가열하면 겔(gel)이 되는데 이 원리를 이용하여 만든 것이 어묵이다.

고기완자와 가마보꼬도 이 원리에 해당되지만 어육의 선도가 중요한 조건으로 어종은 흰살 생선이 좋다. 냉동어는 단백질의 변성이 진행되어 좋은 어묵이 만들어지지 않는다.

4 어패류의 조리

어패류의 조리 방법은 조림, 구이, 튀김, 국 또는 찌개, 무침, 부침 등 여러 종류가 있다.

1) 어패류의 손질

(1) 생선

어류는 비늘, 머리, 뼈를 제한 폐기율은 보통 50% 정도이며 작은 생선일수록 폐기율이 높다. 갑각류는 60~80%가 껍데기로 폐기된다.

물에서 갓 잡은 생선의 표면에는 1g당 약 1,000개 정도의 세균이 붙어 있다. 이들 세균의 대부분은 해수에서도 번식하는 호염균이다. 그뿐 아니라 운반 또는 저장 중에 토양, 공기, 용기에서 일반 세균이 붙어서 번식한다. 어육도 축육과 마찬가지로 살아 있을 때에는 표피로부터 세균이 살 속으로 침입하지 못하나 죽으면 표피세포 사이에 틈이 생겨 표피에 붙어 있던 세균이 속으로 침입한다.

아가미는 유영(遊泳) 중에는 세균을 여과하여 깨끗한 산소만을 혈액으로 공급한다. 따라서 아가미가 세균에 오염되어 있기 쉽다. 아가미에 붙어 있던 세균은 근육 또는 내장으로 들어가 부패가 시작되고, 내장과 근육에서는 단백질 분해효소가 단백질을 가수분해하므로 살은 물러지고 내장도 물러지며 부패된다.

생선의 표면에 존재하는 점액은 당과 단백질이 결합된 당단백이므로 점성을 가지고 있는데, 여기에 세균, 먼지 같은 불순물, 비린내 성분 등이 섞여 있으므로 점액을 씻으면 불순물과 비린내 성분을 함께 제거할 수 있다. 일단 생선을 물로 씻고 나면 비늘을 제거하고 아가미, 내장을 제거한 후 소금물로 깨끗이 씻는다. 이때 소금물을 사용하는 것은 단백질의 일부를 응고시키고 짠맛을 주며 수용성인 맛 성분의 용출을 방지하기 위함이다.

(2) 조개류

조개류를 먹었을 때 모래가 씹히면 불쾌하다. 따라서 조개류는 조리하기 전에 반드시 모래를 토하게 해야 한다.

모래를 토하게 하려면 조개류가 서식했던 상태와 거의 비슷한 조건을 만들어 주어야 한다. 그러므로 민물조개는 맹물에, 바닷조개는 작은 소쿠리에 담아 약 2%의 소금물에 1~2시간 담가 둔다. 바닷물이 3%의 소금 용액이므로 바닷물보다 짜면 삼투압에 의하여 조갯살이 탈수되어 질겨진다.

껍데기를 제거한 조개나 굴은 소쿠리에 넣어 소금물에서 흔들어 씻는다. 또는 무를 갈아서 굴을 넣고 가볍게 섞어 놓았다가 씻으면 점액과 껍데기 부스러기가 깨끗하게 제거된다.

2) 냉 회

회에는 생으로 먹는 것과 데쳐서 먹는 것의 두 가지가 있다. 생으로 먹는 회는 가열하여 살균할 기회가 없으므로 신선한 생선을 택하여 위생적으로 다루어야 한다. 데쳐서 먹는 회는 살균할 기회는 있지만 생선 자체의 맛을 살려야 하므로 역시 신선한 것을 선택한다.

생식하는 어개류의 조건은 ① 선도, ② 지미, ③ 식감, ④ 기생충이 없어야 한다. 생선은 육류와 달리 근육경직 시에 식감이 좋다. 방어와 참치와 같은 대형어는 해경 후에 조리한다.

회로 뜬 생선을 찬물에 세척하는 이유는 살아 있는 어육을 얇게 잘라 냉수에 담그기도 하고 두들기기도 해서 급속하게 근 수축을 일으키도록 해서 살이 단단해지도록 하기 위해서이다. 해경 후의 근육에는 냉수 세척의 현상이 일어나지 않는다. 냉수 세척에 의해 ATP량은 감소하고, actomyosin은 생성된다. Ca^{2+}을 함유하는 우물물, pH(6.0), 온도(0~20℃) 등은 myosin-ATPase의 활성을 억제해서 근 수축을 강하게 한다.

냉수 수축에는 뜨거운 물 세척도 있어서, 잉어 등 비린내를 내는 생선은 냄새와 지방을 없애는 효과가 있다. 또 즉시 얼음물에 담그면 경직 시간이 유지되기도 한다.

근육이 치밀한 어종은 복어와 도미같이 얇게 썰거나 공미리(침구어)와 오징어 등처럼 가늘게 만든다. 참치와 방어처럼 해경이 된 것과 가다랭이 등 육질 연한 어종은 두껍게 썬다.

표 11-4 계절별 생선회 재료

계절별	생선의 종류
봄	도미, 준치, 홍어
여 름	민어, 전복, 새우, 전갱이, 흑도미, 농어, 붕장어
가 을	가자미, 전어, 숭어, 도루묵
겨 울	대구, 가자미, 문어, 홍어, 붕어, 흑다랑어, 오징어, 복어

3) 조림

어패류는 수조육류와는 달리 살아 있을 때 잡아서 조리하는 것이 가장 맛이 있다. 그러나 우리가 생선을 살 때에는 선도가 모두 다르다. 생선이 싱싱한 것일 때에는 조미료를 많이 사용할 필요가 없고 간도 삼삼하게 1.5% 정도의 소금만 사용하여 생선 자체의 맛을 살리도록 한다. 반대로 선도가 떨어진 생선은 신선한 것보다 비린내가 나므로 여러 가지 양념을 많이 사용하고 특히 설탕을 많이 사용하여 맛을 돋우고 약간 오래 조려야 한다.

흰살생선과 붉은살생선도 조리법이 다르다. 흰살생선은 육질이 연하고 맛이 담백하기 때문에 최소한도로 가열하고 익으면 뜨거울 때 그릇에 담고 국물을 듬뿍 끼얹어서 생선 자체의 맛을 내도록 한다. 생선을 조릴 때에는 밑이 납작하고 넓은 냄비에 양념 국물을 넣고 가열하여 끓기 시작하면 생선을 나란히 넣는다. 국물이 다시 끓기 시작하면 뚜껑을 살짝 열고 약 8분간 끓여 생선의 표면에 양념이 배고 국물이 처음의 ½가량이 되면 불을 끈다. 오래 끓이면 살이 단단해지고 맛이 떨어지며 비린내가 난다.

붉은살생선은 비교적 살이 단단하고 비린내도 강하다. 그러므로 여러 가지 양념을 많이 사용하고 중심부까지 열이 전달되도록 오래 조려야 한다. 양념 국물과 생선을 넣고 끓기 시작하면 뚜껑을 살짝 열고 10～15분간 중 불로 끓인다. 그다음 냄비보다 작은 뚜껑을 덮으면 국물이 뚜껑까지 따라 올라와 다시 생선으로 떨어지므로 생선 위까지 간이 밴다.

조림에 사용하는 간장은 진간장을 사용하되 생선 100g에 대하여 2TS, 설탕 ½TS 정도가 적당하다. 물량은 흰살생선일 때에는 간장의 2～3배, 붉은살생선일 때에는 생선이 거의 잠길 정도가 적당하다.

4) 생선의 비린내 제거 방법

생선 비린내의 주성분은 trimethylamine 이다. 이 물질은 생선의 근육 내 수분과 혈액 중에 존재하며 살아 있을 때는 trimethylamine oxide 로서 맛난 맛을 내기도 하지만 생선이 죽고 시간이 경과하면 세균의 작용을 받아 trimethylamine 이 되고 양도 점차 많아진다. 이러한 비린내를 없애는 방법에는 다음과 같은 여러 가지 방법이 있다.

(1) 물로 씻기

trimethylamine 은 수용성이어서 생선의 표피와 근육을 물로 씻으면 비린내가 많이 제거된다. 그러나 수용성 단백질 등 영양 성분과 지미 성분까지 용출되므로 빠른 시간 내에 세척한다.

(2) 산의 첨가

식초, 레몬즙, 유자즙과 같은 산을 첨가하면 어육의 amine 류가 산과 결합하여 비린내가 약화된다. 서양 음식 중 생선요리와 회에 tartar sauce나 레몬 조각을 곁들이는 것도 이러한 이유이다.

(3) 향신료의 첨가

파, 마늘, 양파 등의 양념류는 황화합물(황화 allyl 류)을 함유하고 있는데 이들의 맵고 강한 냄새가 비린내를 약화시킨다. 또 생강은 신미 성분인 zingerone 과 shogaol 에 의하여 미각이 마비되어 맛을 못 느끼기도 하고 산과 같이 trimethylamine 과 결합하여 비린내를 다른 물질로 변화시켜 냄새를 약화시킨다.

생선에 생강을 넣는 시기는 육류와 같이 미리 가열시켜서 단백질을 변성시킨 후에 넣는 것이 처음부터 넣고 조리하는 것보다 효과가 크다. 초밥요리에 초생강, 염교를 사용하는 것도 비린내를 없애기 위해서다.

(4) 고추, 후추, 향신 채소의 첨가

고추의 매운맛 capsaicin, 후추의 자극성 있는 매운맛 chavicin, 생선 조릴 때나 회를 담을 때 사용하는 무 속에 함유된 methylmercaptan 과 mustardoil 이 비린내를 약화시킨다.

피망, 셀러리, 파슬리, 당근 등 강한 향기를 가진 채소류에는 함황물질이 들어 있어 비린내를 약화시킨다.

(5) 술, 미림의 첨가

술에 함유된 succinic acid(호박산)는 비린내 제거와 맛을 향상시킨다. 서양요리에 사용하는 적·백포도주는 육류의 누린내와 생선의 비린내를 없애고 향기를 더해 주어 일반 조미료와 향신료로 애용된다.

일본요리에 사용하는 정종은 호박산을 비롯한 지미 성분이 함유되어 있고 요리 술로 불리는 미림은 설탕보다 고급 감미 성분과 알코올 성분을 가져서 점도가 높다. 가열에 의하여 단백질과 반응하여 aminocarbonyl 반응을 일으켜 적당한 갈색으로 눋게 하고 향미를 내며 생선조림에 윤기를 내기도 한다. 술은 생선 단백질의 응고를 촉진하기도 한다.

(6) 우유의 첨가

생선을 조리하기 전에 우유에 담가 두면 비린내가 약화된다. 그 이유는 우유의 colloid 상 및 casein 입자의 흡착력이 생선 비린내를 없애며 우유지방이 가열될 때 δ-decalactone이 좋은 냄새를 내어 비린내를 약화시킨다.

(7) 고추냉이, 겨자의 첨가

고추냉이나 겨자가루를 미지근한 물에 개서 교반하면 자극성 물질이 생성된다. 이는 sinigrin이 효소 myrosinase의 작용으로 가수분해되어 자극성 향기 성분인 allylisothiocyanate (mustard oil - 겨자유)를 만들기 때문이다. 이 물질은 미뢰를 둔하게 하여 비린내를 약화시킨다.

(8) 된장, 고추장, 간장의 첨가

된장, 고추장은 콜로이드상이므로 흡착성이 강하다. 된장은 독특한 향미를 가지고 있기 때문에 다른 조미료와 동시에 넣고 끓이면 다른 조미료가 생선으로 침투되는 것을 방해하므로 따로 첨가하는 것이 좋다. 양념 간장은 생선의 맛에 풍미를 주고 생선에 침투하여 단백질의 응고를 촉진시켜 살을 단단하게 한다.

5) 구이

생선은 굽기에 적합하지 않은 것이 있지만 대체로 구이를 하는 것이 생선 자체의 맛을 살리는 좋은 조리법이고, 특히 지방 함량이 높은 것일수록 굽는 것이 맛있다. 생선을 구우면 단백질은 응고하고 수분은 증발하며 지방은 용해된다. 이때 비린내 성분은 수분과 함께 생선 외부로 유출되고 조미료와 단백질, 지방이 서로 융합되면서 열에 의하여 눌어 특별한 풍미를 만든다.

생선을 굽는 방법에는 직접법과 간접법이 있다. 직접법은 생선을 석쇠에 놓거나 쇠꼬챙이에 끼워 불에 직접 쪼이면서 생선을 굽는 것이고, 간접법이란 오븐이나 프라이팬에서 굽는 것을 말한다. 우리나라에서는 석쇠에서 굽는 사용하는 직접법과 프라이팬을 사용하는 간접법을 많이 이용한다.

또 조미하는 방법에 따라 소금구이와 양념구이로 나눈다. 구울 때 껍질이 많이 수축하므로 칼집을 미리 넣는다. 양면을 강화력으로 응고시켜 화력을 조절해서(강한 불에 직접 닿거나, 불꽃을 피한다) 고기의 내부 온도가 70℃ 정도가 되는 것이 좋다. 고온 장시간의 가열은 영양소의 손실, 맛의 저하, 변이원성 물질의 증가를 가져온다.

① 소금구이

생선 자체의 맛을 살려서 조리하는 것이기 때문에 특히 싱싱한 생선을 선택해야 한다. 생선을 통째로 절일 때는 비늘을 긁고 아가미와 내장을 빼고 생선의 안팎을 깨끗이 물로 씻은 후 물기를 빼고 소금을 친다. 큰 생선일 경우에는 비늘을 긁고 아가미와 내장을 뺀 후 생선을 깨끗이 씻어 물을 빼고서 전체를 반으로 갈라 소금을 친다.

절이는 소금의 양은 생선 무게의 약 2%가 적당하며 살이 두꺼운 부분에는 소금을 많이 치고, 얇은 곳은 조금 쳐서 간이 속까지 잘 배어 들어가도록 한다. 삼투압 현상에 의하여 소금은 생선 속으로 스며들어 가고 내부의 수분은 밖으로 스며나오는데 이때 비린내 성분도 함께 용출되므로 절인 후 한 번 씻어주는 것이 좋다.

생선살의 수분이 빠져 단단해질수록 입안에서의 촉감이 좋지 않으므로 생선을 맛있게 구우려면 단시간 절여야 한다. 꽁치같이 작고 살이 무른 것은 5~10분, 청어같이 조금 큰 것은 약 20분, 전갱이나 고등어 등은 약 30분 절이는 것이 이상적이다.

신선도가 떨어진 생선은 살이 물러지고 비린내도 강해지므로 3~4% 정도로 약간 짜게 절여 살을 단단하게 하고 물로 씻어 용출된 비린내를 제거한 후 구워야 한다.

생선을 구울 때에는 석쇠를 먼저 가열한 후 생선을 놓아야 붙지 않는다. 생선을 모양 있게 굽기 위해서는 접시에 담을 때 위로 갈 부분을 석쇠의 밑쪽으로 놓아 먼저 굽는다. 강한 불로 멀리서 구워야 골고루 노릇노릇하게 구워진다. 강한 불로 구우면 쉽게 타고, 약한 불로 구우면 물기가 없고 먹음직스럽지 못하게 익는다.

생선이 약 60% 정도 익었다고 생각되면 뒤집어서 나머지가 익도록 굽는다. 여러 번 뒤집지 말고 불을 잘 조절하여 타지 않게 한다. 껍질이 두꺼운 생선은 칼집을 넣어 구울 때 모양을 제대로 유지할 수 있다.

② 양념구이

양념구이는 양념간장에 20~30분간 담가 두었다가 굽거나, 생선을 그대로 어느 정도 구운 후에 양념간장을 발라가며 굽는 것을 말한다. 양념간장은 간장, 설탕, 청주, 미림을 기호에 따라 섞는데 각 조미료의 양은 부피로 하여 간장 1, 청주 1, 미림 1, 설탕 0.3 정도이면 표준량이다.

양념구이를 할 때에는 대개 쇠꼬치에 생선을 끼워 부스러지는 것을 방지한다. 따라서 생선은 일반적으로 지방 함량이 높은 것을 택하고, 구울 생선의 두께는 1.5~2.5cm 정도가 적합하다.

양념간장을 만들 때 미림이 없으면 설탕을 사용한다. 미림의 당분은 맥아당과 포도당이므로 맛이 설탕의 단맛보다 부드럽고 윤기를 내는 효과가 있다. 맥아당과 포도당은 가열하면 간장의 아미노산과 함께 마일라드 반응을 일으켜 아름다운 갈색 색소를 만든다. 동시에 당은 180~200 ℃의 열에 의해 캐러멜화하여 아름다운 갈색과 향기로운 냄새를 낸다. 설탕보다 포도당이 캐러멜화가 빨리 일어나므로 미림을 사용하는 것이 보기 좋은 양념구이를 만들 수 있다.

구울 때 양념간장이 타면 쓴맛을 내므로 양념간장을 바를 때에는 불을 줄이고 앞뒤로 간장을 두세 번 발라가며 타지 않게 굽는다.

6) 튀김

튀김이라는 조리법은 원래 우리나라에는 없고 일본, 중국, 서양 음식에 있다. 튀김은 가열된 기름 속에서 기름의 대류에 의하여 식품에 열을 전달하여 단백질을 열응고시키는 건열 조리법으로 단시간 내에 조리할 수 있는 장점을 가지고 있다.

음식을 튀길 때에는 튀기는 음식에서 물과 기름의 교환이 일어난다. 즉 음식에 있는 수분이 열에 의하여 수증기화하여 밖으로 빠져나가고 그 대신 기름이 음식으로 스며든다. 이 과정이 적당하게 이루어지지 않으면 질이 좋은 튀김음식이 되지 않는다.

(1) 튀김의 재료

튀기는 과정에서 음식으로 기름이 스며들어 가므로 지방 함량이 높은 생선을 튀기면 음식에 기름기가 너무 많다고 느껴지게 되며, 기름에 생선 기름이 스며 나와 기름의 질을 저하시킨다. 따라서 지방 함량이 적은 흰살생선을 사용해야 한다.

(2) 어패류를 튀기는 방법

그냥 튀기기, 마른 가루 씌워서 튀기기, 옷 입혀서 튀기기(튀김, 덴뿌라), 프라잉(frying), 프리터(fritter) 등이 있다.

튀김은 옷을 입히는 쪽이 수분의 손실이 적고, 내부 온도는 60~70℃로 되면 고기의 탄력을 유지하게 한다. 살코기는 80g으로 잘라 180℃에서 20분 정도 튀기면 좋고, 오징어육은 1분 정도가 좋다.

5 어패류의 가공품

1) 연제품

연제품이란 어육을 물로 씻은 후 소량의 소금(2~3%)과 부재료를 넣고 갈아 으깬 연육(고기풀, meat paste)을 증숙(熟), 건조 또는 그 외의 방법으로 가열하여 겔화시킨 제품을 말한다.

◐ 판붙이 어묵 · 기타 어묵

고기풀을 기름에 튀긴 튀김 어묵과 판에 붙여 만든 판붙이 어묵(가마보꼬)이 있다. 판붙이 어묵은 작은 판자에 고기풀을 반원통형으로 붙여 수증기로 찌고 냉수로 냉각한 후 표면에 포도당을 발라서 찌거나 전열 또는 가스로 구어서 만든 것이다.

2) 젓갈

젓갈(salted fermented seafoods)은 장류, 김치류와 더불어 우리나라 3대 염장 발효식품의 하나로 어패류의 어육, 내장 등에 10~20%의 소금을 넣고 자가 소화효소 또는 미생물의 작용으로 어육 성분들을 분해, 숙성시켜 독특한 풍미를 가지도록 한 것이다. 소금을 사용한다는 관점에서 염장품과 비슷하나 젓갈은 육질의 분해를 촉진시켜 독특한 풍미를 갖도록 한 것이 다르다. 주로 멸치젓, 새우젓, 명란젓, 창란젓, 성게젓, 조개젓, 오징어젓 등이 유통되고 있다.

젓갈의 종류에는 어체 전체를 사용하는 것과 내장을 사용하는 것, 조개류나 갑각류 등을 사용하는 것이 있으며 또는 식해(食醢)류도 많이 이용되는 젓갈류의 일종이다.

젓갈 제품은 외관은 나쁜 편이나 맛이 좋고 아미노산과 무기질이 풍부하며 특히 필수아미노산의 함량이 많은 우수한 수산가공품이다. 젓갈은 숙성 중 다양한 변화를 하게 되는데 우선 가용성 단백질, 총 유리아미노산과 암모니아 함량의 변화이다. 특히 젓갈의 pH는 숙성기간 중 서서히 증가하고 단백질의 분해효소 활성은 숙성 후에도 계속 유지된다. 완성된 젓갈은 보통 5℃ 이하의 직사광선이 닿지 않는 곳에 보관한다. 유통기한은 젓갈의 경우 고농도의 소금이 젓갈 중의 단백질 분해효소를 가역적으로 억제하여 영양소가 자가 분해되는 것을 막아주므로 장시간 신선하게 보존할 수 있다. 보통 젓갈의 유통기한은 1년이다.

3) 수산 건제품

소건품(素乾品, plain drain products)은 생선을 그대로 또는 간단히 세척한 후 말린 것으로 마른 오징어, 북어, 대구포, 가스오부시가 여기에 속한다.

◐ **가스오부시** : 가다랭이를 씻어 4등분한 다음 높은 열로 쪄서 그늘에서 최대한 건조시킨 후 대팻밥처럼 얇게 썬 것. 가다랭이 중 제일 좋은 부분은 등속 부분으로 혈합육이 가까운 부위의 기름기가 적은 부분이다. 국물 내는 법은 냄비의 물이 끓으면 가스오부시를 넣은 후 거품을 걷어내면서 2~3분간 끓인 후 불을 끄고 고운 체로 걸러서 사용한다.

6. Gelatin과 한천

1) Gelatin

(1) Gelatin의 성분

젤라틴은 동물의 뼈, 껍질을 원료로 한 collagen이 주성분으로 동물성의 변성 단백질이며 트립토판과 시스틴은 결핍되지만 인산이 많이 함유되어 있다. 소화되기 쉬우므로 환자의 저열량식, 유아식, 노인식에 좋다.

(2) Gelatin의 성질

젤라틴은 40~60℃에서 용해되고 10℃ 전후에서 응고한다. 한천에 비하여 용해 온도와 응고 온도가 낮다.

형태는 판상과 분말이 있고 사용하는 방법은 중량의 10배 정도의 물에 침지, 팽윤시키는 데 분말은 약 5분 담그면 되고 판상은 20~30분간 담가 두어야 한다. 팽윤한 젤라틴을 40℃ 이상 가열하면 용해(sol)하는데 다시 냉각시키면 응고(gel)하고 beating하면 기포를 형성한다.

젤리에 사용하는 농도는 2~3%로 농도가 묽으면 식감은 좋지만 강도가 떨어지므로 여름철 실온에 장시간 두는 경우에는 4~5%가 좋다. 온도를 낮출수록 빨리 응고하므로 냉장고에서 응고시키는 것이 좋고 강도는 저온에서 장시간 냉각시킨 것이 높다.

젤리에 첨가하는 부재료는 젤라틴의 응고에 여러 가지 영향을 미치는데 그중 산(과일즙, 레몬주스, 식초, 토마토주스 등)은 응고를 방해한다. 젤라틴의 등전점은 pH 4.8 부근으로 이보다 낮은 pH는 젤리 강도를 약하게 하기 때문에 과량의 과즙의 첨가는 주의를 요한다. 염류(소금, 경수)는 응고물을 단단하게 한다. 설탕과 우유는 젤리의 강도를 증가시키는데 그 이유는 물의 자유도를 빼앗아 무기 염류의 작용보다 젤리를 안정하게 하기 때문이다. 키위와 파인애플은 단백질 분해효소를 함유하여 젤라틴을 분해하여 응고가 일어나지 않으므로 가열하여 효소를 불활성화시킨 후 첨가한다.

(3) Gelatin의 이용

Plain fruit dessert, sponge and snow, spanish cream과 barbarian cream 등의 젤라틴 디저트로, 젤라틴에 과일즙, 채소즙 등을 넣고 굳혀서 샐러드로 이용하거나 족편, 요리를 투명감 있고 광택을 줄 때에 이용하고 있다.

2) 한천

(1) 한천의 성분

한천은 우뭇가사리 등 홍조류의 세포벽 성분이며 주성분은 galactan으로 agarose와

agaropectin의 2가지로 구성되어 있으며 영양가는 거의 없으나 장의 연동을 높여 변비를 예방하는 효과가 있다.

(2) 한천의 성질

80~100℃에서 용해되며 30℃ 전후에서 응고한다. 물을 흡수, 팽윤한 한천에 물을 가하여 가열 용해시킬 때는 물을 80% 정도 흡수하면 가열한다. 농도는 0.8~1.5%가 적당하다. 과실즙, 우유, 팥앙금 등을 첨가하면 gel 강도가 약화되므로 한천 농도를 높여줄 필요가 있다.

(3) 한천의 이용

거의 후식으로 이용되며 fruit jelly는 한천에 물을 가하여 녹인 뒤 설탕을 넣고 가열, 용해시킨 다음 60℃ 정도에서 과즙을 넣고 mold에 넣고 냉각, 응고시킨 것이다. 양갱은 한천 녹인 것에 팥과 설탕을 넣고 굳힌 것이다.

한천액이 응고하는 온도는 설탕의 양과 관계가 매우 깊다. 설탕은 친수성이 강하므로 한천이 녹기 전에 넣어 주면 한천을 녹이는 데 필요한 물이 설탕에 뺏겨 부족하게 되어 녹기 어려워진다. 한천액의 응고는 설탕량이 많을수록, 한천의 농도가 높을수록, 응고 온도가 높을수록 단단하며 더 투명하다.

3) 한천과 젤라틴의 조리상의 차이점

한천은 약 30℃의 온도에서 굳어지고, 아무렇게나 해도 녹지 않으나 젤라틴은 냉장고에 넣지 않으면 응고하지 않고, 굳어져도 입을 대면 바로 녹는다. 그러므로 이색(二色) 젤리나 삼색 젤리를 만들 때 한천과 젤라틴을 같이 사용할 때는 굳는 온도가 서로 다르므로 주의해야 한다.

그림 11-4 한천(위)와 젤라틴(아래)

한천의 경우 굳어지면 전혀 점도가 없고, 아래 형에 부어 넣어 굳힌 다음 위층에 아무리 뜨거운 것을 집어넣어도 밑의 층은 녹지 않으므로 두 층은 완전히 분리되어 굳어진다. 잘 접착시키기 위해서는 한천의 아래, 위 농도와 졸이는 방법을 달리하여 아래층이 아직 무를 때 위층을 살살 부어 넣도록 한다. 양 액의 비중이 다르므로 휘젓기 전에는 섞이는 일은 없다.

제12장 달걀

Chapter 12

달걀

1 난류

우리가 식용으로 하고 있는 난류에는 달걀, 메추리알, 오리알, 칠면조알 등이 있는데 이 중 가장 많이 사용되고 있는 것이 달걀이다. 달걀은 양질의 단백질과 인, 철 등의 무기질, 비타민 A, B 복합체와 비타민 D 등의 함량이 우수하여 영양적으로 우수한 식품이다. 달걀은 가격이 저렴하고 영양 및 조리에 다양성 기능을 가지고 있어 여러 용도로 사용된다.

2 달걀의 구조

그림 12-1에서 보는 바와 같이 달걀의 구조는 난각 · 난각막 · 난백 · 난황의 4부분으로 되어 있다. 달걀을 예부터 "the egg is a nutrients store house"라고 하였으며, 영양소의 보고라고 하였고 소비 간편성이 우수하다.

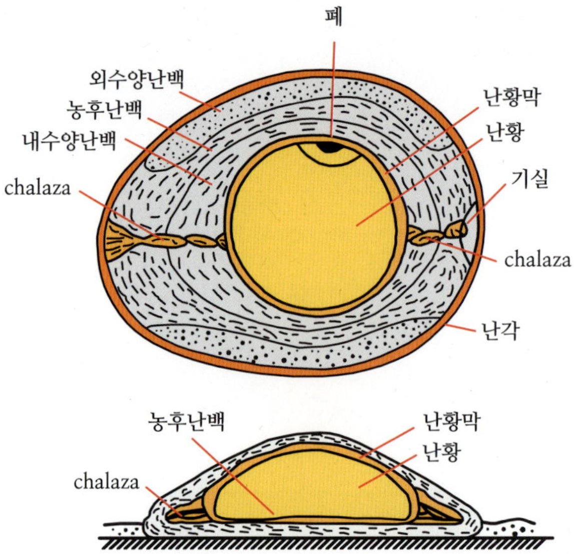

그림 12-1 달걀의 구조

표 12-1 각종 알의 부위별 구성 비율

종류	무게(g)	난각(%)	난백(%)	난황(%)
달걀	40~60	10~12	45~60	26~33
오리알	60~90	11~13	45~58	28~35
칠면조알	80~100	10~14	55~60	32~35
거위알	160~180	11~13	45~58	32~35
비둘기알	14~16	7~13	68~74	17~24

1) 난각

난각(卵殼, egg shell)의 두께는 0.26~0.36mm로 칼슘 화합물로 형성되어 있으며, 표면에는 기공(氣孔)이라 하는 작은 구멍이 1cm^{2}에 약 129개 정도이며 첨단부보다 둔단부에 많다. 이 기공은 알의 내부와 외부의 공기 유통, 알속의 수분을 증발시킨다. 난각은 탄산칼슘($CaCO_3$)으로 되어 있고, 그 외 탄산마그네슘($MgCO_3$) · 인산칼슘($CaPO_4$) 등이 함유되어 있으며, 사료 중에 칼슘이 부족하거나 이상대사(異狀代謝)가 일어나면 난각은 얇아져서 연란(軟卵)을 생산하게 된다.

2) 난각막

난각막(卵殼膜, shell membrane)은 유기질 섬유로 내외 2층으로 밀착되어 있으나 둔단부에서는 서로 떨어져 공간을 이루어 기실(氣室)이 된다. 이 난각막은 젤라틴(gelatin)질의 엷은 막으로서 외부로부터의 미생물 침입을 막아 준다. 두께는 0.01~0.02mm 정도이다.

3) 난백

난백(卵白, egg white)은 난황을 둘러싸고 있고 점도가 낮은 수양난백(watery albumin)과 점도가 높은 농후난백(thick albumin)으로 난황 주위의 농후난백은 난황 양단부에서 은백색 나선상의 알끈(chalaza)이 되어 난각막에 부착하고 있다. 신선란의 농후난백은 50~60% 정도이고, 그중에서 외수양난백은 20~25%, 내수양난백은 11~36%, 중층의 점도가 높은 농후난백은 27~57%를 차지한다. 알의 신선도가 저하되면 농후난백은 물같이 되는 수양난백이 된다.

4) 난황

난황(卵黃, egg york)은 무색투명한 얇은 난황막에 싸여 구형으로 알의 중앙부 약간 위에 위치한다. 전란에 대한 난황의 비율은 약 30~33%이며 큰 알에 비해 작은 알은 난황의 비율이 크다. 난황은 백색부와 황색부로 나누고 배반이 아래를 향해서 가늘고 긴 백색 부분이 있는데, 이것을 라테브라(latebra)라고 하며 이는 백색난황으로부터 유래된 것이며 황색난황과 구별된다. 난각막이 약해지면 난황계수(york index)가 낮아지며 심하면 파열된다. 난황계수는 난황의 높이를 난황의 직경으로 나누어 계산하고, 신선란의 높이는 17~19mm, 직경은 4.5~4.2mm 정도이다. 신선란의 난황계수는 0.442~0.361로써 0.30 이하는 25℃에서 8일간, 37℃에서 3일간 소요되며, 0.25 이하는 활란의 경우 난황막이 파열된다. 달걀 중 난황과 난백의 화학적 조성에는 차이가 많다.

3 달걀의 화학적 및 물리적 특성

알의 화학적 성분은 품종 · 연령 · 개체 · 사료 · 계절 등에 따라 다르나, 난각을 포함해 달걀 전 성분의 화학적 조성은 수분 65.6%, 질소 화합물 12.1%, 지방류 10.5%, 탄수화물, 0.9% 및 회분 0.9%로써 난각의 대부분은 회분이 차지하고 난각을 제외한 대부분은 단백질과 지질이다.

1) 난백

주성분은 오브알부민(ovoalbumin)으로 전 단백질의 60%를 차지한다. 그밖에 오브무코이드(ovomucoid) · 콘알부민(conalbumin) · 라이소자임(lysozyme) 등은 단백질 분해효소를 저해하는 작용이 있고, 아비딘(avidin) 등은 세균의 번식을 억제한다. 모두 생화학적 활성이 높아서 세균이 달걀의 난각과 난각막을 투과할 수 있음에도 불구하고 비교적 장기 보존되는 이유는 난백 자체의 성분이 선도 저하와 미생물의 번식을 억제하는 작용이 있으며, 미생물의 오염을 받기 쉬운 난황을 둘러싸고 보호하고 있기 때문이다. 또한, 신선한 난백이 담황색을 띠는 것은 리보플라빈(riboflavin)에 의한 것이다. 난백의 비타민은 지용성인 A · D · E는 없고 수용성 비타민은 B는 존재하나 C는 전혀 없다.

표 12-2 달걀의 부위별 성분 [단위 : %]

성분 \ 부위	전 란	난 황	난 백
수분	74.0	49.4	87.8
단백질	12.8	16.3	10.8
지방	11.5	31.9	0.0
탄수화물	0.7	0.7	0.8
회분	1.0	1.7	0.6

표 12-3 난백 단백질의 종류와 특성

단백질	종 류	함량 (총단백질 중 %)	성 질
Ovalbumin	albumin	60.0	난백의 중요 단백질로 쉽게 결정화되고, 분자량 4.4~4.6만, 등전점 pH 4.6~4.6
Conalbumin	albumin	13.8	분자량 7만, 등전점 5.8~6.1, Cl·Fe·Zn 이온과 결합하기 쉽고 결합된 것은 단백질 분해효소나 변성에 대하여 저항력이 강함
Ovomucoid ovoglobulin	당단백질	14.0	항트립신 작용, 분자량 2.7~2.9만, 등전점 4.3~4.5
GlobulinG_1 (lysozyme)	globulin	2.8	라이소자임은 분자량 1.4~1.7만
GlobulinG_2	globulin	4.6	등전점 10.5~11.0, 어떤 종의 세균류에 대하여 용균작용
Globulin G_3	globulin	4.3	-
Ovomucin	당단백질	1.1	글루코사민 11%, N 12.5%, S 1.73%
Avidin	당단백질	0.1	분자량 6.6~6.8만, 비오틴과 결합하여 불용화 작용

2) 난황

난황은 수분이 약 50%이고 고형분 약 50% 중에서 단백질 16%, 지질 31%, 회분 2%, 탄수화물 1%로 구성하고 있다. 이러한 난황 단백질의 종류와 특성은 표 12-4와 같다. 달걀은 필수아미노산 함량이 높고, 특히 메티오닌 · 시스틴 등 함황 아미노산의 함량이 다른 식품에 비교하여 많아서 단백질의 생물가는 94~97이다. 지방질은 유화성이 강하여 소화 · 흡수가 잘되며, 무기질 중 황 및 인의 함량이 높은 것이 특징이다. 특히 철은 가열의 영향을 받지 않고 흡수가 잘되어 100% 가까이 혈색소의 합성에 이용되므로 난황은 철의 좋은 공급원이다.

난황에는 비타민류가 많고, 특히 지용성 비타민 A · D · E가 많으나 B군도 난백보다는 많다. 난황막은 3층으로 구성된 탄성막으로 당 단백질을 함유한다. 난황 단백질의 대부분은 지방질과 결합하여 지질 단백질의 형태로 들어 있으며, 유화력이 대단히 강하여 마요네즈 등의 제조에 이용된다. 또한, 지방질의 1/3은 인지질로서 그중 50~60%가 레시틴(lecithin)이다. 이는 광선이나 효소 등에 극히 불안정하여 이들에 의해서 분해되면 악취가 나는 물질을 생성하기 쉬우므로 달걀 가공품의 저장에 주의해야 한다.

표 12-4 난황 단백질의 종류와 특성

단백질	종 류	함량 (총단백질 중 %)	성 질
Lipovitellin	lipoprotein	43~44	phospholipid + vitellin, 18%, 지질 vitellin도 존재
Lipovitellenin	lipoprotein	30~31	phopholipid + vitellenin, 36~41% lipid, free vitellenin도 존재
Phosvitin	phosphoprotein	10	9.7~10.0%,P 함유, 난황 단백질 60~70% 점유
Livetin	수용성 단순단백질	14~15	수용성 1/2 포화 황산 암모늄염으로 침전, 난황효소의 대부분은 이 획분에 함유. 전기 이동으로 α, β, γ의 3획분으로 구분

난황은 날것도 소화율이 높지만, 난백 단백질의 경우는 가열에 의해서 소화율이 증진된다. 그러나 너무 심하게 열응고된 것은 소화액과의 혼합이 불충분하여 오히려 소화율이 저하되는 경우도 있다. 비타민류도 고열로 장시간 조리한 경우 이외에는 큰 손실이 없다. 아비딘의 항비오틴 작용 또한 가열에 의해서 파괴되기 쉽다.

생달걀에는 병원세균인 살모넬라(Salmonellae) 속 세균이나 기타의 세균이 침입하는 경우가 있고, 중독의 원인이 된 예도 있으므로 생달걀을 직접 먹는 것은 뚜렷한 해는 없지만 주의해야 한다.

3) 물리적 특성

신선한 난백의 pH는 7.5~8.0이지만 저장 중 점차 상승하는데, 이는 난백 내의 탄산가스가 방출되기 때문이다. 28℃에서 20일간 저장하면 pH 9.5~9.6에 달하며, pH가 상승함에 따라서 난백의 수양화(水樣化)도 진행된다. 반면, 신선한 난황의 pH는 6.2~6.6으로 저장 중에도 거의 변하지 않는다.

난백은 가열하면 60℃ 전후, 난황은 65℃ 전후에서 겔(gel)화되며, 어느 것이나 70℃ 이상에서는 완전히 유동성을 잃고 겔화하지만 응고하여 고체화하는 데에는 80℃ 이상이 필요하다. 달걀을 가열하여 난황의 중심까지 완전히 굳는 데에는 98~100℃에서 12분이 필요하다.

난백과 난황은 열응고 이외에 산 · 알칼리 · 염류 · 방사선 등으로 처리하면 변성에 의해서 응고된다.

한편, 난백은 -0.45℃, 난황은 -0.58℃에서 동결되는데, 동결된 것을 해동하면 난백의 점도가 저하하고 난황의 경우는 비정상으로 증가하여 경우에 따라서는 사용할 수 없게 되므로 공업적 동결란 제조 시에는 미리 식염 · 설탕 등을 첨가하여 겔화를 방지하는 경우가 많다.

달걀의 물리적 특성 중 가장 중요한 것을 유화성(乳化性)과 포립성(泡立性)이다. 난황 · 난백 모두 유화성이 있지만 난황이 훨씬 강하고, 포립성은 난백이 더 강한데, 이와 같은 성질은 마요네즈나 케이크를 만드는 데 중요하게 이용된다.

신선한 달걀은 껍질을 포함하면 비중이 1.08~1.09이며, 저장 중 점차 감소하여 10일 후에는 1.07, 20일 후에는 1.05로 저하된다. 이 성질을 이용하면 선도 감별도 가능하다. 난백 · 난황 혼합물의 비중은 1.045이다.

달걀의 품질은 크고 균일한 것이 좋으며, 길이와 폭이 4 : 3의 난원(卵圓)형이 좋다. 난각은 알맞은 두께로 되어 있어서 너무 얇거나 두껍지 않고 치밀하여 단단한 것이 운반 도중 파손될 염려가 적으며, 표면이 지나치게 매끄럽고 금이 간 곳이 있으면 좋지 않다.

기실(氣室, air cell)은 산란 후 외기 온도가 낮아서 수축할 때 난각의 수축보다 알 내부의 수축이 크기 때문에 내외의 난각막이 분리되어 생기는 것이며, 저장 중에는 수분이 증발하면 점차 커진다. 기실의 크기는 달걀의 품질검사의 척도가 된다.

난백에는 농후난백과 수양난백이 있는데, 점도가 높은 농후난백 주위에 수양난백이 좁게 흩어져야 하고 혈점(血點)이 없어야 한다.

난황은 완전한 원형으로 알의 바로 중앙에 있어야 하고 알을 깨트려 놓고 볼 때 난황이 퍼지지 않아서 높이가 큰 것, 즉 난황계수(yolk index, 난황의 높이/난황의 폭) 가 큰 것이 좋다. 신선한 것은 난황계수가 0.361~0.442이나 저장 중에는 점차 감소하여 25℃에서 8일 만에 0.30 이하로 저하되며, 일반적으로 0.25 이하인 것은 난황막이 찢어지기 쉽다.

※ 달걀의 신선도는 다음과 같이 간단히 검사할 수 있다.

① 외관 : 신선한 것은 난각 표면이 거칠고 선명한 반면, 광택이 있는 것은 대체로 부패란이다.

② 진음법(振音法) : 신선한 것은 그 내용이 치밀하므로 흔들어도 이동성이 없으므로 흔들었을 때 진동음이 느껴지는 것은 좋지 않다.

③ 설감법(舌感法) : 신선한 달걀은 내용물의 이동이 없고, 둔단부(鈍端部)에서만 기실이 있어서 혀끝에 대면 따뜻한 감촉을 느끼며, 기실이 없는 예단부(銳部)에서는 냉감을 느

끼게 된다.

④ 비중법 : 달걀을 저장하게 되면 비중이 낮아지므로 식염수에 달걀을 띄워 보면 알수 있다.

⑤ 투시법 : 난각은 광선을 투과하므로 암실 등에서 빛을 비추어 기실의 크기, 난백의 유동 상태, 난황의 위치 등을 알 수가 있다.

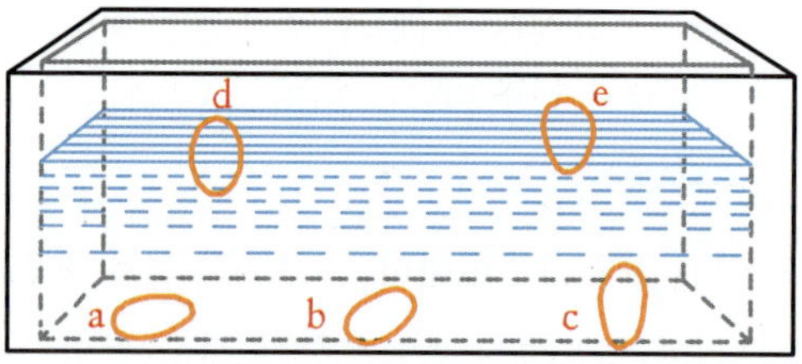

a. 산란 직후
b. 산란 1주 후
c. 보통 알
d. 상당히 오래된 알
e. 부패된 알

- 신선 – 11% 식염수(비중 1.08)에 가라앉는 것
- 약간 신선 – 11% 식염수에 뜨고 10% 식염수(비중 1.073)에 가라앉는 것
- 약간 오래된 것 – 10% 식염수에 뜨고 8% 식염수(비중 1.06)에 가라앉는 것
- 부패한 것 – 8% 식염수에 뜨는 것

그림 12-2 비중에 의한 선별법

4 달걀의 조리성

달걀의 조리성은 달걀을 4~5배로 희석해도 열응고하는 성질과 난황의 유화성, 난백의 기포성, 난액의 점착성이다. 이들의 성질 대부분은 달걀의 단백질성질이라고 말할 수 있다.

1) 달걀의 열응고성

(1) 응고온도

난황과 난백을 각각 5g씩 시험관에 넣고 일정온도로 가열하면 난황은 65℃에서 gel화가 시작되며, 70℃에서 유동성을 잃어버리며, 80℃에서 황백색의 분상으로 응고한다. 난백은

55~57℃에서 응고하기 시작하여 58~60℃에서 젤리상을 보이며, 62~65℃에서 유백색 반투명의 젤리상, 68~70℃에서 연하게 응고하지만, 이장하기 쉽다. 백색 불투명하게 응고하는 것은 80℃ 이상이다.

(2) 농도

달걀은 희석하면 응고온도가 올라간다. 우유나 물을 1컵 첨가한 달걀은 약 80℃에서 응고한다.

(3) 가열온도와 시간

난백을 높은 온도로 가열하면 단단하게 응고하고 낮은 온도에서 응고시키면 부드럽고 연한 응고물이 된다. 오븐에서 구울 때는 온도가 지나치게 올라가는 것을 방지하기 위하여 팬에 물을 넣고 달걀이 담긴 그릇을 넣어 구우면 부드러운 응고물을 얻을 수 있다.

(4) 첨가물의 영향

달걀에 설탕이 첨가되면 응고하는데 더 높은 온도가 필요하다.

2) 유화제로서의 역할

난황의 지질 1/3은 인지질로 lecithin과 cephalin이다. 양적으로는 lecithin이 많고 O/W(수중유적형)의 유화제이다. 마요네즈는 처음에 극소량의 기름과 난황을 잘 교반한 후 소금 등 조미료를 가하는 것이 좋다. 소금이 난황의 단백질에 영향을 주어 레시틴작용을 방해하기 때문이다. 샐러드유를 조금씩 가하면서 유화시킨다. 교반이 충분하지 않으면 기름의 표면장력이 강하여 분리하기 쉽다. 난백에도 유화력이 조금 있어서(난황의 1/4 정도) 전란으로 마요네즈를 만들 수 있지만, 교반하는 데 힘이 많이 든다. 계란의 유화성은 각종 케이크 반죽에 지방을 유화 분산시켜, 제품의 풍미와 식감을 향상시킨다.

3) 기포형성능력

난백은 고분자의 교질용액으로 표면장력이 낮아 거품기로 교반하면 공기가 포함되어 거품을 형성한다. 이 성질은 음식의 팽창제로 사용되어 질감을 가볍고 부드럽게 하며, 큰 결정의 형성을 방지할 때 이용된다.

Sponge cake나 angel cake의 팽창은 달걀의 기포형성능을 이용한 것이고 meringues는 난백의 거품을 이용하여 제품에 질감을 준 것이다. 난황은 난백보다도 기포력은 작지만 거품의 안정성은 높다. 표 5-22에 난백의 기포 형성능력에 관련하는 인자를 자세히 설명하였다.

4) 점착성

달걀의 당단백질은 점착성이 있어서, 프라이와 튀김의 옷으로 이용된다.

5) 청정제로서의 역할

콘소메와 같이 맑은 수프를 만들 때 흰자를 거품 내어 풀어준 후 은근히 끓여서 거르면 불순물이 제거되어 맑은 수프가 된다.

6) 조성제로서의 역할

난황과 난백은 구이요리의 양념장에 사용한다. 특히 난황에 미림을 섞어 어류와 과자에 코팅제로 사용하면, 두께도 좋고 눌은 색과 광택이 있는 양념장이 된다.

7) 난황의 녹변현상

달걀을 오래 가열하면 난황의 주위가 암녹색으로 변색된다. 이는 가열시 난백에서 생성된 황화수소(H_2S)가 난황쪽으로 이동하여 난황의 철분과 반응하여 황화 제 1철(FeS)을 형성하고 암녹색으로 변색된 것이다. PH가 높고, 가열온도가 높으며 가열시간이 길수록 황화 제 1철이 많이 생긴다. 삶은 달걀을 즉시 냉수에 담그면 난백의 유황이 유황취를 발생하거나 난황의 녹변현상이 일어나지 않는다.

난백의 pH가 8.9 이하일 때는 난백이 껍질에 달라 붙는다. 그러므로 신선한 달걀일수록 껍질을 벗기기가 어렵다. 삶은 즉시 냉수에 담그면 속 내용물의 부피가 수축하여 껍질을 까기 쉬워진다. 기실측의 난각에 작은 구멍을 뚫어주면 삶을때 금이 가지 않는다. 삶는 물에 식초 3%와 소금 1%를 첨가하면 난백의 응고를 촉진시킨다(예를 들면, poached egg, 수란).

표 12-5 난백의 기포 형성에 관계하는 인자

조 건	비 고
신선도	신선란은 농후난백이 많아 교반할 때 힘은 들지만 기포는 안정하다. 수양성 난백이 많으면 포립하기 쉽지만 거품은 불안정하다
온 도	봄과 가을에 산란한 달걀이 여름에 산란한 것보다 기포성이 좋고 양도 훨씬 더 많이 생긴다. 30℃ 전후에서 기포성과 안전성이 좋으므로 냉장고의 달걀은 실온으로 온도를 높인 후 사용한다. 응고가 시작되는 온도 이하에서는 온도가 올라가는 만큼 포립하기는 쉽지만 거칠고 깨지기 쉬운 거품이 된다. 저온에서는 교반력이 필요하지만 거품은 단단하고 윤이 나며 안정하다.
설 탕	거품의 안정성이 좋고 결이 고우며 미세하며 이장이 적은 거품이 만들어진다. 그러나 설탕을 일찍 넣으면 난백의 수분이 설탕을 용해하는 데 사용되어 포립을 방해한다. 전기거품기로 거품을 낼 때는 설탕을 처음부터 가하여 지나친 교반에 의한 단백질의 변성을 방지시킨다. 난백과 동량 이상의 설탕을 첨가하면 거품이 유동적이 된다.
식 염	소량 첨가하면 단백질의 수화성을 높이고, 단백질의 망상구조를 조밀하게 하며 안정한 기포를 만든다.
산	난백은 등전점(pH 4.8) 부근에서 기포성이 가장 크므로, 알칼리성인 금방 채란한 난백에 산(식초나 레몬즙)이나 주석산 크림을 소량 첨가하면 pH가 등전점 부근으로 낮아져 난백 거품을 안정하게 한다 식염과 설탕을 병행하면 좋다.
기 름	거품을 내기 전에 기름이 섞여 있으면 기포가 잘 만들어지지 않는다. 스펀지 상태에서는 설탕을 가한 안정한 난백 거품을 가진 반죽에 소량의 유지를 가하여 수분 증발을 억제하면 구운 제품이 촉촉하게 된다.
난 황	난황이 섞이면 거품을 형성하기에 힘이 들지만 수동의 기계에서는 40℃ 이하로 가온하여 달걀의 표면장력을 낮추어 포립한다. 충분히 포립하여 설탕을 가한 안정한 거품이 되면 다른 재료와 똑같은 온도로 내려갈 때까지 조용히 교반한다. 난황만으로도 치밀한 거품을 만들 수 있고 팽화력도 있다.
우 유	우유 속에 들어있는 지방의 총 함량보다 지방구의 크기와 분포상태에 영향을 받는다. 소량의 우유도 기포형성을 방해하지만 탈지유, 무당연유, 저지방우유는 소량 첨가하여도 지장이 없다.
조리 기구	밑면이 편편한 것보다 둥글며, 아랫부분이 윗부분보다 좁은 것이 좋다. 교반기의 칼날의 면적이 넓고 굵은 것이 가는 것보다 기포가 크다.

5 달걀의 저장법

난각에 문제가 없다면 저온 건조한 곳에서 2~4개월까지도 저장이 가능하다. 그러나 저장을 오래하면 달걀의 상품적 가치는 저하된다. 닭은 생리적 특성상 춘계에는 산란이 많고, 추계에는 산란이 감소되며 가격 차이가 크다. 따라서 소비는 오히려 가을에 많으므로 알을 대량 장기간 저장의 필요성이 있다.

알의 저장 목적은 선도 유지를 통하여 장기 저장 및 부패 방지에 있고, 저장 원칙은 ① 알의 내부 구조를 신선한 상태로 보존하고, ② 외부의 미생물 침입을 방지하여 내부 미생물 및 침입된 미생물의 활동을 억제한다. 알의 저장법으로는 ① 전란 저장 : 냉장법, 가스(gas) 저장법, 난각면 처리법, 침지법, 위생란 처리 냉장법 등, ② 활란 저장 : 액란으로 냉동법, 건조법 등이 있다.

1) 냉장법

알의 냉장은 대량 저장에 적당하고 경제적으로 취급이 용이하고, 온도, 습도의 조절이 맞으면 약 10개월까지도 저장이 가능하다. 냉장실의 온도는 0℃를 표준으로 하며 암모니아 직접 팽창식이 많이 이용된다. 예비 작업도 필요한데, 미생물 오염원인 난각 표면의 오물을 제거하고 건조 상태로 저온저장할 때는 수분 증발에 의한 난중 감량 방지와 난백이 얇아지는 현상(thining) 방지 조치가 필요하다. 냉장관리에서 장기 저장 온도는 0~5℃, 습도 75~80%, 공기순환 1일 2~4회로 하며 공기순환이 불충분하면 달걀에 고취(old smell)가 난다.

2) 가스냉장법(CA 냉장)

신선한 알에는 CO_2가 들어 있으나 저장 중에 차차 배출되어 알 내용물이 알칼리로 된다. 그래서 달걀의 CO_2량을 신선란과 같게 유지한다면 장기 저장이 가능하다. 즉 신선란의 저장 상자를 보관고에 넣고 그 내부를 감압한 다음 CO_2와 N_2의 혼합 가스를 3~5% 되게 주입한다. 이어서 내부 압력을 외부보다 30mmHg 높인 후 1℃에서 저장한다.

3) 도말법(塗抹法, coating method)

난각 표면에 기름, 파라핀 또는 콜로디온(collodion) 등을 칠하여 난각의 기공을 막고, 미생물의 침입 · 수분 증발 · CO_2의 감소를 억제하는 방법이다.

4) 침지법(浸漬法)

달걀을 물유리(냉암소 4~5개월), 석회수(상등액에 3~5개월), 식염수(포화용액에서 몇 개월 저장) 등에 침지하여 냉암소에 저장하는 방법이다.

5) 방습법(防濕法)

매장법이라고도하며 왕겨 · 메밀껍질 · 톱밥 · 재 · 석회 · 소금 등으로 달걀을 매장하여 난각 표면을 건조시켜 미생물의 침입을 방지하는 것으로 1~2개월의 단기간 저장에 적합하다.

6 달걀의 가공품

대부분의 달걀은 신선한 상태로 소비되지만 다량생산의 경우 1차 가공품인 액란 · 동결란 · 건조란 등으로 분류하며, 다시 2차 가공품인 피단 · 마요네즈 · 과자 등의 원료로 이용된다.

1) 식란 처리

식란(위생란, fresh egg, sanitary egg) 처리의 경우, 신선란은 먼저 오염란과 기형란을 골라내고 온수와 소독수를 사용하는 자동세척기로 세척하고 고속 송풍 급속 건조시킨 후

투광검란 과정에서 혈반란 · 변질란 · 이상란 등을 가려내어 다시 무게에 따라서 컴퓨터 평량기로 선란한다.

2) 액상란

액상란(liquid egg)에서 액상 전란은 제과 · 제빵의 원료 및 단체급식의 원료로 사용되고, 액상 난백은 제과용, 수산 제품인 어묵붙이, 소세지용 및 음료 제조 원료로 이용되고, 액상난황은 대부분 마요네즈(mayonnaise) 제조에 쓰이며 그 외 제과면류 또는 이유식 등에도 사용된다.

액상란은 변질이 빨라서 활란 후 20시간 이내에 사용해야 하며 거의 위탁 생산하고 있다. 그 제조 방법은 달걀 접수 → 저온 보관(10~15℃) → 검란(투시검사 또는 활란검사) → 세란(자동세란기에서 온수소독수) → 활란(자동활란기에서 무균저온실 15℃) → 여과 → (파편난각, 알끈, 난황막 등을 제거) → 살균(63℃, 3.5분) → 냉장(4~5℃) → 출하 순서로 한다.

3) 동결란

동결란(frozen egg)은 동결전란, 동결난황 및 동결난백으로 구분한다. 주의사항은 어떤 경우의 제품이라도 살균처리를 실행한 난액을 -20~-30℃에서 신속하게 동결시켜 조제한다. 단, 동결난황의 경우는 난황을 그대로 동결하면 점도가 이상하게 증가되어 겔(gel)화하게 되어 식염, 설탕, 글리세린(glycerine) 등을 5~10% 정도 첨가시켜 동결한다. 제품을 보통 -18℃에서 저장한다. 동결란의 종류별 용도는 동결전란은 제과 · 제빵 원료, 동결조제란(전란+난황+설탕+시럽)은 제과용으로, 동결난백은 케이크류 등의 원료로 이용되고, 동결난황은 이유식 · 면류 · 마요네즈 등의 원료로 소비되고 있다. 동결가당 난황(10% 가당)은 각종 제과원료나 이유식 원료, 동결가염난황(10% 가염)은 면류나 마요네즈 원료로 사용된다.

4) 건조란

알의 내용물을 건조하면 저장성이 우수하고 수송이 편리하나 유해균의 오염, 지방의 산패 및 용해도 저하에 유의해야 한다. 건조란(dried egg poder)도 건조전란 · 건조난황 · 건조 난백으로 구분한다. 난액을 그대로 건조하면 그중에 함유된 탄수화물과 단백질 또는 인지질, 특히 세팔린(cepahalin)이 반응하여 제품의 갈변이 일어나고 용해도 저하가 병행된다. 이러한 반응을 예방하기 위하여 건조 과정 전에 탈당(脫糖) 처리나 산성화 처리를 해야 한다.

탈당 처리는 효모 · 유산균 · 호기성균(aerobactor) 등을 사용하여 난액을 발효시키거나 또는 난액 중의 유리당의 대부분이 포도당으로 되어 있어 글루코스 산화효소(glucose oxidase) 처리로 글루콘산(gluconic acid)으로 전환된다. 제당 처리는 효소법과 효모법이 있다. 효소법은 난액(pH 7.0)에 0.02% 효소를 첨가하여 30~35℃, 5~6시간 글루콘산으로 분해시킨다. 효모법은 난액(pH 7.0)에 효모(0.1~0.5%)를 가하여 10~20시간 발효시킨다. 산성화 처리는 주로 건조전란 제조에 실시되며 염산 등으로 난액의 pH5.5로 조정하여 건조하는 것이다. 이것은 산성 영역에 있어서는 당과 단백질 또는 인지질의 반응이 억제되는 현상을 이용하는 것이다.

효소법 : $\underset{\text{(glucose)}}{C_6H_{12}O_6} + O_2 + H_2O \xrightarrow{\text{glucose oxidase}} C_6H_{12}O_7 + H_2O_2$

$2H_2O \xrightarrow{\text{catalase}} C_2H_2O + O_2$

효모법 : $\underset{\text{(glucose)}}{2C_6H_{12}O_6} + O_2 \xrightarrow{\text{enzyme system}} 2C_6H_{12}O_7$

건조는 분무 건조기로 140~150℃ 정도에서 건조시키며 제품은 수분이 5% 이하로 하여 그대로 또는 가스 충진하여 밀봉 · 저장한다. 이용성은 제과 원료 · 제면 원료 등이다.

5) 피단

피단(皮蛋)은 중국에서 만든 난가공품으로 송화단(松花蛋) 또는 채단(彩蛋)이라고도 하며 본래 오리알을 사용하였으나 지금은 달걀로 만들고 있다.

달걀을 껍질째로 식염을 함유한 강한 알칼리성 반죽으로 덮어 알 내용물에 서서히 알칼리를 침입시켜 난단백을 응고시킨 것으로 보통 몇 개월이 소요된다.

제조법은 여러 가지 방법이 있으나 NaOH 5%, 식염 20% 정도의 수용액에 담그거나 또는 소석회 20, 초목회 30, 탄산소오다 5, 소금 5, 물 40의 비율로 혼합하여 이것을 1cm 두께로 난각 표면에 도포하여 알칼리와 염분을 알 내용물에 침투시켜 알칼리에 의한 난단백질을 응고시키고 이것을 진흙으로 난각 표면에 쌓아 밀폐하여 숙성시킨다. 숙성에 의하여 알 내에 알칼리와 염분이 균등하게 분포되고 단백질과 지방 등, 응고된 알 내용물을 분해하여 피단의 독특한 풍미를 창출하고 난백을 갈색, 난황을 암록색으로 중심부는 황색 또는 흑색으로 된다. 약 15℃에서 5~6개월 숙성하면 온화한 풍미를 내는 양질의 것이 된다.

피단 제조 중의 성분 변화로는 알칼리작용에 의해 단백질과 지질이 분해되고 비타민 B는 완전 파괴되나, 비타민 A · D는 변화가 없다. 단백 분해로 생긴 NH_3는 특수한 풍미를 주고 소화기관을 적당히 자극하여 식욕을 증진시키며 위산(胃酸)의 중화에 효과적이다.

6) 훈제란

훈제란(燻製卵, smoked egg)은 알을 삶아서 난각을 제거하고 조미액에 담가서 맛이든 다음 훈연시키는 것으로 저장성이 우수하고 풍미가 양호한 제품이다.

염지액은 달걀 10개당 소금 200g, 물 1L 중에 24시간 담그고 조미액으로 물 1L, 주정 50g, 설탕 30g, 후추 4g, 생강분 4g, 계피분 4g을 혼합하여 한 번 끓인 후 냉각시켜 24~28시간 담그고 대바구니에 담가서 30℃에서 4일간 냉훈(冷燻)을 실시한다.

제13장

우유 및 유제품

1. 우유의 영양 성분
2. 우유의 가공
3. 유제품

Chapter 13

우유 및 유제품

1 우유의 영양 성분

우유의 성분은 소의 종류, 사료, 계절, 수유의 단계에 따라 성분의 차이를 나타낸다. 초유는 황색으로 농도가 진하고 단백질, 무기질 등의 고형분이 많으며 유당이 적은 것이 특징이다. 특히 면역에 관계가 있는 γ-글로불린이라는 단백질이 많으며 비타민 A의 양도 많다. 인유의 초유도 같은 특징을 갖고 있으므로 초유를 먹임으로써 여러 가지 병원균에 대한 저항성을 높일 수 있다.

우유의 가장 많은 성분은 수분으로 87~88%이며, 고형 성분은 12~13%이다. 고형성 분 중 지방은 3~4%이며, 고형분에서 지방을 제거한 탈지 고형분(MSNF)은 8.5~9%로, 이는 단백질 약 3~4%, 유당 4~5%, 무기질 1%로 구성되어 있다.

1) 단백질

우유의 단백질은 거의 완전한 단백질로 성장과 유지에 필요한 적절한 양의 필수아미노산을 함유하고 있다. 약 80%가 카제인(casein) 형태이며, 그 외의 단백질은 유청 단백질(whey pretein)이다.

(1) 카제인

카제인은 신선한 우유의 정상적인 pH(약 6.6)에서는 칼슘과 인이 결합된 복합체인 칼슘 포스포카제네이트(calcium phosphocaseinate)로서 안정한 콜로이드형태인 20~600nm 크기의 미셀(micelle)을 이루고 있다. 카제인은 α_s, β, κ, γ로 분류되며 약 54%가 α_s형태이며 약 25%가 β 형태로 존재한다. 카제인은 열에 안정하여 열에 잘 응고하지 않으나 산, 효소, 폴리페놀 화합물에 의해 응고된다.

(2) 유청 단백질

우유 단백질의 약 20%를 차지하며 베타 락토글로불린(β-lactoglobulin, 50%), 알파 락토알부민(α-lactalbumin, 25%), 혈청 알부민(serum albumin), 면역 글로불린(immunoglobulin), 효소, 펩톤 등이 포함된다.

유청 단백질(whey protein)은 카제인과 달리 산과 레닌에 의해 응고되지 않으나 약 65℃ 이상의 가열에 의해 응고하며, 가열 시 피막을 형성하고 냄비 및 바닥에 침전물이 생기게 된다.

식품산업에서는 유청 단백질을 분리하여 유화제, 젤형성제, 거품 형성제 등으로 사용하며, 식품에 우유 단백질을 첨가하면 일반적으로 텍스처, 입안 촉감, 보수성, 풍미 등이 증진된다.

2) 지질

우유의 지질은 3~4%를 함유하며 우유나 유제품의 풍미나 입안의 촉감, 우유의 안정성에 기여한다. 밀크 초콜릿에 첨가된 우유는 이러한 역할을 볼 수 있는 예가 된다. 우유의 지방은 대부분 중성지질이며 지방을 이루는 지방산은 탄소 수 4~22개의 지방산으로 66%의 포화지방산, 30%의 단일불포화지방산, 4%의 다가불포화지방산으로 구성되어 있다.

우유 지방산의 특징은 다른 식품에는 아주 적게 함유된 탄소 수가 짧은 저급지방산인 부티르산(butyric acid, C_4), 카프로산(caproic acid, C_6), 카프릴산(caprylic acid, C_8), 카프르산(capric acid, C_{10})의 함량이 높은 것이다. 저급지방산은 융점이 낮아 소화, 흡수가 잘되며 우유와 유제품의 독특한 풍미를 주나 라이페이즈 작용으로 융점이 낮은 유리지방산(free fatty acid ; FFA)이 생성되면 이취(off-flavor)를 일으켜 품질을 떨어뜨리는 원인이 된다.

우유는 포화지방산이 많고 콜레스테롤(0.22~0.41%)을 함유하므로, 비만인과 노년층은 저지방 우유나 탈지유가 바람직하다.

3) 탄수화물

우유에는 약 4.5%의 탄수화물이 함유되어 있고, 그중 99%가 유당이며, 그 외에 포도당과 갈락토오스 등이 존재한다.

유당의 감미도는 과당의 약 1/5로 단맛이 적으며, 물에 용해도가 낮아 결정화가 잘되어 모래 같은 질감을 갖게 되는데, 이는 아이스크림이나 가당연유 제조 시 문제가 될 수 있다. 또한, 분유의 경우 저장 시 결정화하여 덩어리지게 된다.

유당은 150~160℃에서 캐러멜화가 시작되어 갈변하게 되므로 조리 시 주의해야 한다.

유당은 장에서 장내세균에 의해 젖산을 형성시켜 병원균의 감염 위험을 낮추며 칼슘의 흡수도 증진시킨다. 그러나 유당불내증을 갖고 있는 사람은 유당이 문제가 되기도 한다.

4) 무기질과 비타민

(1) 무기질

우유는 칼슘, 마그네슘, 칼륨, 나트륨 등 무기질이 비교적 골고루 분포되어 있으나 철과 구리가 적게 들어 있다. 무기질은 염화물, 인산 등과 함께 염의 형태로 수용액에 잘 녹아 있어 소화흡수가 잘되며, 카제인의 교질용액을 안정하게 한다.

우유의 칼슘과 인의 비율은 약 2 : 1로 이상적이며 칼슘과 칼륨, 마그네슘과 나트륨의 비도 이상적이다. 이같이 우유는 칼슘이 잘 용해된 형태이며, 인과의 비율도 이상적이므로 가장 좋은 칼슘 공급원이 된다.

(2) 비타민

지용성 비타민은 지방구에 용해되어 있으며, 수용성 비타민은 유청에 용해되어 있다. 비타민 A, D, 리보플라빈, 나이아신 등 대부분의 비타민이 존재하나 비타민 C, E가 부족하다. 비타민 A는 카로틴(carotene) 형태로 존재하며, 소의 사료에 영향을 받으며 우유의 색에 기여한다. 우유에는 리보플라빈이 상당량 존재하며 이는 옅은 황색을 띠며 자외선에 산화하므로 포장 시 빛을 차단시켜야 한다. 비타민 D는 우유의 지방에 존재하나 칼슘의 흡수를 위하여 대부분의 우유에 강화시키고 있지만 꼭 그럴 필요는 없다. 하지만 저지방 우유나 탈지우유에서는 비타민 D 강화가 필요하다.

5) 우유의 색

우유의 유백색은 칼슘 포스포카제이네이트의 교질용액이 빛에 반사되어 생성된 것이다. 이외에 지용성 색소인 카로티노이드 색소 때문에 황색을 띠며 또한 수용성 물질인 리보플라빈에 의해 담황색의 색깔을 띤다.

6) 우유의 향미 성분

우유는 유당에 의해 약간의 단맛과 염소(Cl^-)에 의한 짠맛도 갖는다. 또한 유지방은 우유 질감에 영향을 주는데, 유지방이 많을수록 부드러운 질감을 준다.

신선한 우유의 향은 아세톤, 아세트알데히드, 다이메틸설파이드(dimetthyl sulfide), 저급지방산과 같은 끓는점이 낮은 저분자량 물질에 의한다.

우유를 오래 보관하면 불쾌한 냄새가 생성되는데 이는 주로 유지방의 산패에 기인한다. 산패는 가수분해적 산패와 산화적 산패 모두 일어날 수 있다. 유지방의 인지질에는 불포화도가 높은 지방산이 많은데, 이는 공기 중에서 자동산화하여 저분자 물질 등을 생성시켜 산패취를 생성시킨다. 이때 햇빛이나 금속이 있다면 더욱 이를 촉진시키므로 주의해야 한다. 또한, 햇빛은 리보플라빈을 산화시켜 영양가를 저하시킨다.

2 우유의 가공

목장에서 착유한 원유(생유, raw milk)는 영양분이 골고루 함유되어 있어 박테리아, 이스트, 곰팡이 등의 미생물이 번식하기 쉬운 식품이며, 사람이나 소로부터 결핵, 성홍열 등의 균이 오염될 수 있으므로 반드시 살균(pasteurization)하여 시유(market milk) 판매하여야 한다.

1) 우유 살균법

우유는 62~63℃로 30분간 가열처리하는 저온살균법(LTLT법 - low temperature long time), 71℃에서 15초간 가열처리하는 고온 단시간살균법(HTST법 - high temperature short time) 또는 135~150℃에서 0.5 ~15초의 초고온 순간살균법(UHT법 - ultra high temperature)이 있으며 그후 10℃로 보관하여 유통시켜야 한다.

살균에 의해 병원성 미생물은 모두 파괴되나, 비병원성 미생물은 95~100% 파괴된다. 또한, 우유의 불쾌취를 줄 수 있는 효소들도 모두 열에 의해 불화성화시켜야 한다. 이때 살균이 충분히 일어났는지를 확인하기 위해 알카린 포스파테이즈(alkarine phosphate)의 활성도를 측정한다.

2) 우유의 균질화

유화 상태가 깨지면 지방은 물보다 비중이 낮아 위에 뜨게 되어 크림 층을 형성하게 되는데, 이를 방지하는 것이 균질화(homogenization)과정이다.

모든 시판 우유는 살균처리한 후에 균질화 처리를 한 것이다. 균질처리의 목적은 우유를 실온에 방치했을 때 큰 지방구의 크림 층 형성을 방지하기 위해서이다. 착유 직후의 우유(직경 0.1~10㎛)에 압력을 가하여 미세 파이프로 통과시킨 우유의 지방구는 직경이 1~3㎛으로 작아진다. 이렇게 함으로써 지방구가 세분됨과 동시에 덩어리를 만드는 성질이 없어져 크림 분리가 일어나지 않는다.

착유 직후의 우유를 정치하면 지방구가 상층부에 모인다. 원심분리해서 모여진 지방의 많은 부분이 크림이고, 지방함량 0.1% 이하인 하층부가 탈지유이다.

크림은 교반(churning)에 의해 버터가 만들어진다. 탈지유는 음료 외에 분유, 요구르트, 커티즈 치즈(cottage cheese), 아이스크림 등의 원료가 된다. 탈지유에 레몬즙이나 유산을 가하면 쉽게 응고한 curd와 유청으로 나누어진다. Curd는 우유 casein의 등전점(pH 4.6~4.7) 근처에서 가능하다. pH를 급속히 3부근으로 내리면 curd는 생기지 않는다.

우유를 가온하여 60℃ 이상이 되면 우유 단백질의 약 20%를 차지하는 lactoalbumin 과 lactoglobulin 이 열응고하기 시작한다. 70℃ 이상이 되면 공기에 접촉된 우유 표면 단백질이 변성하여 지방과 무기질을 흡착하여 피막을 만든다. 막의 아래에 수증기가 충만하면 끓어 넘는 원인이 된다. 가열 온도가 올라가거나 가열 시간이 길면 aminocarbonyl 반응(아미노기와 유당)과 캐러멜화로 인해 우유는 갈색화한다.

우유 단백질의 약 80%는 인단백질인 카제인으로 우유 중에는 직경 30~300nm의 casein micelle을 만들고 있고 그 외에 calcium caseinmate 인산 복합체의 상태로 존재하며 통상 가열에는 안정하다.

3) 우유의 조리 시 활용도

(1) 음용 외에 각종 sauce와 soup류의 base와 풍미를 준다.

우유의 지방구는 o/w형 에멀젼으로 맛이 순하고 온화한 풍미를 준다. 또한, 우유와 생크림, 사우어 크림이 갖는 콜로이드한 성질은 마시기에도 좋고 stew, soup, sauce, 조림 등에 우유 특유의 매끄러움과 풍미, 농도를 제공한다.

(2) 백색의 이용

우유가 백색 불투명한 이유는 우유 속의 casein 콜로이드 입자와 유화지방구가 분산되어 이것들이 빛에 부딪혀 반사되었기 때문이다. 각종 젤리, 연두부에 이용된다.

(3) 젤리 강도의 강화

우유에 함유되어 있는 Ca^{2+}, 기타 염류의 작용에 의하여 한천과 젤라틴의 gel화를 쉽게 하고 gel 강도를 높힌다. 또 난액과 어육의 열응고점을 높이고 강한 gel을 만든다.

(4) 탈취작용

우유 단백질과 같은 콜로이드 입자는 흡착하는 작용이 있으므로 생선의 비린내를 없애준다.

(5) 풍미 증진

뮤니에르(meuniere)는 담백한 흰살생선에 지방의 풍미를 더한 것으로 비린내를 없애기 위해 우유에 담갔다가 120℃ 이상 가열하면 유당과 아미노산의 작용으로 갈변하여 부드러운 색과 풍미를 가지게 된다. 그 외에도 caramel, cookie, hotcake 등의 굽는 과자에서 볼 수 있다.

4) 우유의 조리에 의한 변화

(1) 가열에 의한 변화

① 피막의 형성

우유를 60~65℃ 이상 가열하면 피막이 형성되는데 이는 가열에 의해 응고된 단백질과 우유 속에 분산되어 있는 지방구가 서로 엉겨서 형성된 것으로 가열시간이 길수록 두꺼워진다. 피막의 70% 이상이 지방이고 나머지는 열응고성인 α-락트알부민과 β-락토글로불린, 유당, 무기질이 결합한 것이므로 피막이 많이 형성될수록 영양소 손실이 커진다.

② 익는 냄새

우유를 76~78℃로 가열하면 cooked flavor라 불리는 가열취가 생긴다. 이는 β-lacto globulin이나 지방구 피막단백질이 열변성하여 활성화한 -SH기에서 생겨난 것으로 휘발성 황화합물과 황화수소로 이루어져 있다. 고온처리하면 가열취는 점점 캐러멜취로 변하며 이는 유제품의 갈색화에 관여한다.

③ 갈색화

우유를 120℃에서 5분간 가열했을 때 쉽게 갈색화하는데 이는 단백질의 아미노기와 유당 사이에서 amino-carbonyl 반응과 유당의 캐러멜화 때문이다. 우유나 유제품의 갈색화는 제품에 좋지 않은 결과를 가져오며 영양가의 저하를 동반한다.

④ 침전

우유를 가열하면 가용성인 칼슘과 인이 불용성의 인산감칼슘($Ca_3(po_4)_2$) 침전물을 형성한다.

(2) 응고현상

① 산에 의한 응고

우유를 가열 살균했을 때 응고하는 성분은 albumin과 globulin이며 산에 의해 응고하는 물질은 casein이다. 신선한 우유의 pH는 약 6.6으로 약산성이다. 우유는 보존하는 과정에서 공기와 접촉하면서 CO_2가 나오면서 pH는 약간 높아진다. 그러나 시간이 경과하면서 젖산균이 젖산을 형성하여 우유 내의 pH는 다시 낮아진다.

조개류(호박산)와 과일, 채소 등의 요리에 우유를 가하면 단백질이 응집해서 매끄러운 마무리가 되지 않는데 조개류의 호박산과 과일 등에 함유된 유기산이 pH를 casein 등전점

(pH 4.6)에 가깝게 하기 때문이며 공존하는 염류도 응고를 촉진한다.

그러므로 음식의 마무리를 매끄럽게 하기 위해서는 우유를 데워서 재료와의 온도 차를 적게 하고, 재료를 가열해서 유기산을 어느 정도 휘발시켜 놓고, 우유를 첨가하는 양이나 가열을 최소한으로 한다. 예컨데 토마토크림수프 조리시 먼저 밀가루와 우유로 베사멜 소스를 만든 후 토마토를 첨가하여야 응고물이 생기지 않는다. 이는 밀가루의 글루텐과 호화된 전분이 보호막으로 작용하여 카제인 입자간의 응고를 방해하기 때문이다.

우유가 산성에서 응고하는 성질은 생크림을 사용한 소스의 마무리와 레아치즈케이크에 레몬즙을 가해 생지를 단단하게 할 때 이용된다.

카티즈치즈 제조시 우유 1ℓ로 약 200g의 치즈를 만들 수 있다.

② 효소에 의한 변화

응유효소인 레닌(rennin)은 포유동물 새끼의 위에서 분비되며 위에서 protease에 의해서 가수분해되기 전에 casein을 응고시키는 효소이다. 레닌에 의한 응고물은 산에 의한 응고물보다 칼슘을 더 많이 함유하며 더 단단하고 질기다. 레닌은 60℃ 이상에서 열에 의해 불활성되므로 40℃ 정도가 우유를 응고시키기에 적합하다. 이런 현상은 치즈를 제조하는 데 이용된다.

③ 페놀화합물과 염류에 의한 응고

채소나 과일에 함유된 페놀화합물인 탄닌은 카제인을 응고시키므로 채소에 우유를 첨가하면 응고물이 생긴다. 또한 염류에 의해서도 응고되며 고온에서 더욱 촉진된다. 우유에 햄을 넣고 가열하면 응고되는데 햄에 함유되어 있는 염 때문이다.

3 유제품

1) 무당 연유

부피를 줄이고 저장성을 증진시키는 방법의 하나로 약 60%의 수분을 증발시킨 것으로 7.5% 이상의 유지방과 25.5% 이상 탈지 고형분을 가지고 있으며, 분리를 막기 위해 대부분

안정제가 첨가되어 있다. 실온에서 장기간 보관 가능하나 개봉에 의해 익은 맛, 갈변, 비타민 C 파괴, 단백질의 영양가 저하 등의 단점이 있다. 요즘 이러한 고온에 의한 단점을 극복하기 위해 감압하에 저온을 사용하여 탈수하며 무균포장(aseptic canning)을 사용하기도 한다.

표 13-1 우유 및 유제품의 주요 성분(100g 중)

식품명	열량 (Cal)	단백질 (g)	지질 (g)	당질 (g)	칼슘 (mg)	인 (mg)	Vit. A (RE)
보통 우유	59	2.9	3.2	4.5	100	90	23
무당 연유	135	8.0	7.3	9.0	225	189	43
가당 연유	329	8.4	8.2	56.4	311	232	48
크림(20%유지방)	208	2.4	20.0	3.7	85	80	146
버 터	749	0.5	81.4	0.2	71	15	0
전지분유	507	26.7	26.8	38.4	899	811	204
탈지분유	361	35.2	0.8	53.1	1,300	1,010	67
요구르트(액상)	76	3.5	0.1	15.5	120	100	0
프로세스치즈	357	21.8	27.8	2.8	613	613	168

2) 가당 연유

우유에 약 15% 당을 첨가하고 수분을 제거시켜 원액 2/5 또는 1/3로 농축시킨 것이다. 당으로는 설탕, 덱스트로스, 콘시럽 등을 사용하며, 당의 함량이 높아 살균할 필요가 적으며 저장성이 높아진다. 고온을 오랫동안 사용하지 않으나 병원성 미생물 살균과 리페이즈 불활성화를 위해 일단 가열한다. 높은 함량의 당으로 인해 칼로리가 높아 아기에게는 적합하지 않으나, 쿠키나 케이크에 사용하면 마이야르 반응의 증가로 색과 향이 증진된다.

3) 저지방 우유와 탈지 우유

부분적으로 탈지하여 유지방의 함량을 낮춘 우유로 미국에서는 지방 2%일 때 환원 저지방 우유(reduced fat milk)라 부르며, 지방 1%는 저지방 우유(low fat milk)라 부른다. 그러나 우리나라에서 시판되고 있는 저지방 우유는 대부분 1%의 유지방을 함유하고 있다.

탈지 우유(non fat milk)는 유지방이 0.5% 이하를 말하며, 저지방 우유와 탈지 우유의 탈지 고형분은 약 8.25%이고, 지방이 제거되어 대부분 비타민 A, D, E를 강화시킨 탈지 우유가 시판되고 있다.

4) 생크림

크림을 살균한 것으로 생크림은 유지방 20% 전후의 light cream과 35~50%의 heavy cream, 79~89의 plastic cream으로 나눈다. light cream은 주로 coffee용 크림으로, heavy cream은 whipping cream과 요리용으로 사용된다.

Plastic cream은 냉각시키면 고형상이 되나 버터의 조직과는 다르다. 생크림은 교반하면 미세한 기포가 크림 속에 분산된다. 지방구의 주위에 부착하는 단백질이 변성하여 고체화하고 포립해서 크림은 가역성을 가지게 된다. 공기를 함유해서 체적을 늘이는 것을 over run으로 부른다. Over run은 버터와 아이스크림의 제조에 사용되는 용어로 숫자가 크면 부피도 많이 증가한 것이다. 90 이하에서는 무거운 감촉을 주고 110 이상에서는 기체가 많이 들어 있다.

$$\text{over run} = \frac{\text{일정 용적의 생크림 중량} - \text{동용적의 기포 크림의 중량}}{\text{동용적의 기포크림의 중량}} \times 100$$

생크림의 over run에 영향을 주는 조건은 ① 지방 함량, ② 생크림의 보관 온도와 시간, ③ 교반 시의 온도와 교반 방법, ④ 설탕의 양과 첨가 방법이다. 지방 함량은 36% 정도가 포립하기 쉽다고 알려져 있다.

보관 온도가 5℃를 넘거나 유효기간이 지나거나 진동을 주거나 하지 않는 것이 좋다. 교반 시의 온도는 5~10℃, 교반 방법은 과도하지 않게, 점조성이 나오도록 온화하게 교반한다. 포립한 크림을 다른 재료에 혼합하여 이용할 때는 점조성이 나온 시점에서 교반을 중지한다. 첨가하는 설탕량은 15%까지로 교반 도중에 조금씩 가한다.

크림은 O/W형 emulsion이지만 온도가 높거나 교반이 지나치면 W/O형 emulsion으로 바뀌어 버터와 유청으로 분리되어 버린다. 식물성 생크림은 식물성 지방을 원료로 하고 유화제가 대두 레시틴이다. 교반이 지나쳐도 분리되지는 않지만 유동적이다.

5) 버터

버터는 저온에서는 단단하고 실온에 장시간 두면 분리되어 식감을 잃어버리므로 빵에 바를 때는 교반하여 풀어 준다.

무염 버터는 생크림처럼 교반에 의해 기포가 생겨 케이크 장식에 사용한다. W/O형 emulsion이므로 기포로 교반력이 생긴다. 버터크림에 난백의 기포를 혼합하면 색이 희고 식감이 가벼워지며, 난황을 혼합하면 감칠맛 있는 크림이 된다. 설탕은 syrup 으로 만들어 첨가한다. 향미제로 럼주와 브랜디를 사용한다.

버터는 구운 과자에 shortness(부스러지기 쉬움)를 준다. 또한, 볶는 기름으로도 이용되지만 유고형분이 남아 있어 눌어 붙기 쉬워서 샐러드유를 병행해서 사용한다.

버터를 융점 이상으로 가온하면 버터지와 유장으로 분리한다. 주로 버터지를 사용해서 홀랜다이즈 소스를 만든다. 생선요리와 채소요리에 곁들인다.

6) 분유

우유를 농축해서 분무 건조해서 분말로 만든다. 전지, 탈지, 가당 등의 종류가 있고, 조리에는 탈지분유가 편리하다. 분말인 채로 사용하든가 물 또는 탕에서 용적비 1 : 3으로 희석하면 풍미는 적지만 음용 가능하다. 각종 요리, 제과, 제빵에 우유와 똑같이 사용한다. 유당이 많으므로 굽는 과자에서는 눋기 쉽다.

7) 혼합 우유

초콜릿, 딸기, 바나나, 커피, 기타 향료를 우유에 넣어 맛과 향기를 낸 우유로 대부분 설탕을 첨가하기 때문에 칼로리가 높다. 특히 초콜릿 우유는 초콜릿에 의한 지방과 설탕의 첨가로 한 컵당 약 58kcal가 상승한다.

8) 요구르트

유산균에 의한 유산 발효로 우유 중의 casein 이 curd로 된 것을 발효유로 부른다. 요구르트(curd를 부수지 않은 것), 액상 요구르트(curd를 부순 것 속에 생균을 함유)와 유산균 음료(curd를 부수어 살균한 것) 등이 있다. 여기에 감미료, 향료 그외 식품첨가물을 가한 것도 있지만 plain yoghurt는 샐러드드레싱과 cake, jelly류에 널리 이용된다. 이미 만들어진 발효유에서의 유산균을 가정에서 계속 배양하는 것은 피하는 것이 좋다.

9) 치즈

우유에 산이나 레닌을 가하여 카제인과 지방을 응고시켜 유청을 제거시킨 응고물이거나 이를 미생물에 의해 발효(숙성)시킨 것이 치즈이다. 치즈에 따라 카제인을 응고시키는 방법(산이나 레닌)과 응고물 생성 후 숙성의 유무가 다르다. 산을 이용하여 응고시킬 때 스타터인 박테리아를 이용하여 유당을 젖산으로 생성시키거나, 산을 직접 첨가하기도 한다. 보통 산으로 응고물을 만드는 치즈는 숙성시키지 않으며 수분이 80% 이상이다. 이러한 치즈는 맛이 부드럽고 색, 향이 온화하며, 카티지치즈, 크림치즈, 모짜렐라치즈가 그 예이다.

숙성은 박테리아나 곰팡이를 응고물에 첨가하여 미생물을 종류에 따라 적당한 숙성 온도, 습도를 유지하여 독특한 향, 맛, 색, 질감을 생성시키는 과정으로, 숙성 기간이 길어질수록 수분의 함유량이 낮아지며 경도가 높아진다. 치즈는 숙성하는 동안 미생물의 효소에 의해 영양소의 분해가 일어나 소화되기 쉬워지며 단백질(20~30%), 지방(27~34%), 칼슘, 비타민 A, 리보플라빈이 풍부한 영양의 밀도가 높은 식품이다.

종류는 자연 치즈(natural cheese)와 가공 치즈(process cheese)로 나눌 수 있는데, natural cheese는 미생물의 효소작용에 의해 생긴 단백질 분해물(peptone, peptide, amino acid, amine, aldehyde, 지방산, ester 류), 지방 분해물(유리지방산, ketone 류), 유당 분해물(저급지방산, aldehyde) 등에 의해 독특하고 복잡한 맛과 질감을 가지고 있다. 몇 종류의 자연 치즈를 원료로 해서 유화제와 함께 용융시켜 성형한 것을 가공 치즈라 한다. 유럽에서는 각 지역에 하나씩 치즈가 있다고 알려질 정도로 종류가 많다.

표 13-2 수분함량에 따른 치즈의 분류

종 류	숙성 방법	대표적인 치즈(산지)
• 연질 치즈 수분 함량 45~75%	비숙성치즈 세균에 의한 숙성 치즈 곰팡이에 의한 숙성 치즈	cottage cheese, cream cheese(미국, 유럽) mozzarella cheese limburger cheese camembert cheese(프랑스), brie cheese(프랑스)
• 반경질 치즈 수분 함량 38~45%	세균에 의한 숙성 치즈 곰팡이에 의한 숙성 치즈	brick cheese(미국), roquefort cheese(프랑스), edam cheese(네덜란드), blue cheese stilton cheese(영국)
• 경질 치즈 수분 함량 30~40%	발효 가스 기공이 없는 것 발효 가스 기공이 있는 것	cheddar cheese(영국), colby cheese(미국) emmental cheese, american cheese gouda cheese, parmesan cheese(이탈리아)

(1) 현재 국내 시판 치즈

① 카티지치즈(cottage cheese) : 담백한 맛의 후레쉬 치즈. 탈지유나 탈지분유로 만들므로 저칼로리이다. 설탕을 첨가하거나 샌드위치, 치즈케이크, 샐러드에 이용한다.

② 크림치즈(cream cheese) : 다른 치즈와 달리 응유효소인 rennet이 들어가지 않으며 숙성 과정을 거치지 않는 후레시 치즈로 버터처럼 부드러운 연질 치즈이다. 양질의 우유에서 추출한 크림 상태에 각종 과일즙이나 향료, 너트를 첨가하여 만든다.

③ 피자치즈(mozzarella cheese) : 피자에 많이 사용하므로 피자치즈로 불린다. 거의 흰색에 가까운 미색을 띠고 표피는 없고 조직이 매우 부드러운 자연 치즈이다. 가열하면 녹으면서 길게 늘어나며 쫄깃쫄깃 씹히는 맛이 좋다. 미리 다져서 판매하는 것도 있으므로 가정에서 사용하기 편리하다.

④ 카멤벨치즈(camembert cheese) : 프랑스산으로 흰곰팡이 치즈의 한 종류이다. 페니실륨 카멘베르티라는 흰곰팡이를 첨가하여 숙성시킨 연질성 치즈이다. 표면의 흰색은 바로 흰곰팡이로 얇고 단단한 껍질 부분을 모두 먹을 수 있으며 속은 매우 부드럽다. 향이 강하지 않고 맛이 순하다.

⑤ 브리치즈(brie cheese) : 카멤벨치즈와 같은 프랑스산이며 흰곰팡이 치즈로 표면에는 흰곰팡이 막이 있고 충분히 숙성되면 단단한 껍질 안에 부드러운 속이 생긴다. 잘라 보면 구멍이 없는 경우도 있고 작은 불규칙한 구멍이 조금 있는 경우도 있다.

⑥ 콜비치즈(colby cheese) : 미국이 원산지로 맛과 향이 부드럽고 순하며 감칠맛이 있어 우리의 입맛에도 잘 맞는다. 반경성 치즈로 연한 노란색을 띠고 있으며 구멍은 거의 없거나 아주 미세하다.

⑦ 에담치즈(edam cheese) : 네덜란드 북부의 에담 지방에서 생산되어 유래한 이름이다. 반경성 치즈이며 연한 노란색을 띠며 저지방, 저칼로리가 특징이다. 그라텡, 소스 등에 이용한다

⑧ 체다치즈(cheddar cheese) : 영국 체다 지방에서 처음 생산되어 그 지방 이름을 따서 붙여진 이름이다. 세계적으로 가장 많이 알려져 있으며 가공 치즈로도 가장 많이 사용되고 있다. 조직이 단단한 경질 치즈이며 진하고 새콤한 맛이 나는 풍미를 가진다. 그대로 먹거나 햄버거, 샌드위치에 사용한다

⑨ 에멘탈치즈(emmental cheese) : 치즈 여기저기에 크고 둥근 구멍(cheese eye)이 많은 것이 특징이다. 치즈는 우유에 유산균과 rennet을 넣어 응고시킨 후에 다시 숙성 과정을 거치는데 이 기간 중에 유산균에 의해 생긴 발효 가스가 치즈 속에 구멍을 만들어 생긴다. 표면은 건조한 상태로 연한 노란색을 띠고 경질 치즈이다.

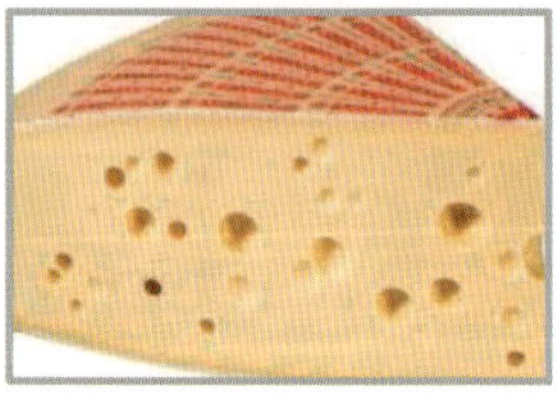

⑩ 고다치즈(gouda cheese) : 황금색으로 작은 기공이 있다. 네덜란드산으로 경질 치즈이다.

⑪ 파마산치즈(parmesan cheese) : 이탈리아의 초경질 치즈로 2~3년간 숙성시켜 매우 단단하다. 무게가 30㎏ 이상의 것이므로 분할하거나 분말로 판매한다. 강판에 갈아서 마카로니, 스파게티, 수프 등에 뿌려 먹는다.

(2) 치즈의 보관 방법

① 공기와 닿지 않게 포장해서 냉장고에 보관한다.

치즈는 실온에 두면 숙성이 진행되어 풍미가 저하되기 쉬우므로 냉장고에 보관해야 하며 일단 포장지를 뜯어서 사용하고 남은 치즈는 알루미늄 포일로 싸거나 랩으로 싸서 밀폐 용기에 넣어두어야 수분이 마르지 않고 신선함을 유지할 수 있다.

② 곰팡이가 생긴 부분은 잘라내고 먹는다.

보통 치즈의 유효기간이 제품에 표시되어 있지만 자연 치즈의 경우 3~6개월 이상이다. 치즈는 원래 발효식품이므로 곰팡이가 생긴 경우 그 부분을 잘라내고 먹을 수 있다.

③ 치즈는 상온에서 가장 맛있다.

냉장고에 보관한 치즈를 바로 먹기보다 실온에서 30~50분쯤 두었다가 부드러워진 후 먹는 것이 좋다.

(3) 치즈요리

카멤벨, 브리, 체다, 에담, 콜비같은 자연 치즈들은 주로 가열하지 말고 그대로 얇게 썰어서 먹는다. 또 샌드위치 속재료로, 잘게 썰어서 샐러드 재료로 사용하기도 하고, 크래커에 얹어 카나페를 만들기도 한다. 체다・에담 치즈는 강판에 갈아 피자와 스파게티에 뿌려 먹기도 한다.

모짜렐라 치즈는 가열 요리에 적합하며 주로 피자에 사용한다. 에멘탈치즈는 그냥 먹기도 하나 퐁뒤, 치즈수프레 같은 뜨거운 치즈요리와 오믈렛 속에 넣어서 요리한다. 크림 치즈는 버터처럼 부드러워서 스프레드 타입으로 빵이나 크래커에 발라 먹는다.

제14장

조미료 및 향신료

Chapter 14

조미료 및 향신료

조미료는 양념으로 불리며 원래 '약이 되도록 염두에 둔다'는 약념(藥念)의 의미가 변한 것으로 모든 음식에 맛을 내는 요소이며, 조미료의 양과 여러 조미료를 어떻게 배합시키느냐에 따라 그 음식의 맛이 좌우된다.

1 조미료

1. 간장

음식 맛에 있어서 가장 중요한 것은 간을 맞추는 것으로 우리나라의 간장은 간을 맞추기도 하지만 특별한 향미를 가진다. 간장은 단백질 물질인 아미노산과 당, 유기산이 함유되어 있어 향미를 준다.

간장의 맛은 메주가 잘 띄워졌는가 하는 것과 소금의 농도에 따라 달라지게 된다. 간장의 종류에는 재래식 간장과 진간장이 있는데, 진간장은 재래식 간장보다 싱거우며 색이 더 까맣고 단맛이 나는 것으로 흔히 조림에 많이 사용한다. 재래식 간장은 청장(맑은 장)이라 하며 국, 구이, 볶음 등에 일반적으로 사용한다.

불고기 양념은 소고기를 설탕에 먼저 재워 놓았다가 20~30분 후에 양념 간장을 넣어 버무려야 맛이 있다. 고기 양념은 고춧가루를 넣지 않고 후춧가루를 넣는다. 간장에 식초를 넣으면 초간장이 되는데 전유어와 산적, 전 등을 찍어 먹게 된다.

2. 소금

소금의 주성분은 염화나트륨(NaCl)이고 그 외에 염화칼륨(KCl), 염화마그네슘($MgCl_2$), 염화칼슘($CaCl_2$) 등이 불순물로 들어 있다. 이 불순물을 제거하는 정도에 따라 호렴, 재렴, 재제염, 식탁염으로 나누어진다.

호렴은 제일 불순물이 많은 것으로 시커멓고 모래알같이 거칠며, 재렴은 호렴에서 불순물을 제거한 것으로 재제염에 비하여 거칠고 크다. 재제염은 식염으로 사용하는 것으로 결정이 고우며 요즘 꽃소금이란 명칭으로 판매되고 있다. 식탁염은 설탕같이 고운 것으로 습기를 흡수하여 엉기지 못하도록 되어 있다. 호렴은 아이스크림을 제조시 온도를 0℃ 이하로 낮출 때 얼음에 섞어서 사용하며, 된장 제조 시 호렴은 메주의 맛을 나쁘게 하므로 재렴을 사용하는 것이 좋다.

이와 같이 소금은 음식의 간을 맞추고, 식품을 절일 때, 온도를 낮추는 데 사용될 뿐만 아니라 방부작용, 탈수작용, 효소 억제작용, 색도유지, 밀가루의 점탄성 증가, 단백질 분사의 영응고 작용 등에 관여한다. 그러나 우리나라에서는 음식의 간을 맞출 때는 소금보다 간장을 주로 사용한다. 우리가 먹는 음식에서 소금의 농도는 국은 1% 정도이고 생선의 비린내를 없애기 위한 음식은 1~2%이고, 짜게 조림하는 경우는 2~5% 정도가 적당하다.

3. 식초

양조초와 합성초가 있으며 양조초는 곡물이나 과실을 원료로 하여 발효시켜 만든다. 합성초는 화학적으로 합성한 것이므로 양조초와 같은 특수한 미량 성분이 포함되어 있지 않으므로 풍미가 없다.

식초는 신맛을 내는 것으로 여름에는 시원한 맛을 준다. 식초는 입맛을 돋우고 생선의 비린내를 없애고 단백질을 응고시켜 살을 단단하게 하기도 한다. 이 외에도 식초는 효소반응을 억제하고 색소의 변화, 살균작용, 탈수 및 연화작용에 관여한다. 식초는 쉽게 휘발하며 엽록소를 누렇게 만들므로 식초를 치는 나물은 먹기 직전에 사용하는 것이 좋다.

4. 겨자

겨자는 겨자씨를 말려서 갈아 가루로 사용하며 식초, 소금, 설탕 물 등을 넣고 재어서 매운맛을 낸 후 음식에 넣어 사용한다. 겨자는 갤수록 매운맛을 주는 특수 성분인 sinigrin이 분해되어서 자극이 강해진다. 겨잣가루 2Ts, 물 1/2Ts. 이상의 분량을 잘 개어서 밀봉하여 따뜻한 곳에 놓았다가 쓰도록 한다.

냉면, 겨자채 등을 만들 때 사용하는 겨자소스는 발효시킨 겨자에 식초, 소금, 설탕 등을 넣으면 콕 찌르는 듯한 매운맛이 강하게 난다.

5. 고추

고추는 매운맛을 주는 조미료로 매운맛이 나는 고추는 일반적으로 빛깔이 빨갛고 가늘고 길며, 맵지 않은 것은 모양이 둥글고 짧고 크다. 고추의 매운 성분은 껍질에 많이 들어 있으며, 씨는 매운맛이 적다.

과피의 빨간 색소는 카로틴(carotene), 캡산틴(capsanthin) 등인데 주로 캡산틴이 붉은색이 난다. 따라서 고추의 붉은빛은 모두 비타민 A의 효과가 있다.

그밖에 풋고추는 100g당 30~130mg의 비타민 C를 함유한다. 고추의 매운맛이 나는 성분은 방부성도 있기 때문에 김치 담글 때 넣으면 방부작용도 아울러 한다.

6. 깨소금

깨소금은 고소한 맛과 냄새를 내어 어육류, 채소류, 그밖에 대부분의 음식을 조미할 때 항상 사용하는 조미료이며, 깨 100 g에 소금 3g 정도를 넣고 빻는다.

가루는 고소한 풍미가 없어지지 않도록 밀봉을 해서 보관하는 것이 좋다.

7. 설탕(sugar)

Dessert, 음료 등에 빠뜨릴 수 없는 감미료이며 입자의 크기에 따라 용도가 구분된다.

백설탕(granulated sugar)은 일반적인 형태이며 제과 제빵에 사용된다. 고운 가루 설탕(powdered sugar)은 cake 등의 frosting에 사용하고 칵테일 음료를 만들 때 사용한다. 갈색 설탕(brown sugar)은 향미가 강하고 색이 짙은 음식, 즉 카레 소스, 바베큐 소스 등 조리용으로 사용한다. 각설탕이나 커피 설탕은 음료에 사용한다.

설탕은 감미 외에도 탈수성과 보존성이 있어 잼, 설탕 절임 등에 이용되기도 한다. 설탕을 160℃ 이상의 고온에서 분해시킨 캐러멜은 일종의 천연색소로 이용된다.

8. 화학조미료

1) MSG(monosodium glutamate)

다시마의 맛성분인 글루탐산(glutamic acid)에 나트륨이 결합된 것으로 감칠 맛을 나타낸다.

2) 핵산 조미료

마른표고버섯의 감칠맛인 5'-구아닐산나트륨(5'-GMP)과 가쓰오부시의 감칠맛인 5'-이노신산나트륨(5'-IMP)이 있으며 조미료와 함께 사용하면 상승작용이 일어나 감칠 맛이 강해진다. 핵산조미료의 감칠 맛 크기는 5'-GMP, 5'-IMP, 5'-XMP의 순이다

3) 복합 조미료

MSG에 핵산조미료를 1~2% 정도 첨가하여 적은 양으로 감칠 맛을 낼 수 있다.

9. 토마토 가공품

1) 토마토 퓌레(tomato puree)

잘 익은 토마토를 조미하지 않고 끓여서 체에 받친 것으로, 토마토의 껍질과 씨만 제거한 것이다. 토마토소스, 케첩의 원료로 쓰인다.

2) 토마토 페이스트(tomato paste)

토마토 퓌레를 농축하여 버터·설탕·소금 등의 조미료를 첨가한 것이다.

3) 토마토케첩(tomato ketchup)

토마토 퓌레나 페이스트를 여러 가지 향신료와 소금, 식초, 설탕 등을 첨가하여 졸인 것이다.

4) 토마토소스(tomato sauce)

토마토 퓌레와 페이스트를 버터·수프 스톡·소금·후춧가루·양파·마늘 등을 넣어 익혀서 되직하게 만든다. 단맛과 신맛이 거의 없다.

9. 버터(butter)

신선한 우유와 사우어 크림(sour cream)에서 지방을 모아 굳힌 것으로 식탁용, 조리용으로 쓰이며 지방함량은 약 80% 정도이다.

10. 주류(wine)

1) 포도주

포도주의 역사는 인간의 역사만큼이나 오래된 것이다. 일반적으로 포도주는 적(red), 백(white), 핑크(pink)의 세 가지로 구분한다.

보통 식사 때 마시는 포도주는 발포성이나 향이 첨가되지 않은 알코올 도수 14% 미만인 것이며 샴페인은 여기에 가당을 하고 효모를 첨가한 것이다.

적포도주는 약간 서늘한 온도인 18~24℃ 정도로 식탁에 올리고 백포도주는 13℃ 정도로 차게 하여 서빙하는 것이 좋다. 술은 어패류 또는 육류요리에 넣어 냄새를 없애고 맛을 더해주는 역할을 하며 백포도주는 어패류에, 적포도주는 육류요리나 디저트를 만들 때 사용한다.

(1) 백포도주(white wine)

생선, 조개류, 새우요리 등에 쓰인다. 닭고기와 고기요리 중 그 빛깔이 흰 것이며 백포도주를 쓰는 경우가 많다.

(2) 적포도주(red wine)

소고기와 같은 붉은색의 고기에 쓰인다.

2) 브랜디(Brandy)

포도주를 증류한 것으로 프랑스 요리에 특히 많이 사용되며 닭고기류, 기타 고기류에 다른 술과 같이 사용된다.

3) 기타 주

럼(rum), 페퍼민트(peppermint), 샴페인(champagne) 등은 페스트리, 베이커리에 많이 사용되거나 단맛이 있는 음료에 쓰인다.

11. 레몬(lemon)

식초 대용으로 사용하고 방향이 있어 샐러드 드레싱과 생선 비린내를 제거하는 데 이용한다.

2 향신료

향신료는 천연물에서 분리한 천연 향신료와 합성 향신료가 있다. 천연 향신료에는 lemon유, orange유 등의 천연 정유와 과실에서 얻은 방향 추출액, 기타 천연 과즙이나 향신료 등이 있다.

합성 향신료는 천연 식품의 향기 성분을 합성한 것이나 천연물에는 함유되어 있지 않는 합성품 등이 있다. 현재 이용되고 있는 향신료는 그 수가 매우 많아서 그중 비교적 많이 이용되고 있는 것만도 500여 종이나 된다. 이들 천연 향신료나 합성 향신료는 사실상 천연 식품의 향기가 단일한 것이 아닌 것같이 사용할 때에 여러 가지를 배합해서 천연의 향기에 가까운 정도로 만들거나 기타 사람들이 즐겨 찾을 수 있는 향기를 내도록 해서 이용한다.

그림 14-1 여러 가지 향신료

1. 향신료의 종류

(1) 수용성 향신료

일반적으로 에센스(essence)라고 불리는 것으로 물에 잘 녹을 수 있도록 만들어진 향기 성분이다. 천연의 향기 성분이 그대로 함유되어 있음으로 신선한 향을 주나 휘발성이 크므로 고온 가열처리하는 식품에는 이용하기 곤란하다.

(2) 지용성 향신료

일반적으로 oil이라 하며 천연의 정유 또는 이것에 합성 향신료를 배합한 것으로 내열성이 있어서 열처리하는 식품에 이용된다.

(3) 유화(乳化) 향신료

향신료를 유화 상태로 하여 향기 성분의 휘발을 방지한 것이다.

(4) 분말 향신료

향신료를 부형제와 혼합시켜 분말로 만든 것으로 안정하여 취급에 편리하다.

2. 스파이스류

스파이스류는 방향성 열대식물의 열매, 씨앗, 싹, 줄기, 껍질, 뿌리 등을 다양하게 이용한다. 저장하는 기간 동안 방향(芳香)을 잃기 쉬우므로 반드시 밀봉 보관해야 한다.

1) allspice(올스파이스)

자메이카, 멕시코, 인도 등에서 나는 식물의 열매로 jamaica pepper pimento, pimenta로 알려져 있다. 정향, 육두구, 계핏가루를 섞어서 만들며 소시지, 생선요리, 피클, 육류요리와 푸딩, 케이크나 쿠키 등의 디저트용에 가루 내어 사용한다.

2) anise(아니스)

스페인, 멕시코, 모로코, 지중해 연안, 러시아, 중국 등지에서 자라는 파슬리과 식물의 열매이다. 감초 맛이 나며, 리큐르(liqueur)와 음료, 기침약, 페스트리, 캔디, 케이크 등에 첨가한다. 휘발성이 강하므로 씨를 보관할 때는 반드시 밀봉 보관한다.

3) caper(케이퍼)

지중해 국가인 이탈리아와 마조르카 지방에서 자라는 잡목의 꽃봉오리이다. 열매가 작을수록 고급스러워 훈제 연어, 타타르 스테이크, 청어 절임, 샐러드 드레싱에 뿌리거나 같이 먹으며 음식과 함께 요리하지는 않는다.

4) caraway(캐러웨이)

소아시아가 원산지나 유럽, 시베리아, 북페르시아, 히말라야에서 자라는 파슬리 비슷한 식물의 열매를 말려서 쓴다. 보리빵, 사우어 크라우트, 비프스튜, 캔디 등에 이용한다.

5) cayenne(케이언)

작고 매운 고추로 곱게 가루 내어 생선, 달걀, 육류요리와 샐러드 드레싱, 소스 등에 이용한다.

6) chilli(칠리, red pepper)

열대 아메리카, 아프리카의 서인도제도, 중국, 태국, 한국에서 자란다. 식물의 열매는 선홍색이고 크기와 모양이 다양하며 대단히 매운맛을 갖고 있다.

7) Cinnamon(시나몬)

육계, 계피라고도 하며 중국, 인도네시아, 인도차이나가 원산지이며 육계나무의 껍질을 이용한다. 가장 얇은 외피를 가진 것이 우수 품종이며 껍질이 두꺼워질수록 상품가치는 떨어진다. 피클, 푸딩, 케이크, 과자류, 페이스트리 빵, 떡 등 다양하게 이용된다. 시나몬유(cinnamon oil)는 향료나 약재로 사용한다.

8) Clove(클로버)

못처럼 생겨서 '정향(丁香)'으로 불리며 인도네시아, 인도, 마다가스카 섬 등에서 자란다. 꽃봉오리를 말려서 마리네이드 절임, 양고기, 청어절임, 피클, 돼지고기나 햄 구울 때 빵, 쿠키, 과일 케이크에 이용한다.

9) Coriander(코리엔더)

파슬리과에 속하는 식물로서 열매를 말려서 쓴다. 피클, 과자류, 채소, 소시지 등에 이용된다. 우리나라에서는 '고수'로 불린다.

10) Dill(딜)

유럽이 원산지로 미국과 서인도제도에서 자생하고 있다. 독일의 정원식물로 카라웨이와 비슷하며 씨나 가지째 이용한다. 피클, 샐러드, 소스, 사우어 크래프트 등에 사용한다.

11) Fennel(펜넬)

남유럽에서 자라며 미나리과의 채소로서 전체에 향이 있어 모든 부분이 이용되며 씨는 건조시켜 분말로 만들어 피클과 수프에 이용한다. 특히 뿌리 부분이 공처럼 비대해진 것이 있는데 이것은 샐러드에 이용하여 날로 먹기도 한다. 해산물과 생선요리 등에 잘 어울린다.

12) Mace(메이스)

인도네시아 몰루카 섬이 원산지인 넛멕의 겉껍질과 넛멕 사이에 있는 가종피라 불리는 육두구에 적황색을 입힌 것으로 넛멕보다 훨씬 방향성이 크다. 피클의 조합제로 이용되고 설탕 절임, 소스, 파운드 케이크, 빵, 푸딩, 페이스트 등에 이용한다.

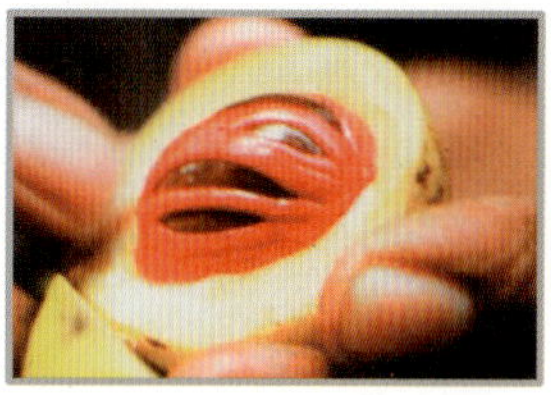

13) Horseradish(홀스레디쉬)

유럽, 아시아, 미국 등지에서 자라며, 주로 뿌리를 이용하나 후레쉬는 강판에 갈아서 소스와 생선 고기요리에 이용되며 뿌리는 껍질을 벗겨서 갈아 식초와 우유를 넣고 끓여 소고기요리, 훈제한 연어에 사용한다.

14) Nutmeg(넛맥)

'육두구'라 불리며 인도네시아, 몰루카 섬, 서인도제도의 반다 섬, 파푸마에서 재배된다. 버섯요리, 푸딩, 커스터드, 에그노그 등 주요리에서 후식에 이르기까지 다양하게 이용된다.

15) Paprika(파프리카)

고추의 일종으로 남부 프랑스, 유고, 헝가리, 스페인, 미국, 칠레 등에서 생산된다. 색이 주홍색, 노란색, 빨간색 등 다양하므로 음식에 장식으로 많이 이용된다.

샐러드, 조류, 육류, 헝가리안 굴라쉬, 카나페 등에 이용된다.

16) Poppy see(파피씨드)

터키와 네덜란드에서 많이 나며 양귀비에서 얻은 씨앗으로 미성숙한 것은 아편의 원료가 되기도 한다. 건조시킨 것은 빵, 롤빵, 케이크 등의 속으로 넣기도 하고 국수, 패이스트 필링에도 이용된다.

17) Saffran(샤프란)

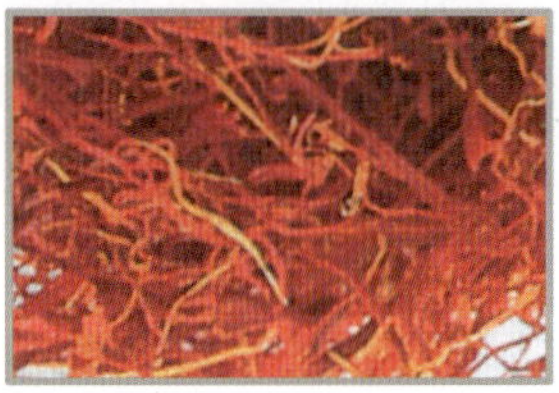

주로 프랑스, 스페인, 이탈리아 등의 지중해 연안에서 생산되며, 스파이스 중 가장 비싸지만 소량으로 독특한 향기와 느낌이 좋은 쓴맛, 아름다운 색을 가지고 있다. 식품에 넣었을 때 강한 노란색을 띠며 쌀요리, 감자요리, 소스, 수프, 빵, 페스트리에 사용된다.

18) Tumeric(터메릭)과 Cucumin(큐커민)

동아시아, 인도, 아프리카, 호주에서 재배되며, 생강과 식물의 뿌리로 뿌리와 줄기는 강황(cucumin) 덩이줄기는 울금(tumeric), '심황'이라고 불린다. 독특한 방향과 쓴맛을 가지며, 노란색을 띠는 커리가루의 재료가 되기도 한다.

겨자 제품의 색과 맛을 내는 데도 사용되며, 인도에서는 노란 염색약으로 제조된다. 육류, 달걀요리, 생선샐러드 드레싱, 피클 등에 이용된다.

19) 기타

(1) Curry powder(커리파우더)

인도 음식에서 빼놓을 수 없는 중요하고 독특한 향신료라 할 수 있다. 인도뿐만 아니라 그 주위의 나라들도 많이 이용하며, 오늘날은 전 세계에서 이용한다. 혼합 재료에 따라 방향에 차이가 있으며 coriander, tumeric, cloves, 후춧가루, 고춧가루, 마늘, cumin, 생강 등을 혼합한다. 닭고기, 생선, 육류, 채소, 챠우더 소스 등에 널리 이용된다.

(2) Mixed pickling spice(혼합 피클스파이스)

겨자씨, allspice, 흑후추, cassia, 월계수 잎, 생강, 칠리, fennel씨, 딜씨, 정향, 심황, 카다몬, 메이스 등을 혼합하여 잘게 만든 것

(3) Chilli seasoning(칠리 시즈닝)

칠리 pepper에 오레가노, 캐러웨이씨, 흑후추, cayenne pepper, 양파, cumin씨를 섞은 것으로 주로 멕시코 음식에 많이 이용한다. 어패류의 칵테일 소스, 달걀요리, 스튜 등에 이용된다.

(4) Italian seasoning(이탈리안 시즈닝)

오레가노, 마조람, 타임, 사보리, 로즈메리 세이지, 바질 등을 혼합하는 것으로 이탈리아 음식에 많이 이용되며 이 조미료를 첨가함으로써 이탈리아 음식의 맛이 난다. 스파게티, 피자, 이탈리안 드레싱, 생선, 토마토, 가지요리 등에 사용된다.

(5) Poultry seasoning(가금류 시즈닝)

세이지, 타임, 마조람, 사보리, 코리안더, 올스파이스, 후춧가루, 로즈메리 등을 섞은 것이다. 이 조미료는 poultry stuffing, fish stuffing에 이용되고 돼지고기, poultry, veal, fish, 크로켓 등에도 이용된다. 또 poultry와 함께 먹는 dumpling에도 사용한다.

3 허브류(Herbs)

주로 방향식물의 잎, 꽃, 종자로서 신선한 것을 그대로 사용하거나 말려서 사용하는 것으로 cold dish에는 사용하기 어렵고 조리하는 동안 방향 성분이 우러나게 한다.

말릴 때 약간 방향이 소실되므로 직사광선을 피하도록 하고 밀폐된 용기에 보관하여야 한다. herb에는 다음과 같은 것이 있다.

1) Basil(바질)

자소(mint)과의 일년생식물로 잎과 줄기를 생으로 혹은 말려서 사용한다. 원산지는 인도이고 이란과 지중해 연안에서 많이 재배되며, 이탈리아나 프랑스에서 많이 사용하고 있다.

토마토가 들어가는 음식에는 중요한 조미료이며 또 스튜, 수프, 달걀요리 등에도 이용되고 각종 소스와 스파게티에 사용된다.

2) Bay leaf(월계수)

동쪽 지중해 연안 특히 터키, 그리스 등에서 자라는 월계수의 잎으로 방향이 좋다. 주로 장시간 끓이는 요리에 사용하며 지나친 향을 내므로 요리 자체의 맛을 저하시키지 않도록 적당한 단계에서 건져내도록 한다.

3) Chervil(처빌)

서부아시아, 러시아, 코카서스가 원산지로서 모든 온대지방에서 잘 자라는 미나리과 식물의 잎으로 매우 강한 방향성을 가진 꼬부러진 잎사귀와 북미산 소나무와 같은 꽃을 가지고 있다. parsley 비슷한 섬세한 향기를 가지고 있다. 후레시는 수프, 샐러드에, 드라이는 달걀요리, 생선이나 닭요리에 주로 사용한다. 다른 향신료와 섞어서 사용하면 더 효과적이다.

4) Marjoram(마조람)

프랑스, 북아프리카, 독일, 칠레 등에서 생산되는 자소과의 향료로 독특한 방향을 가지고 있으며 약간 쓴맛이 있다. 감자수프, 달팽이요리, 토끼구이, 햄, 고기덤블링과 허브소스에 양념으로 사용한다.

5) Mint(박하)

자소식물인 박하의 잎으로 강한 맛과 방향을 가진다. 여러 종류가 있으나 가장 인기 있는 것은 영국 스페아민트이다. 스페아민트는 양고기의 냄새를 제거하기 위해 사용한다. 음료, 수프, 스튜, 캔디, 아이스크림 등에 사용된다.

6) Oregano(오레가노)

자소과의 다년생식물로 잎사귀를 그대로 혹은 가루로 하여 사용한다. 원산지는 지중해 연안이나 칠레, 멕시코, 이탈리아, 그리스, 프랑스 등에서 생산된다.

marjoram과 맛이 유사하나 좀 더 맛이 강하며 몇십 년 전에는 이탈리아 음식이나 멕시코 음식만 사용하였으나 지금은 미국인들이 여러 음식에 많이 사용한다. pizza, tomato dish pasta, stew, 채소류, 달걀요리 등에 첨가한다.

7) Parsley(파슬리)

미나리과의 초본으로 부드럽고 미묘한 맛을 가지고 있으며 생것을 다져서 사용하거나 말려서 사용한다. 또한, 음식의 장식으로 많이 사용한다. 지중해 연안이 원산지나 세계 각처에서 생산하고 있다. 수프, 샐러드, 소스, 고기, 생선요리 등에 사용한다.

8) Rosemary(로즈마리)

자소과에 속하는 방향성 식물로 소나무 잎과 비슷하게 생겼다. 지중해 연안이 원산지이고 프랑스, 스페인, 포르투갈 등에서 많이 생산된다. 감미롭고 신선한 맛을 가진다. 생 잎을 그대로 쓰기고 하고 분말을 쓰기고 한다. 양고기, 소고기, 생선 수프나 스튜에 사용한다.

9) Sage(세이지)

자소과의 방향성 식물로 유럽 및 미국에서 주로 생산되며 정원초로 높이가 70cm까지 자라고 꽃은 푸른색이고 잎은 흰녹색이다.

미국인들이 즐겨 사용하며 향이 강하고 약간 씁쓸한 맛이 있다. 돼지고기나 조류 등을 조미하는 데 아주 적합하며 다진 돼지고기의 내용물, 가금류 내용물, 드레싱 조미, 소시지 조미, 생선, 달걀요리 등에 사용된다.

10) Tarragon(타라곤)

유럽이 원산지이고 러시아와 몽고에서 재배되는 정원초의 일종으로 프랑스에서 식용으로 최초 재배하였다. anise와 맛이 비슷하며, 식초나 mustard 제품에 방향제로 이용하고 육류, 달걀, 토마토 음식, sauce, salad 등에도 사용한다.

11) Thyme(타임)

'백리향'으로 불리며 자소과의 식물로 유럽이 원산지이고 프랑스, 스페인, 이탈리아 등에서 생산된다. 꽃, 순이나 잎사귀를 말려서 이용하는데 신선하고 약간 자극적인 방향을 가지고 있다.

가금류의 조미료로 주로 사용되며 생선 soup이나 chowder soup, fish sauce, 크로켓, 토마토 넣은 음식 등에 이용된다

제15장
당류 및 음료

1. 당질
2. 당질의 조리
3. 음료

Chapter 15

당류 및 음료

식품 중의 당질은 단당류(monosaccharide), 이당류(disaccharide), 소당류(oligosaccharide), 다당류(polysaccharide)로 분류되며 단당류에는 포도당·과당, 이당류에는 서당·맥아당·유당 등이 있다. 이러한 것들은 친수성이라 결정화되기 쉽고 단맛을 내는 것이 많다.

포도당(glucose)과 서당(sucrose)은 분자량이 적은 탄수화물이며, 서당은 포도당과 과당(fructose)으로 이루어진 것이므로 소화되어 포도당과 과당으로 분해된 후 혈관에 흡수되어 에너지원으로 이용되며 과잉 섭취하면 비만의 원인이 된다.

다당류는 단당류가 많이 결합된 고분자 물질로서 중요한 에너지원인 전분, 덱스트린, 글리코겐, 셀룰로즈, 글루코만난, 펙틴 등이 있다. 일반적으로 물이 있으면 팽윤(swelling)되고, 셀룰로즈를 빼고는 가열에 의해 졸 상태(sol, 콜로이드 용액)로 되고, 온도가 내려가면 겔화(gel, 콜로이드 용액이 굳은 것)되는 성질을 가지고 있다.

식물성 식품의 세포막을 구성하고 있는 셀룰로즈와 한천(우무)의 주성분인 카라기난 등의 탄수화물은 이것을 소화하는 효소가 인체 내에서는 분비되지 않으므로 직접 분해·소화되지는 않지만 적당량의 섭취는 혈당치 상승 억제, 콜레스테롤 흡수 저하, 장(腸)운동 촉진, 정장작용 등의 생리작용이 있다. 저칼로리 식품으로도 이용되고 있다.

1 당질

1) 당의 분류

(1) 단당류(monosaccharide)

① 포도당(glucose)

자연계에 가장 흔히 존재하는 당으로 과실, 꿀 등에 많으며 생물의 중요한 에너지원이다. 사람의 혈액에는 혈당(0.1%)으로 들어 있다.

② 과당(fructose)

포도당과 함께 과실, 벌꿀에 많으며 단맛은 설탕보다 1.8배 강하며 당류 중 감미도가 가장 크고, 용해도가 가장 높아서 과포화되기 쉽다. 점도가 설탕이나 포도당보다 작고, 강한 흡수성이 있으므로 포도당과 혼합된 액체당의 원료로 쓰이고 있다. 과당은 온도가 낮을수록 단맛이 강해져 과당이 많은 과일은 차게 해서 먹는 것이 더 달다.

③ 갈락토즈(galactose)

포도당과 결합하여 락토즈(lactose)가 되며, 락토즈가 소화될 때, 유제품이 발효되는 과정에서 생성된다. 한천, 아라비아고무(gum arabic) 등의 구성 성분으로 자연에 널리 분포되어 있으며, 동물의 뇌 신경조직 내의 일부인 지방질의 구성 성분으로 존재한다.

(2) 이당류(disaccharides)

① 설탕(sucrose)

설탕은 서당, 자당이라고도 부르며 사탕수수, 사탕무에 많이 분포되어 있다. 설탕은 가장 많이 사용되는 결정형의 당으로 단맛이 강하다. 설탕은 1분자의 포도당과 1분자의 과당이 결합한 이당류로 산이나 효소에 의해서 가수분해되는 과정을 전화라 하고, 포도당과 과당의 혼합물을 전화당이라 한다.

② 맥아당(maltose)

식물의 잎이나 발아 중의 곡류에 분포하며 특히 엿기름(malt) 속에 많고 엿의 주성분이다. 전분이나 글리코겐(glycogen)에 아밀라제(amylase)가 작용할 때 생성되며, 두 분자의 포도당이 결합한 당이다. 감미도는 설탕을 100으로 했을 때 60 정도이다.

③ 유당(lactose)

동물의 종류에 따라서 그 함량이 다르나 일반적으로 포유동물의 유즙 중에 1.5~8% 정도 존재한다. 당류 중 가장 낮은 감미도를 가진다. 식품 내의 유당은 장내 젖산균에 의해 발효되고 그 결과 다른 유해균의 발육을 억제하는 정장 효과가 있다.

(3) 올리고당(oligo saccharides)

단당류가 3~10개 연결된 형태의 당으로 천연식품에서 합성하거나 다당류를 효소에 의하여 가수분해해서 얻는 당이다. 비피더스균의 증식인자로 작용이 있으며 저열량 감미료로 쓰인다.

(4) 다당류(polysaccharides)

① 전분(starch)

포도당으로 된 단순 다당류로서 식물체 내에서 탄소동화작용으로 합성되어 주로 종자, 뿌리 등에 에너지원으로 저장된다. 전분은 물에 녹지 않으나 물과 함께 가열하면 팽윤하고, 60~70℃에서 호화(糊化)되어서 투명해지며 접착성을 띤다.

② 글리코겐(glycogen)

동물체의 저장 당질로서 간장, 근육, 조개류에 주로 많고, 효모 등의 미생물에도 들어 있다. 구성단위는 포도당만으로 무정형의 분말로서 맛과 냄새가 없고, 찬물에 녹아 교질 용액이 된다.

③ 덱스트린(dextrins)

전분의 가수분해 중간 산물로서 일반적으로 물에 녹고, 전분처럼 젤(gel)을 형성하지 않으며 단맛이 다소 있다. 물엿에는 40% 정도의 덱스트린이 들어 있다.

④ 이눌린(inulin)

돼지감자, 백합 뿌리, 다알리아 뿌리 등에 들어 있는 다당류로 과당이 다수 결합된 것이다. 사람은 이눌린을 분해하는 소화효소가 없기 때문에 식품으로서의 가치는 없으나 과당의 제조 원료로 쓰이고 있다.

⑤ 섬유소(cellulose)

자연계에 가장 널리 분포되어 있는 다당류로 주로 식물성 세포막의 주성분을 이룬다. 초식동물은 사료 중의 섬유소를 장내의 세균에 의해 분해하여 일부 흡수 이용하고 있다. 그러나 사람은 이것을 소화할 수 없으므로 영양적 가치는 없으나, 장(腸)의 운동을 자극하여 변비 개선에 효과적이다. 청량음료, 아이스크림, 과자류, 빵 등의 제조에 이용된다.

⑥ 펙틴(pectin)

식물의 과실, 괴경, 줄기 등에 널리 분포되어 있고 특히 과실이나 채소의 어린 조직에 많다. 산(pH 3~3.5), 당(50% 이상)과 함께 가열하면 젤리(jelly)화 하는 성질이 있어 과실 껌이나 잼을 만드는 데 이용한다.

2 당류의 조리

당류는 각각 특유한 물리적 성질을 갖고 있어서 식품의 조직감에 중요한 역할을 한다. 당류 중 설탕은 감미료로 사용되는 것 외에 높은 용해성과 가열에 의한 변화를 이용하여 많은 종류의 당제품을 만들고 있다. 비칼로리성 당류로는 설탕의 200~700배 단맛을 내는 인공감미료인 가용성 사카린(soluble saccharcin), 베닐알라닌과 아스팔트산을 합성하여 만든 아미노산계 설탕의 150~200배의 단맛을 내는 아스파탐(aspartame) 등이 있다.

또한 당이 환원되어 생성된 당알코올로 설탕의 0.4~0.7배의 감미도와 청량감이 있는 솔비톨, 만니톨, 자일리톨 등이 있다. 껌, 아이스크림, 무설탕제품에 단맛을 내기 위해 사용된다.

1. 당류의 종류

당류 식품 중에서 가장 널리 이용되는 것은 설탕이며 그외 시럽 형태로 꿀, 물엿, 조청, 당밀, 단풍당, 전화당 등이 있고 비칼로리성 당류가 있다.

1) 설탕(sucrose)

주로 사탕수수나 사탕무 중에 10~15% 정도 함유되어 있으며, 코코넛, 파인애플 등에도 다량 함유되어 있다. 설탕은 사탕수수나 사탕무의 즙을 추출하여 가열, 분리 등의 정제 과정을 거쳐서 결정체로 만든 당이다. 종류로는 백설탕, 황설탕, 흑설탕, 각설탕 등이 있다.

(1) 백설탕(white sugar)

식품에서 가장 널리 사용되는 당으로 sucrose 99.9%를 함유하고 있는 매우 순수한 당이다. 모래알 입자 상태의 설탕(sanding sugar, granulated sugar), 더 곱게 분쇄한 설탕(super fine granulated sugar), granulated sugar를 곱게 분쇄하여 corn starch를 섞어 만든 고운 가루 상태의 설탕(powdered sugar), granulated sugar에 약간의 시럽을 넣고 각형으로 만들어 뜨거운 공기로 건조시켜 만든 각설탕(cubes sugar, lump sugar)이 있다.

(2) 갈색 설탕(brown sugar)

비설탕 성분이 포함된 시럽으로 둘러싸여 있는 원당(raw sugar)에서 sucrose를 처음 추출하여 결정화한 것으로 덜 정제된 것이다. 검은색 시럽이 남아 있기 때문에 특징적인 색과 풍미가 있고 백설탕에 비해 수분 함량이 더 많다.

색은 연한 황색(light yellow sugar)에서 진한 갈색(dark brown sugar)까지 다양하며, sucrose의 함량은 연한 황색 설탕에 96%, 진한 갈색 설탕에 91% 정도이며 수분의 함량은 2~4% 정도이다.

2) 당밀(molasses)

사탕수수나 사탕무로부터 추출한 즙액에서 당을 정제하고 남은 갈색의 끈끈한 액을 당밀이라 한다. 당밀은 시럽 상태로 70~80%의 고형 성분이 있으며 그중 50~75%가 sucrose와 전화당으로 되어 있어 감미도가 상당히 높고 맛이 좋으므로 제과나 제빵에 원료로 사용한다.

3) 전화당(invert sugar)

전화당은 설탕을 전화효소(Invertase)나 산에 의해 가수분해하여 생성되는데 이러한 과정을 전화(inversion)란 한다. 설탕이 가수분해되어 포도당과 과당의 혼합물을 전화당이라 하며, 우선성이 좌선성으로 바뀌는 것을 말한다.

전화당은 설탕보다 1.2~1.3배 정도의 감미가 있고 용해성이 높다. 흡습성이 좋은 과당을 함유하므로 수분 보유력이 더 좋아서 결정화를 지연 또는 억제시켜 양갱, 케이크 등에 이용된다. 결정을 미세하고 균일한 크기로 만들어주어 과자류나 청량음료 등에 이용된다.

4) 물엿(전분당, corn syrup)

옥수수, 감자, 고구마, 쌀, 보리 등의 전분을 산이나 효소로 가수분해하여 농축시킨 시럽으로 포도당, 맥아당, 덱스트린 등이 함유되어 있다. 감미도는 낮으나 광택이 있고, 점성을 부여하며 보수성이 높아 각종 조림에 이용된다.

물엿은 가수분해 정도에 따라 종류가 구분되며 가수분해 정도는 D. E.(dextrose equivalent)로 나타낸다. 전분이 가수분해된 후 포도당과 맥아당으로의 전환율을 나타내는 것으로 D. E.가 높은 고분해형 물엿은 감미와 흡습성이 높은 반면 점성이 낮으므로 주로 감미를 증진시켜야 하는 조리에 이용된다. 저분해형 물엿은 덱스트린의 함량이 많아 점성이 높으므로 점성과 윤기를 증가시켜야 하는 조리에 적합하다.

5) 조청(malt syrup)

옛날부터 우리나라에서 감미 물질로 많이 사용하던 것으로 찹쌀, 멥쌀, 수수, 고구마 등의 전분을 맥아(엿기름)로 7~8시간 동안 당화시켜 오랫동안 가열하여 수분을 증발시킨 후 농축한 것이다. 수분의 함량은 18% 정도이며, 이것을 수분 함량 10% 정도로 농축시켜 굳힌 것이 갱엿이다. 조청은 조림 음식에 단맛과 윤기를 위해 많이 이용된다.

6) 꿀(honey)

꿀벌에 의해 만들어지는 천연의 전화당 시럽으로 포도당과 과당이 거의 비슷한 비율로 존재한다. 대부분 꿀은 과당의 함량이 많아 결정이 생기지 않고 시럽 상태를 유지하나 포도당의 함량이 많으면 결정이 형성될 수도 있다.

감미도는 설탕의 57~122% 정도이며 음식을 만들 때 설탕 대신 꿀을 넣으면 흡습성이 강하기 때문에 오랫동안 촉촉한 상태로 보존할 수 있다. 조리할 때 그 특유의 향이 손실되지 않도록 낮은 온도에서 조리하거나 가열을 될 수 있는 한 피한다.

7) 단풍당 시럽(maple syrup)

사탕단풍(hard maple)의 액즙을 가열, 농축하여 만든 붉은색이 나는 특징적인 맛을 주는 시럽이다. 이것을 가열, 감압 농축해 주면 단맛과 특유의 풍미가 있는 무색의 시럽이 된다. 주성분은 서당(sucrose)이고 팬케이크, 와플 등에 사용된다.

2. 당류의 성질

1) 맛

설탕의 단맛은 사람의 입맛에 가장 잘 맞으며 변선광하지 않으므로 온도에 따른 감미의 변화 없이 안정된 감미를 준다. 그러므로 설탕은 표준 감미 물질로 이용된다. 설탕의 감미는 8~10%일 때 가장 좋게 느껴지나 각종 음식에 따라 적절한 농도는 다르다.

당의 종류에 따라 단맛의 정도가 다르며 이성체가 없어 온도에 따른 단맛의 변화가 있는 설탕이 기준이 된다. 과탕이 단맛이 가장 크며 전화당, 자당(설탕), 포도당, 맥아당, 칼락토오스, 유당의 순으로 단맛이 감소한다.

설탕은 결정이 큰 것보다 작은 것이 감미가 강하고 산, 열, 효소 등에 의해 가수분해된 전화당이 일반 설탕보다 감미가 강하다. 단맛은 온도와 관계가 있어서 0~20℃까지는 별로 변화하지 않으나 0℃ 이하나 5℃ 이상에서는 감미가 저하된다.

표 15-1 각종 음식의 적당한 설탕 농도

음식명	농도(%)	음식명	농도(%)
초무침	3~5	팥 소	30~50
음료수	8~10	양 갱	40~50
푸 딩	10~12	방부 효과	50
아이스크림	12~15	잼	60~70
단팥류	25~30	밀크 캐러멜	75

2) 용해도

당류는 일반적으로 물에 잘 녹지만 단맛이 강한 과당이 가장 잘 녹고 단맛이 약한 유당이 가장 잘 녹지 않는다. 또한 온도에 따라서도 다른데 온도가 높을 수록 더욱 잘 용해된다(0℃ : 179g/100㎖(물), 100℃ : 487g/100㎖(물))

표 15-2 온도에 따른 설탕의 용해도

온도(℃)	100g의 물에 용해되는 당의 양(g)	100g의 용액 중 당(%)
0	179	64.2
20	204	67.1
40	238	70.4
60	287	74.2
80	362	78.4
100	487	82.9

3) 끓는점과 어는점

일반적으로 용액은 용매에 녹아 있는 용질의 양이 많아지면 끓는점이 상승한다. 마찬가지로 설탕이 용해된 당용액도 끓는점이 상승한다. 따라서 설탕 용액의 농도가 높아질수록 끓는점은 상승한다. 어는 온도는 -1.86℃씩 감소한다.

표 15-3 설탕 용액의 농도와 끓는점

설탕 농도(%)	10	20	30	40	50	60	70	80	90	100
비점(℃)	100.4	100.6	101.0	101.5	102.0	103.0	106.5	112.0	130.0	160

4) 점성

설탕 용액은 순수한 점성유체로 점성을 나타내는 대표적 식품이다. 같은 온도에서 설탕의 농도가 높을수록, 같은 농도에서는 용액의 온도가 낮을수록 점성이 높다.

당의 종류에 따라 점성이 다른데 물엿의 점성이 가장 높으므로 설탕 조리에서 결정화를 방지하기 위해서 물엿을 첨가한다.

5) 흡습성

설탕은 흡습성이 강하여 공기 중에 노출되면 습기를 흡수하여 눅눅해지거나 끈적거리기 쉬우며 덩어리로 뭉치기도 한다. 설탕 저장 시 방습포장이 필요하다.

특히 과당이나 전화당은 흡습성이 크므로 이들이 많이 함유된 당류는 쉽게 덩어리가 생기며 떡이나 빵 제조 시 이들의 첨가는 흡습성이 커져서 수분 보유를 도우며 부드럽고 촉촉한 질감을 유지하여 노화를 지연시킨다. 각 당들의 흡습성의 정도는 24℃에서 과당 〉 서당/포도당(50/50) 〉 서당 〉 서당/맥아당(50/50)의 순으로 알려져 있다.

3. 당류의 결정화(crystalization)

설탕 용액을 농축하거나 냉각하면 과포화가 된다. 과포화된 설탕 용액을 교반하면 핵이 형성되면서 핵을 중심으로 빠르게 결정이 형성되는 것을 결정화라고 한다. 설탕 용액 중에서의 결정화는 용액 중의 용질이 결정화되는 것이므로 결정화가 진행됨에 따라 용액의 농도가 저하되면 더 이상의 결정화는 일어나지 않는다. 용액이 농축되면 될수록 핵의 형성을 촉진하며 결정의 크기가 커진다.

설탕 용액의 온도가 높을수록 쉽게 핵이 형성되어 결정체가 빨리 만들어지며 결정체의 크기도 커진다. 온도가 낮으면 핵이 형성되기까지 시간이 걸리지만 보다 많은 핵과 미세한 결정이 만들어진다.

설탕의 결정화는 설탕 용액을 젓는 교반 속도가 빠를수록 핵과 용질이 끊임없이 움직여 핵 위에 용질이 부착하므로 미세한 결정이 형성된다. 반대로 교반 속도가 느리면 큰 결정이 생기기 쉽다.

결정화 방해 물질로는 기름, 물엿, 꿀, 전화당, 시럽, 단백질, 젤라틴, 한천, 우유, 크림, 버터, 초콜릿 등이 있으며 이들 물질을 가해주면 핵을 둘러싸서 용질이 핵 위에 붙는 것을 방해한다.

4. 당류의 갈변

1) 캐러멜 반응(caramelization)

캐러멜화는 설탕 용액을 170℃ 이상의 고온에서 계속 가열하면 가수분해로 포도당, 과당이 생성되며 계속 가열됨에 따라 탈수되면서 계속적인 분해, 중합 반응을 통하여 흑색 또는 흑갈색의 캐러멜을 형성하는 비효소적 갈변 현상이다. 캐러멜 반응은 독특한 맛과 향으로 착색, 착향에 이용되며 캐러멜 소스, 캔디류, 약식, 피넛브리틀, 디저트 소스, 아이스크림 토핑, 춘장 등의 색이다.

2) 메일라드 반응(maillard reaction)

메일라드 반응은 당류와 단백질을 가열하거나 일정기간 저장할 때 환원당과 아민이 만나 갈색물질인 멜라노이딘(melanoidin)을 형성하는 비효소적 갈변반응이다.

간장, 된장, 커피, 홍차, 식빵 등의 색이나 향기 형성에 관여한다.

표 15-4 설탕 용액의 가열 및 냉각에 따른 상태

온도(℃)	가열 중의 상태	냉각 시의 상태	용도
100	작은 거품	맑은 액상	
105	작은 거품이 늘어남	물에 떨어뜨리면 흩어져 버림	시럽
110	액면 가득히 거품이 있음, 약간 점성	물에 떨어뜨리면 깃털 모양으로 됨	폰당(fondant)
115		물에 떨어뜨리면 천천히 원 모양으로 됨	폰당
120		부드러운 원 모양으로 됨	매시멜로우
125	거품과 점성이 생김	원모양으로 되나 누르면 부서짐	(marshmellow)
130		단단한 원 모양	매시멜로우
135	천천히 크게 거품이 됨 점성이 강해짐	단단한 원 모양이 눌러도 부서지지 않음	
140			실이 생김(은색)
145			실이 생김(금색)
150	색이 나타나기 시작함	굳지만 부서지기 쉬움	drop
155	약간 색이 짙어짐		
160	담황색으로 색이 나타남	굳고 갈라지는 원 모양이 됨	단단한 캔디
165	황색으로 됨		
170	색이 진해지고 향기가 남	담황색	캐러멜소스
175			캐러멜소스
180	갈색으로 연기가 남	흑갈색, 뭉치지 않음	캐러멜소스

5. 조리에 있어서 설탕의 역할

1) 조미료로서 단맛을 낸다

설탕은 단맛으로 조리 시 많이 사용되며, 설탕으로 조미할 때 음식에 따라 다르게 사용한다. 밤이나 옥수수 등을 조리할 때는 음식에 따라 1~3% 정도의 설탕을 넣어 주면 원래의 맛이 더욱 좋아지며 신맛이 강할 때 설탕을 넣어 주면 신맛을 약화시킬 수 있다.

음식 조리 시 설탕은 분자량이 커서 확산 속도가 느리므로 다른 조미료보다 먼저 넣어 준다. 조림(장조림·콩자반 등)을 할 때에는 분량의 설탕을 한꺼번에 다 넣어 주면 삼투압이 급격하게 높아져 조림 식품의 수분이 급히 탈수되어 질기거나 딱딱해지는 경우가 있으므로 2~3회로 나누어서 넣는 것이 좋다.

2) 펙틴젤리의 형성을 촉진한다

펙틴이 다량 함유된 딸기, 포도, 사과 등은 유기산의 함량이 적당하여 설탕을 가하면 잼이나 젤리의 젤화를 촉진하며 한천이나 젤라틴의 젤도 강도와 투명도를 높이는 역할을 한다.

3) 식품의 색과 풍미를 증진한다.

설탕은 식품 성분 중의 아미노산, 단백질 등과 같은 질소 화합물과 가열하면 마이얄형 갈색화 반응(Maillard type browning reaction)을 일으켜 고기구이, 빵, 케이크, 쿠키 등에서와 같이 독특한 맛과 냄새를 내며 색을 좋게 한다.

4) 발효를 촉진한다

빵을 만들 때 밀가루 반죽에 이스트를 넣고 발효시키는 과정에서 설탕을 10% 정도 넣으면 이스트 번식과 생육이 왕성해져서 발효를 촉진한다. 그 결과 반죽이 부풀고 반죽이 팽화되어 부피가 증가되고 탄력성이 있는 빵을 만들 수 있다.

5) 식품의 보존성을 높인다

고농도 설탕 용액은 방부성이 높아 식품 보존에 이용되고 있다. 식품 중의 수분을 탈수하고 수분활성을 저하시켜 미생물의 생육을 저지하여 방부력을 나타낸다. 당절임, 잼, 젤리, 양갱, 마말레이드 등이 있다. 고농도의 당용액에는 산소의 용존이 불가능하여 식품 성분에 산소가 접촉되기 곤란해져 산화반응이 억제되어 식품의 성분이 보존된다.

6) 달걀흰자의 거품을 안정화시킨다

달걀흰자를 거품낼 때 설탕을 넣으면 거품을 형성시키는 데 오랜 시간이 소요되나 거품이 형성된 후 넣으면 거품이 안정되어 지속 시간이 길며, 미세하고 부드러운 거품이 형성된다.

7) 단백질의 열응고 온도를 상승시킨다

설탕은 단백질의 열에 의한 응고를 지연시킴으로서 연화작용을 하여 부드럽게 한다. 카스타드 푸딩, 스펀지 케이크 등을 만들 때 설탕을 첨가하면 달걀 단백질의 응고 온도가 높아져 푸딩이나 케이크가 부드럽다.

8) 지방산의 산화를 방지한다

지방을 많이 함유하는 식품에서 설탕은 수분과 결합하여 수분에 용해되는 산소의 양을 감소시켜 지방산의 산화를 지연시키므로 풍미를 보존한다.

6. 설탕의 응용

1) 시럽

설탕 용액을 102~103℃로 가열하여 설탕 농도를 60% 정도의 용액으로 농축시킨 것으로 0℃에서도 결정이 생기지 않는다. 과자 제조, 냉음료 등의 감미료로 이용된다.

2) 발사

기름에 튀긴 여러 가지 재료들에 고온의 설탕 액을 묻혀 실처럼 줄이 나게 한 음식이다. 140~150℃로 가열된 설탕 액은 실이 나지 않으나 식품을 넣어 100℃ 전후로 온도가 내려가면 실 같은 줄이 나기 시작한다. 이것을 발사(拔絲)라고 한다.

표 15-5 설탕 용액의 상태 및 용도

설탕 용액	비등점 (℃)	상 태	용 도
syrup	105~107	투명한 용액	
	110~112	스푼으로 저으면 실이 생김	
soft ball	112~115	냉수에 떨어뜨리면 함께 모임	fondant, fudge, cake
firm ball	118~120	냉수에 떨어뜨리면 부드러운 원 모양이 됨	caramels
gard ball	121~130	냉수에 떨어뜨리면 단단한 원 모양이 됨	divinity, marshmellow
soft crack	132~143	냉수에 떨어뜨리면 실 모양으로 단단해짐	buttle scotch, taffy
hard crack	149~154	냉수에 떨어뜨리면 곧 실 모양으로 아주 단단해짐	brittle, glace
clean liquid	160	담황색의 투명한 액체가 됨	단단한 candy에 이용
brown liquid	170	다갈색의 액체가 됨	caramel sauce

주의할 점은 설탕 액의 온도가 급히 저하되거나 교반하면 결정화가 일어나기 쉽다. 식초를 조금 넣어 설탕의 일부를 전화당으로 만들거나 기름을 넣고 함께 가열하여 설탕의 융점을 이용하면 결정화되지 않는다.

3) 설탕 캔디

설탕 용액에 당 이외의 물질을 첨가하고 과포화 용액을 만들어 그대로 굳히거나 또는 다시 결정을 형성시킨 것을 캔디라 한다.

캔디는 크게 결정형 캔디와 비결정형 캔디로 구분할 수 있다. 결정형 캔디에는 fondant, fudge, penuch, 비결정형 캔디에는 caramel, nougat, taffy, peanut, brittle, toffee, marshmellow, hard candy 등이 있다.

(1) 폰당(fondant)

설탕 용액을 112~115℃ 정도로 가열한 후 40~70℃까지 냉각하여 과포화 상태로 만들면 핵(seeding)이 형성되면서 결정이 생긴다. 이때 강하게 교반하여 결정의 성장을 막으므로 미세하고 균일한 크기의 크림 상태의 결정이 석출된다. 이것이 폰당이다. 유동성이 남아 있을 때 케이크, 과자 등의 표면에 칠하면 희게 윤택이 나며 매끈하다.

가열 온도와 교반 시작 온도가 높으면 결정화 시간은 짧으나 결이 곱지 않으며, 낮은 온도로 가열하고 교반 시작 온도도 낮게 하면 결정화 시간은 걸리지만 결이 곱다.

(2) 퍼지(fudge)

설탕 액에 우유, 버터, 초콜릿 등을 사용함으로써 결정 형성을 방해하여 미세한 결정이 생기게 한 것이다. 초콜릿 대신 코코아를 사용할 경우 낮은 온도로 가열해야 한다.

(3) 캐러멜(caramel)

과포화된 설탕 용액에 우유, 버터 등 다량의 결정 방해 물질을 첨가하여 교반하며 가열한 후 식혀서 성형한다. 당과 단백질의 갈색화 반응으로 특이한 향기와 끈적끈적한 질감을 갖는 캔디이다.

(4) 마시멜로우(marshmellow)

다량의 젤라틴과 거품 낸 달걀흰자에 농축된 설탕 용액을 넣고 교반하여 만든 캔디이다.

표 15-6 캔디류의 최종 조리 온도와 설탕의 온도

캔디류의 형태		최종 조리 온도(℃)	설탕의 농도(%)
결정형	penuche	112	80
	fudge	112	80
	fondant	114	81
비결정형	caramel	118	83
	taffy	127	89
	peanut brittle	143	93
	toffee	148	95

3 음료

음료는 차, 술 등의 사람이 마실 수 있도록 만든 액체를 총칭한다. 일반적으로 비알코올성 음료를 음료, 알코올성 음료를 술로 분리해서 생각하는 경우가 많다. 술은 순수 알코올 함량이 1% 이상 함유된 마실 수 있는 음료를 말한다. 음료는 수분, 비타민 공급, 피로회복 등의 생리적인 효과와 식욕을 돋우는 만족감을 부여하는 기호성 식품이다.

1) 차

차는 술과 커피와 더불어 3대 기호 음료 중 하나로 인류의 역사와 함께 하였다. 원산지는 중국을 비롯한 일본 등의 동양 여러 나라다. 특히 인도에서 영국으로 전파되어 영국인에게 대단히 중요한 음료로 이용되고 있다. 차의 성분은 주로 카페인, 카테킨, 테아닌 등이 다량 함유되어 있으며 특유의 향과 맛을 낸다. 테아닌은 스트레스 경감 등의 심신 안정 효과와 기억력 향상 등의 좋은 효과를 나타낸다. 영국의 브랙퍼스트 티는 카페인이 강한 찻잎을 이용하여 이른 아침에 잠을 깨우기 위한 용도로 이용하기도 한다. 폴리페놀인 카테킨은 항산화물질로서 신체 전반의 건강 및 혈관, 피부 등에 도움을 준다. 카테킨은 커피처럼 카페인이 체내 흡수를 막아서 카페인의 부작용을 덜어 주기도 한다.

카테킨은 어린 찻잎에 더 많으며, 그 농도는 홍차(발효차), 녹차(비발효차), 또는 우롱차(반발효차)에 따라 다르다. 차의 카페인 함량은 차를 끓이는 방법에 따라 차이가 있어 시간이 오래 걸리면 카페인 함량이 높아진다. 향미 성분은 홍차의 경우 발효 과정에서 생성되나, 녹차는 증기로 찌는 과정에서 향미 성분을 생성하는 효소가 불활성화시키므로 녹차의 향미 성분이 홍차보다 약하다.

(1) 차의 종류

차의 분류 방법은 여러 가지로 보통 제조 방법, 발효 정도, 잎, 형태, 품종, 생산 지역 등에 따라 여러 가지로 분류된다. 찻잎의 발효 정도에 따라 분류한 것으로, 녹차(비발효차)는 곡우

이전에 수확한 찻잎으로 만든 우전차(작설, 첫물차라고도 함), 절기상 곡우 이후의 차인 우후차(종작, 세작이라고도 부름)가 있다. 찻잎을 가열하여 조직 중의 산화효소를 불활성화시킨 다음 비벼 주면서 건조시키는 것이다. 황차(반발효차)는 녹차와 보이차의 중간 정도로 쇄청과 건조 과정을 거친 거친 찻잎을 다시 쌓아 후발효 과정을 거친 것으로 찻잎이 누런색을 띈다. 녹차와 비슷한 맛이나 약간의 향을 지닌다. 홍차(발효차)는 찻잎을 건조시키는 동안에 산화효소를 이용하여 발효시키고 비벼 주면서 건조시키는 것이다. 청차(부분 발효차)로 우롱차가 있다. 흑차(후발효차)로는 보이차 등이 있다. 백차는 쇄청 과정 없이 오랜 시간 동안 낮은 온도로 시들게 하여 말려서 제조한 차를 말한다.

(2) 전통 음료

우리나라에서 전통 음료라 함은 넓은 의미에서 탕, 곡차, 과실차, 숙수 등과 같이 뜨겁게 달여서 마시는 기호 음료 또는 차게 해서 먹는 화채, 장, 갈수, 미수, 수정과, 식혜 등을 말한다.

2) 커피

커피콩 혹은 그 씨앗을 볶아서 갈아서 물에 우려내는 음료를 말한다. 우리나라에서는 인스턴트커피를 그냥 커피, 원두 추출 커피는 원두커피라 부른다. 과거에는 한자 음차인 카페이를 가져와 '가비' 혹은 '가배'라고 부르기도 하였다. 세계에는 60여 종의 커피가 있다. 그중 가장 많이 재배되고 있는 것이 아라비카종과 로부스타종이며 리베리카종도 일부 재배되고 있다.

(1) 커피 원두의 종류

아라비카종은 에티오피아가 원산지로 해발이 높은 고산지, 고원에서 생산되는 고급 품종 커피로 맛이 향이 부드러우며 미각적으로 대단히 우수하다. 병충해에는 약하나 신맛이 강하며 향미가 풍부하다. 로부스타종은 콩고가 원산지로 고도가 낮고 기온이 높은 지역에서 생산되는 커피이다. 강한 생명력을 가진 품종으로서 빨리 자리므로 병의 저항력이 강하고 단위 면적당 수확량이 아라비카종에 비해 높다. 맛과 향이 거칠고 쓴맛이 강하다. 리베리카종은 저온이나 병충해에 강하고 저지대에서도 잘 자란다. 맛과 향이 좋지 않으며 산지에서 일부 소비된다.

(2) 커피의 성분

커피를 형성하는 탄수화물, 지방, 단백질의 차이는 커피 품질의 영향을 미친다. 커피 원두의 성분은 종류와 산지에 따라 차이가 있으며 일반적으로 수분, 카페인, 단백질, 지방, 당질, 섬유소, 유기산 등이 함유되어 있다.

커피의 대표적 활성 물질인 카페인은 커피의 독특한 맛과 향을 좌우한다. 그 함유량은 아라비카종은 0.8~2.5%이며, 로부스타종은 4% 전, 후를 나타내고 있다. 카페인은 식품에 함유되어 질소를 포함하고 염소성을 띠는 알칼로이드의 일종으로 볶는 과정에서도 손실률이 매우 적은 안정된 화합물이다. 자극 성분으로 알칼로이드 성분이 신경조직을 자극하며 정신적 활동에 도움을 준다. 약 10% 정도는 클로로겐 산과 결합한 형태로 존재한다. 커피의 클로로겐산은 와인의 3배, 녹차의 5배 정도의 폴리페놀이 들어 있다. 클로로겐산은 커피 쓴맛의 구성 요인의 하나이며, 상쾌한 자극과 가벼운 흥분 효과로 표현되는 커피의 기호적 특성에 결정적인 역할을 하는 물질이다.

카페인은 편두통 치료나 혈관확장제로 심장질환에 사용되기도 하였으며, 졸음이나 피로감을 해소시키거나 혈액순환 촉진과 이뇨작용에도 효과가 있다. 건강한 경우, 위액의 분비를 도와주고 소화 촉진에도 도움이 된다. 그러나 위산과다와 위궤양 증상이 있는 경우에는 역효과를 나타내기도 한다.

3) 코코아와 초콜릿

카카오나무(혹은 코코아나무)의 카카오 열매를 가공한 것으로 카카오는 초콜릿이나 코코아의 원료가 된다. 초콜릿은 카카오나무의 열매의 씨앗으로 만들며 이를 발효시킨 후 건조시키면 아몬드 모양의 씨가 카카오 원두이다. 카카오 원두를 볶은 다음 간 후 카카오 반죽을 압착하면 카카오 고형분(카카오매스)과 카카오 버터가 만들어진다.

카카오 고형분을 다시 갈아서 알칼리화 과정을 거쳐 물에 잘 녹게 만들면 뜨거운 물이나 우유에 타서 마시는 가루 형태의 코코아가 된다. 쿠키, 케이크 재료로 사용되기도 한다.

초콜릿은 카카오 열매를 가루로 만든 후, 카카오 버터와 설탕, 분유를 섞어서 만든다. 초콜릿은 가열하거나 습기가 있는 곳에 두면 표면에 손상을 일으켜서 부서지거나 표면이 회백색으로 탈색되는 현상이 일어난다. 지방 함량이 많으므로 저장할 때에는 공기가 들어가지 않는 용기에 넣고 어둡고 찬 장소에서 보관한다. 코코아가루는 덩어리지기 쉽고 색이 탈색된다.

카카오는 항산화 물질인 폴리페놀, 식물섬유, 미네랄 비타민 C 등이 많이 함유되어 있다. 폴리페놀은 적포도주의 2배, 녹차의 3배, 홍차의 5배 이상 함유되어 있으며 체내 항산화작용으로 노화 지연과 면역력 향상 효과를 나타낸다.

4) 과일 음료

과일 그대로 압착한 과즙으로 만드는 것과 과일을 가열하여 얻은 농축 과즙에 다시 적당량의 물을 타서 만들기도 한다. 농축 과즙으로 만든 과일주스는 유통 시 변질의 우려 때문에 영하 18℃ 이하로 냉동 보관하며, 농축된 과즙에 물을 타서 원래 농도로 환원하는 과정에서도 유입된 미생물 제거를 위해 고온으로 살균처리 등의 여러 가공처리를 한다. 농축시키지 않은 비 농축 과즙(생과즙)을 넣었다는 비농축 주스(Not From Concentrated, NFC)와는 다르게 한때 우리나라의 새롭고 신선한 냉장주스(New Fresh Chilled, NFC)는 농축과즙 환원 방식의 주스에 5% 정도의 비농축 과즙을 소량 넣은 주스가 유통되었다. 이후 비농축 과즙만을 사용한 NFC가 생산되었으나 이 주스 역시 비교적 낮은 온도로 가열해서 만들었다. 이후 열 대신 압력을 이용한 초고압처리 주스가 개발되었다.

5) 탄산음료

내용물에 탄산(이산화탄소가 물에 용해, 이온화된 것으로 묽은 탄산을 의미)을 이용한 음료수를 총칭한다. 콜라, 사이다, 소다수가 대표적이며, 콜라는 코카잎의 추출 성분과 콜라나무 껍질 추출물에 캐러멜과 여러 가지 첨가물, 산미료와 향료, 색소 등을 첨가하여 탄산을 더해 만든 것이다. 사이다는 사과의 과즙을 알코올 발효시킨 사과주 혹은 사과주스라고도 말한다. 프랑스 서부 지역의 전통주로 유럽에서는 사과술을 의미하지만 미국에서는 금주법 당시 사과주 대신 사과주스를 마셨기 때문에 사과주스라고도 많이 불렸다. 황금색의 탄산수로 달고 시원한 맛과 함께 아주 적은 양의 알코올이 있어 술 같지는 않다. 우리나라의 사이다는 물에 탄산가스를 혼합하여 설탕, 향료, 액상 과당, 산 등을 넣어 가공하여 만든 무색투명한 음료수이다.

6) 이온음료

스포츠 드링크를 말하며 격렬한 운동 후 땀으로 소실된 수분과 이온을 빠르게 공급하여 신체기능을 정상적으로 유지하기 위해 개발된 음료이다. 체액과 비슷한 약 알칼리성(pH 7.4)으로 흡수 속도가 빨라 갈증 해소에 도움이 된다, 시판되는 이온음료는 무탄산으로 여러 가지 당류 혹은 감미료와 각종 유기산류, 무기질류 및 비타민류가 강화된 음료이다. 포카리스웨트, 게토레이, 파워에이드 등이 대표적이다.

7) 에너지 음료

높은 열량을 가진 단순당을 넣어 빨리 에너지가 흡수되도록 만든 음료수이다. 신체의 신진대사를 촉진하여 활력을 주기 위해 카페인 함유 식품인 과라나 추출물을 첨가하는 경우가 많다. 피로회복을 위해서 타우린이나 아르기닌 같은 아미노산을 첨가하며 신맛과 단맛을 기본으로 만든다. 타우린은 공복에 마시면 위벽에 심한 자극과 더불어 두통, 설사를 일으킬 수도 있으며, 고카페인 함량 역시 카페인 부작용, 즉 혈압상승, 심박동 증가. 불면증 등의 문제가 된다. 특히 성적 혹은 입시에 시달리는 중고등학생들이 이 음료를 많이 애용함에 따라 에너지 드링크에 대한 규제에 대한 요구도 많았다. 에너지 음료를 장기간 복용하면 건강에 해를 주기도 함으로 주의해야 한다.

제16장

음식의 관능 특성과 평가

1. 관능검사의 정의
2. 관능검사 실시 전의 준비
3. 관능검사 방법
4. 객관적 방법에 의한 음식의 평가

Chapter 16

관능검사

1 관능검사의 정의

관능검사(sensory evaluation)란 통계학의 이론에 기초를 두어 계획된 조건에서 사람의 감각을 이용하여 식품의 품질을 검사한 결과를 수치적으로 표현하는 보편 타당한 신뢰성이 있는 결론을 내기 위한 하나의 평가 방법이다.

관능검사는 식품뿐만 아니라 화장품, 향수, 담배, 색채 관련 물품을 대상으로 주관적인 인간의 감각을 통하여 구체적이며 수량적으로 품질을 평가해야 되는 분야에 널리 이용되고 있다. 다시 말해서 물리적·화학적인 분석검사가 객관적 방법이라면, 관능검사는 주관적인 방법이다. 그러므로 관능검사 결과는 검사자의 기호도, 평가 능력, 평가 방법, 편견, 평가 당시의 기분에 따라 평가 정도가 다를 수 있으며 재현성이 없고 절대적 수치보다 상대적 수치로 비교하여 나타낼 수밖에 없다는 단점이 있다. 또한, 동일한 검사자인 경우라도 검사 장소와 시간에 따라서 결과가 달라질 수 있다.

따라서 관능검사는 평가에서 얻은 자료(data)를 반드시 통계적으로 처리할 수 있도록 음식을 만드는 조건을 미리 계획하고, 그 음식을 제대로 평가할 수 있는 평가표를 작성한 후 음식을 평가할 평가원을 선정하여 훈련시키고, 음식을 올바르게 평가할 수 있는 환경을 만들어 주어야 한다. 그리고 이렇게 해서 나온 자료는 적절한 통계법을 사용하여 점수 차이에 대한 유의도를 검증해야 한다. 이런 단계를 거쳐서 얻은 자료는 상당히 믿을 수 있는 결과라고 생각할 수 있다.

2 관능검사 실시 전의 준비

1) 목적의 확인 및 방법의 선택

관능검사의 목적에서 알려고 하는 대상이 '물성'에 관한 것인지, 혹은 '감각'인지 '질적인 차이'를 구하는 것인지, '기호도'를 조사하는 것인지, '종합적인 평가'가 알고 싶은 것인지, '항목별 평가와 종합 평가'를 알고 싶은 것인지 그에 따른 상황과 목적에 따라 각각 적절한 검사 방법을 채택해야 한다.

2) 시료의 준비 및 제시

① 시료의 준비

관능검사를 위한 시료를 준비할 때에는 평가하고자 하는 특성 이외에 다른 요인에 의한 새로운 변인이 발생하지 않도록 세심한 주의가 필요하다. 즉 시료의 준비, 저장 및 제시용 용기나 기구로부터 냄새가 오염되지 않도록 주의해야 한다.

시료를 만들기 위해 재료를 측정할 때에는 정확한 계량기구 및 기술을 사용하고 특정한 표준 조리 방법을 확립하여 항상 동일한 품질의 시료를 준비하도록 한다. 또한, 시료의 조리 과정에서 원하지 않는 맛이나 냄새가 오염되지 않도록 주의해야 한다.

모든 검사원에게 제시되는 시료의 형태, 색 등의 외양이 같아야 한다. 특히 외양이 평가에 영향을 미칠 수 있는 경우에는 이것이 더욱 중요한 문제가 된다.

② 시료의 제시

시료를 만든 후에는 평가원에게 제시하는 절차 및 방법에 의해서 예상치 못했던 오차가 발생하지 않도록 해야 한다.

시료를 담는 용기는 모양과 크기, 색깔이 모두 같아야 한다. 그리고 시료를 구별할 수 있도록 용기에 번호를 붙여야 한다. 이때 평가원들에게 어떤 선입견을 주지 않도록, 두 자리나 또는 세 자리 번호로 계속성이 없는 것을 사용하는 것이 바람직하다.

평가원에게 제시되는 시료의 크기는 반복해서 맛볼 수 있도록 충분히 커야 하며, 여러 시료를 평가할 경우 그 크기는 서로 같아야 한다. 특히 기호 조사법의 경우에는 훈련되지 않은 사람들이 평가에 참여하므로 차이 조사법에서보다 2배 이상의 양을 제공하도록 권장하고 있다.

시료의 온도는 보통 일상생활에서 먹고 있는 온도와 같게 한다. 즉 차게 먹는 것은 차게, 따뜻하게 먹는 것은 따뜻하게 하되, 음식의 맛은 온도에 따라 느끼는 정도가 다를 수 있으므로 검사하는 동안 평가원에게 모두 동일한 온도로 시료를 제공해야 한다.

자극이 강한 음식을 평가시킬 때는 한 번에 계속해서 3~4개의 시료만을 평가시키되, 중간에 입을 헹굴 물을 곁들여 주는 것이 좋다. 자극이 강하지 않은 시료는 한 번에 8개 정도까지는 평가가 가능하다.

3) 검사 요원

① 관능검사원(panel)의 선정

일반적으로 검사원은 건강해야 하고 감기에 걸려 있지 않아야 한다. 왜냐하면 감기는 후각을 둔하게 할 우려가 있기 때문이다. 검사원의 연령은 20~50세가 적당하고, 심하게 담배를 피우는 사람을 제외하고는 남녀 모두 평가원으로 채용할 수 있다.

음식을 평가할 검사원은 되도록 미각과 후각이 예민한 사람을 선출하는 것이 좋다. 3점 검사를 두세 번 반복했을 때 같은 결과를 얻을 수 있는 예민함을 가진 사람이면 더욱 좋겠으나, 평균 예민도를 가지면서 성격적으로 안정되고, 주어진 문제에 대한 집중력이 있으며, 새로운 것을 알고 싶어 하는 호기심을 가지고 있고, 음식을 기꺼이 평가하겠다는 의사를 가진 사람이 더 좋은 결과를 낼 수도 있다.

검사원의 수는 실험적 오차 및 개인적 오차를 극복하기 위해 많을수록 좋으나 시간, 훈련비용, 제반 여건 등이 충족되지 않을 경우, 대개 8~10명, 최소한 4명을 필요하다고 한다.

일반적으로 예민도가 아주 높은 소수의 검사원이 덜 예민한 다수의 검사원보다 신뢰도가 더 높은 결과를 나타낸다고 한다. 사람은 각각 예민하게 느끼는 정도가 다르므로 각 실험마다 검사원을 재선출해야 한다. 검사원을 선출하기 위해서는 보통 3점 검사나 1:2점 검사를 사용하는데, 이 방법을 이용하여 단맛, 짠맛, 신맛, 쓴맛 등의 기본 맛을 감지해낼 수 있는 최저 농도를 테스트하는 역치검사(threshold test)를 실시한다.

미각 테스트에 사용되는 표준 물질은 표 16-1과 같다.

표 16-1 미각 테스트에 사용되는 표준 물질

단맛	설탕
신맛	젖산, 구연산, 주석산
짠맛	소금
쓴맛	카페인, 염산, 키니네, PTC(*phenyl thiocarbamide*)

② 관능검사원의 훈련

선정된 평가원은 보다 더 정확한 평가를 하기 위해서 각 실험마다 평가를 시작하기 전에 반드시 훈련을 받아야 한다. 평가원이 실험의 목적과 필요성, 내용, 방법 등을 알면 그 시료를 평가하는 데 도움이 되므로 이러한 문제에 관하여 가능한 여러 가지 지식을 알려주고 평가표에 관한 설명과 채점법도 설명해 준다.

그리고 나서 실제로 평가할 음식을 평가시켜 보는데, 처음 단계에서는 그 실험을 계획하여 추진하고 있는 담당자와 평가원들이 함께 둘러앉아서 자유 토론(round table discussion)을 하여 서로 의견 교환을 하는 것이 바람직하다. 며칠을 두고 되풀이하여 훈련을 하되 질에 차이가 많이 나는 것을 평가시켜 보는 것이 좋다. 같은 것을 되풀이하여 평가시킨 후 본인의 채점 결과를 발표해 주어 자신의 평가 능력을 확인시키는 것도 평가원이 그 평가에 흥미를 갖게 하는 방법이 된다.

4) 관능검사실의 환경 및 조건

음식을 평가시킬 때는 배가 고플 때나 배가 부를 때는 피하는 것이 좋으며, 또한 심리적·육체적 피로가 오면 같은 음식이라도 정확한 평가를 하기가 어려워진다. 그러므로 하루 중 오전 10시 또는 오후 3시가 적당하다.

관능검사실의 설비는 과학자들이 사용하는 분석기기만큼 중요한 것이므로 특별한 배려가 요구된다. 관능검사에서는 소음, 실내온도, 습도, 조명등의 환경이 영향을 줄 뿐만 아니라 냄새나 옆에 사람이 있다는 것 등에 의해서도 영향을 받는다. 따라서 평가원 각자가 평가하는 것이 옆에서 보이지 않고 대화를 나누지 못하도록 칸막이 검사대(individual booth)를 이용하는 것이다. 그러나 이러한 시설이 갖추어지지 못했을 경우에는 조용하고 태양광선이 직접 비치지 않는 곳이면 된다.

관능검사실의 색은 자극이 없는 엷은 회색이 가장 좋다. 음식의 색이 맛을 평가하는 데 영향을 미칠 수도 있으므로 각 칸에 색전등을 설치한다. 또한, 관능검사실에는 온도, 습도, 공기의 순도 등을 조절하기 위한 시설이 마련되어 있는 것이 이상적이다.

5) 질문지의 작성

질문 형식은 각 방법에 대하여 일정한 것이 있지만, 검사 요원의 여러 가지 선입관에 영향을 미치지 않도록 시료의 설명과 질문의 내용을 간결, 정확하게 작성하여 목적의 결과가 얻어지도록 한다.

6) 실시와 집계

관능검사의 실시에 있어서 검사 요원의 능력이 충분히 발휘될 수 있도록 배려하고 검사 종료 후는 회답에 미비한 것이 없는지 검토하고 집계 및 해석을 한다.

3 관능검사 방법

일반적으로 관능검사법은 크게 차이 조사법(difference test)과 기호 검사법(preference test)으로 나눌 수 있다.

1) 차이 조사법

차이 조사법은 여러 가지 조건하에서 만든 음식 간의 차이 또는 유사성을 조사하여 관능 특성의 정성·정량적인 평가를 하는데 적용한다. 이것은 보통 실험실에서 많이 사용하는 방법으로서 일반적으로 전문 평가자(panel)가 한다.

이 방법에는 2점 비교법(paired comparison test), 3점 검사(triangle test), 1:2점 검사(duo-trio test), 순위법(ranking test), 채점법(scoring test) 등 여러 가지 방법이 있다.

① 2점 비교법

표준 또는 대조 시료와 평가하고자 하는 시료 2개를 동시에 제시하고 이 2개의 시료 사이의 차이 유무를 비교, 감별하게 하는 방법이다. 이 방법으로 음식을 평가할 때에는 우연히 맞출 수 있는 기회가 50%이다. 그러므로 이 방법으로 얻은 자료의 유의도는 통계 처리에 의하여 검증되어야 한다. 이 방법은 어떤 사람의 음식을 평가하는 능력을 시험할 때, 예전에 사용해 오던 가공 방법과 새로운 방법을 비교할 때, 품질관리 또는 소비자들에게 기호 조사를 할 때 사용한다.

② 3점 검사

2개의 같은 시료와 1개의 다른 시료를 동시에 제시하고 이 3개 중에서 같은 것 둘, 또는 다른 것 하나를 고르게 하는 방법이다. 이 방법에서 우연히 맞출 수 있는 확률은 33%이다. 이 방법은 훈련된 평가원이 해야 하며, 2점 비교법과 거의 비슷한 목적으로 사용된다.

③ 1:2점 검사

먼저 1개의 시료를 제시하여 맛을 보게 한 후, 2개의 시료를 동시에 제시하고 그중 어느 것이 먼저의 것과 같은가를 찾아내는 방법이다. 이것은 2점 비교법을 약간 수정한 방법이라고 볼 수 있는데 이 방법도 우연히 맞출 수 있는 확률은 50%이다. 이 방법은 우수한 식별력을 가진 평가원을 선출하기 위한 방법으로 쓰이거나, 훈련을 받은 평가원에게 음식의 질을 평가시키기 위하여 사용된다.

④ 순위법

동시에 여러 개의 시료를 제시하여 어떤 한 가지의 특성을 기준으로 그것의 강도 또는 기호도에 따라서 순위를 정하게 하는 방법이다. 이 방법은 시료 간에 차이가 크고 시료의 수가 많은 경우에 쓰는 방법이다. 시료의 특성이 여러 가지일 때는 이들을 각각 분해하여 따로 평가하여야 한다. 예를 들어 먼저 단맛에 따라서 순위를 정하고 다음에는 색에 관하여 순위를 정한다. 이 방법은 점수화할 수도 있다.

⑤ 채점법

이 방법은 어느 실험에나 다양하게 이용할 수 있을 뿐만 아니라 비교적 간단하고 통계 처리하기가 쉽기 때문에 음식의 맛과 질을 종합적으로 평가하기 위하여 가장 흔히 사용된다. 이 방법으로 음식을 평가하려면 우선 그 음식을 정확하게 평가할 수 있는 평가표를 작성해야 한다.

음식을 평가하는 데 있어서 각 요인의 평가 척도(scoring scale)와 등급의 수는 평가의 정확성에 크게 영향을 주는데, 평가 척도의 등급은 실험 설계에 맞추어 정확하게 음식을 평가할 수 있게, 그리고 평가원의 능력에 맞게 작성되어야 한다. 만일 실제로 인정할 수 있는 질의 등급의 수보다 지나치게 많은 등급을 책정하면 그 음식을 정확하게 평가할 수 없고, 반대로 음식에서 차이를 인정할 수 있는데도 불구하고 그것보다 등급의 수를 적게 책정하면 역시 그 음식을 정확하게 평가할 수 없다.

관능검사의 경험이 많지 않은 학생들에게는 '매우 좋다: 5점', '좋다: 4점', '보통이다: 3점', '나쁘다: 2점', '매우 나쁘다: 1점' 같은 5등급의 평가 척도가 적합하다고 생각된다.

평가표에 의하여 각 시료를 평가하고 나면 총점을 계산하여 통계 처리해야 한다. 실험 조건에 따라서는 어느 한 요인이 먹을 수 없을 만큼 좋지 않더라도 총점이 높을 때가 있다. 그러므로 일반적으로 평가표에 '전체적으로 먹을 만한가(overall palatability, overall eating quality)'라는 난을 만들어 전체적으로 본 식품의 가치를 물어본다.

표 16-2 평가표

점수	술어	점수	술어
10	excellent	+5	gross excess
9	very good	+4	very decided excess
8	good	+3	decided excess
7	slightly good	+2	moderate excess
6	borderline plus	+1	slight excess
5	borderline	0	ideal
4	borderline minus	−1	slight deficiency
3	slightly poor	−2	moderate deficiency
2	poor	−3	decided deficiency
1	very poor	−4	very decided deficiency
0	extremely poor	−5	gross deficiency

⑥ 묘사 시험법

이 방법은 잘 훈련된 검사원들이 시료의 풍미, 색, 조직감, 맛, 냄새, 종합적인 평가 등에 대하여 상세하게 묘사하여 한눈에 파악할 수 있게 한 방법이다. 360도 평면 위의 거미줄 직선을 사용하여 간격을 일정하게 한 후 각 특성의 강도를 중심점으로부터의 거리로 표시하여 여러 개의 제품 품질을 쉽게 비교할 수 있게 한 방법이다.

검사원은 식품의 관능적 성질에 대하여 전문적인 지식과 용어, 기호, 방법 등에 익숙하도록 훈련되어 있어야 하며 이 관능검사 방법은 신제품 개발, 품질관리 및 검사원 훈련 시에 사용된다.

- 향미 프로필 방법

  식품의 맛과 냄새에 기초를 두고 후미, 화학적 촉감, 전체적 향미 강도를 포함하여 관능검사에서 나타나는 순서와 강도에 따라 분석하여 시료의 향미가 재현되도록 묘사하는 방법이다.
- 텍스처 프로필 방법

  식품의 여러 가지 물리적인 특성인 경도, 응집성, 탄력성, 부착성 등 기계적인 특성과 입자의 모양, 배열 등 기하학적 특성, 수분과 지질의 함량 등 강도를 평가하여 제품의 텍스처 특성을 규정하고 재현하는 방법이다.
- 정량적 묘사 방법

  향미, 텍스처, 색 그리고 전체적인 맛과 냄새의 강도 등 전반적으로 관능적 특성을 한눈에 파악할 수 있는 방법이다. 360도 평면 위의 거미줄 직선을 사용하여 간격을 일정하게 한 후 각 특성의 강도를 중심점으로부터의 거리로 표시하여 여러 개의 제품 품질을 쉽게 비교할 수 있다.

2) 기호 검사법(perference test)

이 방법은 실험실에서 차이 조사를 거쳐 어떤 새로운 음식을 개발했을 때 시판하기 전에 소비자를 대상으로, 그 음식을 좋아하는가 그렇지 않은가를 조사하는 것이다. 그러므로 몇백 명 또는 몇천 명의 훈련을 받지 않은 일반인을 평가원으로 하는데, 전에 판매하던 것과 새로 개발한 것 또는 새로 개발한 2개를 비교하는 2점 비교법을 많이 사용한다.

(1) 소비자 기호도 검사

소비자가 제품을 얼마나 좋아하는지를 측정하고자 할 때 사용하는 방법으로 보통 '대단히 싫어한다'에서 '대단히 좋아한다'까지를 9점 척도의 평점법을 사용하여 측정한다.

(2) 소비자 선호도 검사

소비자가 어떤 시료를 더 선호하는지를 검사하는 방법으로 주관적인 판단 방법이다. 이 방법은 소비자가 어떤 시료를 좋아하는지 싫어하는지는 알 수가 없고 단지 제시된 시료 중 어느 것을 더 좋아하는지만 알 수 있다는 단점이 있다.

4 객관적 방법에 의한 음식의 평가

인간의 감각이 아닌 기계에 의해 계수화시킴으로써 보다 객관적이고 정확한 데이터를 얻을 수 있는 객관적인 음식 평가법을 사용한다. 이것이 사람의 감각에 의한 관능검사법과 그 결과가 일치하지 않을 때도 있다. 질감을 측정하는 용어에는 아래와 같은 항목들이 있다.

(1) 1차적 특성

1차적 특성으로는 경도(hardness), 응집성(cohesiveness), 점성(viscosity), 탄력성(elasticity), 부착성(adhesiveness)이 있다.

(2) 2차적 특성

2차적 특성으로는 부서짐성(brittleness), 씹힘성(chewiness), 질깃 거리는 정도(gumminess)가 있는데 물성 측정기를 사용하여 측정한다.

음식의 질을 결정하는 색, 맛, 질감 등을 측정하기 위하여 색차계나 분광광도계, pH미터, 당도계, 염도계, GC(gas chromatography), HPLC, 비스코스미터, 익소텐소그래피, 페네트로미터, 쇼토미터 등을 사용하는데 근래에는 질감을 종합적으로 측정할 수 있는 텍스처로미터(texturometer)나 레오미터(rherometer) 등을 이용한다.

물성을 측정하는 기기로는 액체와 반고체의 점성 측정기(viscometer), 밀가루 반죽의 신전성과 탄력성 측정기(extensograph), 밀가루 반죽의 점탄성 측정기(farinograph), 밀가루의 점성 측정기(amylograph), 경도 측정기(hardmeter), 팽윤도 측정기(penetrometer), 과자나 파이의 쇼트닝성 측정기(shortmeter) 등이 있다.

참고문헌

1. 김광옥 외, 관능검사방법 및 응용, 신광출판사, 1993
2. 김길환, 두유, 미국대두협회, 1984
3. 김대중・남기택・강진석・조지현, Conjugated linoleic acids(CLA)의 암예방 효과, 대한 암예방학회지, 4(2), 1999
4. 김동훈, 식품화학, 탐구당, 1995
5. 김은미・박문옥・안선정・유혜경・이영옥・이정실, 식품재료학, 광문각, 2011
6. 문수재・손경희, 식품학 및 조리원리, 수학사, 1993
7. 배영희 외, 조리 응용을 위한 식품과 조리과학, 교문사, 2005
8. (사)한국식품과학회 편, 식품과학용어사전, 광일문화사(2006)
9. 서유구, 임원십육지, 정조지・이효지 외 편역, 교문사, 2012
10. 송태희 외, 이해하기 쉬운 조리과학, 교문사, 2015
11. 식품의약품안전청, 식품공전, 2010
12. 양혜영 외, 제과 제빵 기능사 실기 & 창업, 형설출판사. 2014
13. 유중림, 증보산림경제, 윤숙자 편역, 신광출판사, 2005
14. 이성우, 한국요리문화사, 교문사, 2010
15. 이주희 외, 과학으로 풀어 쓴 식품과 조리원리, 교문사, 2010
16. 정강현, 식육과 진열-식육커트미트, 다나출판유통, 1996
17. 정재홍 외, 아름다운 우리 향토음식, 형설출판사, 2016
18. 정재홍 외, 외국조리, 형설출판사, 2015
19. 정재홍 외, 우리책・한과・음청류, 형설출판사, 2015
20. 정재홍 외, 한식조리, 형설출판사, 2015
21. 조영 외, 조리원리, 한국방송통신대학교 출판문화원, 2015
22. 피터바햄, 요리의 과학(이충호 역), 한승출판사, 2004
23. 호주식육편람, AUS-MEAT, 1997
24. 스기다고이치, 조리요령의 과학, 전파과학사, 1993
25. 杉田浩一, 石毛直道 공편, 調理の 文化, ドメス 출판, 1985
26. お料理 基本大百科(Encyclopedia of basic cooking), 集英社, 1995
27. 洪川祥子, 調理科學-その理論と實際-, 同文書院, 1989

28. 元山正, 調理科學ノート, 第一出版株式會社, 1986
29. 金谷昭子, 食べ物と健康調理学, 醫歯夢出版株式会社, 2014
30. http://www.ekape.or.kr(축산물품질평가원)
31. http://www.foodnuri.go.kr(농식품정보누리)
32. http://www.fsis.go.kr(수산물안전정보)
33. http://www.kimchimuseum.com(김치박물관)
34. http://www.mafra.go.kr(농림축산식품부)
35. http://www.meatacademy.co.kr(축산물위생교육원)
36. http://www.mfds.go.kr(식품의약품안전처)
37. http://www.rrdi.go.kr(농업진흥청 농촌자원개발연구소)

색 인

ㅇ

ㅎ

[저자 소개]

- 정재홍 / 전 신안산대학교 호텔조리과 교수
- 김종현 / 마산대학교 식품과학부 교수
- 김현영 / 원광보건대학교 식품영양과 교수
- 윤보람 / 순천대학교 식품영양학과 교수
- 임용숙 / 수성대학교 호텔조리과 교수
- 전경열 / 고신대학교 식품영양학과 교수
- 정수근 / 서정대학교 호텔조리과 교수
- 최향숙 / 경인여자대학교 식품영양과 교수

식품조리원리

2022년 3월 5일 1판 1쇄 인 쇄
2022년 3월 11일 1판 1쇄 발 행

지은이 : 정재홍 · 김종현 · 김현영 · 윤보람
임용숙 · 전경열 · 정수근 · 최향숙

펴낸이 : 박 정 태

펴낸곳 : **광 문 각**

10881
파주시 파주출판문화도시 광인사길 161 광문각빌딩 4층
등 록 : 1991. 5. 31 제12-484호
전화(代) : 031) 955-8787
팩 스 : 031) 955-3730
E-mail : kwangmk7@hanmail.net
홈페이지 : www.kwangmoonkag.co.kr

- ISBN : 978-89-7093-719-9 93590

값 25,000원

한국과학기술출판협회회원
KSPA